最短合格

公害防止管理者 水質関係 超速マスター

公害防止研究会

第5版

TAC出版
TAC PUBLISHING Group

はじめに

資格試験に短期合格するためには過去問の分析が不可欠です。しかし，必要な知識をもたないまま過去問を解こうとしても能率は上がりません。物事には順序というものがあり，アウトプット（問題を解く作業）の前に，まずインプット（知識を入れる作業）が必要です。しかも，インプットする知識は，試験合格のために必要不可欠なものに絞られていなければなりません。

以上の観点から，本書の執筆に際しては，まず平成18年から直近までの過去問分析を徹底的に行い，これに基づいて何を書くべきかを絞り込みました。過去問をすべて分析してわかったことは，同趣旨の問題，あるいはまったく同じ問題が何度もくり返し出題されているということです。本書の解説はこのような過去問研究の結果，練り上げられたものであり，本書を精読することによって，合格に必要不可欠な知識を着実に習得できるものと確信しております。

本書を精読してはチャレンジ問題を解き，該当箇所を読み返しては理解を深めていくというインプット→アウトプットのループを数回くり返すことにより，短期間で合格基準に到達されることをお祈り申し上げます。

目 次

第2章 水質概論

第3章 汚水処理特論

第5章 大規模水質特論

受験案内

受験資格

学歴，実務経験，年齢，性別，国籍等の制限はありません。

水質関係の試験科目と試験範囲等

試験科目	試験区分				試験範囲・問題数・試験時間
	1種	2種	3種	4種	
公害総論	○	○	○	○	環境基本法，環境関連法規，公害防止組織整備法，環境問題全般，環境管理手法，国際環境協力 15問・50分
水質概論	○	○	○	○	水質汚濁防止対策のための法規制，水質汚濁の現状・発生源・機構・影響・防止対策，国または地方公共団体の水質汚濁防止対策 10問・35分
汚水処理特論	○	○	○	○	汚水等処理計画，物理・化学的処理法，生物処理法，汚水等処理装置の維持管理，水質汚濁物質の測定技術 25問・75分
水質有害物質特論	○	○	不要	不要	有害物質の性質・処理，有害物質含有排水処理施設の維持・管理，有害物質の測定 15問・50分
大規模水質特論	○	不要	○	不要	水質活動物質の挙動，処理水の再利用，大規模施設の水質汚濁防止対策 10問・35分

科目免除制度

○同じ試験区分を受験する場合，合格年を含め３年間は，受験者の申請によって合格科目の試験が免除されます。

○新たな試験区分（１種～４種）で受験する場合，すでに合格している試験区分に含まれている試験科目と共通の科目は，受験者の申請によって試験が免除されます。

試験のスケジュール

○試験の公示（官報）………………………６月初旬頃
○願書配布，インターネット受付開始……７月初め
○願書受付，インターネット受付締切……７月末
○試験日……………………………………10月第一日曜日（例年）
○合格発表…………………………………12月中旬

※インターネットによる申し込みをする場合は，「産業環境管理協会」のホームページをご覧ください。

合格判定基準

○科目別合格……当該試験科目において合格基準を満たした者

○試験区分合格（資格取得）……当該試験区分に必要な試験科目のすべてに合格した者

なお，科目別の合格基準については，国家試験終了後に開催する公害防止管理者等国家試験試験員委員会において決定されます。例年，正解率60％以上が目安とされています。

合格率

おおむね合格率20％程度で推移しています。

願書入手先

受験案内および願書は，（社）産業環境管理協会本部　公害防止管理者試験セ

ンターおよび各分室で配布されるほか，経済産業局，都道府県庁，主要市役所の環境関係部署でも入手できます。

〔一般社団法人　産業環境管理協会本部　公害防止管理者試験センター〕

〒100-0011　東京都千代田区内幸町１丁目３番１号（幸ビルディング）

TEL：03-3528-8156　FAX：03-3528-8166

※郵送を希望する場合は，角型２号（Ａ４サイズ）の返信用封筒に，住所氏名を明記し送料分（１部140円）の郵便切手を貼り，必要部数を書いたメモと一緒に試験センターか各分室宛てに送ってください。

試験地

札幌市，仙台市，東京都，神奈川県，埼玉県，愛知県，大阪府，広島市，高松市，福岡市，那覇市で実施されます。

試験の方法

試験は科目ごとに多肢選択方式による五者択一式の筆記試験で，答案用紙はマークシート方式です。

関数電卓の使用禁止

「四則演算」,「開平計算」,「百分率計算」,「税計算」,「符号変換」,「数値メモリ」,「電源入り切り」,「リセット及び消去」,「時間計算」のみの機能を有する電卓は使用できます。

受験手数料

試験区分	受験手数料
水質関係第１種公害防止管理者	12,300円（非課税）
水質関係第３種公害防止管理者	
水質関係第２種公害防止管理者	11,600円（非課税）
水質関係第４種公害防止管理者	

第1章

公害総論

1 環境基本法および環境関連法規

まとめ&丸暗記

● この節の学習内容のまとめ ●

□ 環境基本法とは

わが国の環境行政の基本的方向性を定めた法律

- 環境の保全について，基本理念を定めている
- 国，地方公共団体，事業者，国民の責務を明らかにしている
- 環境の保全に関する施策の基本となる事項を定めている

□ 環境基本法の体系（主な条文）

第1章 総則	第1条	環境基本法の目的
	第2条	用語の定義 「環境への負荷」「地球環境保全」「公害」
	第3条 ～第5条	基本理念…「環境への負荷の少ない持続的発展が可能な社会の構築等」等
	第6条 ～第9条	主体の責務 国・地方公共団体・事業者・国民
第2章 環境の保全に関する基本的施策	第14条	施策策定の指針
	第15条	環境基本計画
	第16条	環境基準
	第17・18条	公害防止計画
	第20条	環境影響評価の推進
	第22条	経済的措置
	第32条 ～第35条	地球環境保全等に関する国際協力等
	第37条 ～第40条	費用負担等 「原因者負担」「受益者負担」等
第3章 環境の保全に関する審議会等		

環境基本法の理念

1 環境基本法の目的

高度成長期の1967（昭和42）年に「公害対策基本法」が制定され，環境行政の骨組みが作られました。しかし，環境問題はその後もさまざまな形をとって現れるようになり，都市生活型公害や地球環境問題にも対処できるよう，公害対策基本法に代わって**環境基本法**が1993（平成5）年に制定されました。その第１条には以下のように「目的」が述べられています。

> 第１条（目的）
> この法律は，**環境の保全**について，**基本理念**を定め，並びに国，地方公共団体，事業者及び国民の責務を明らかにするとともに，環境の保全に関する施策の基本となる事項を定めることにより，環境の保全に関する施策を**総合的かつ計画的**に推進し，もって現在及び将来の国民の**健康で文化的な生活の確保**に寄与するとともに**人類の福祉**に貢献することを目的とする。

また，第２条では次の３つの用語を定義しています。

環境への負荷	人の活動により環境に加えられる影響であって，環境の保全上の支障の原因となるおそれのあるもの
地球環境保全	人の活動による地球全体の温暖化又はオゾン層の破壊の進行，海洋の汚染，野生生物の種の減少その他の地球の全体又はその広範な部分の環境に影響を及ぼす事態に係る環境の保全であって，人類の福祉に貢献するとともに国民の健康で文化的な生活の確保に寄与するもの
公　害	環境の保全上の支障のうち，事業活動その他の人の活動に伴って生ずる相当範囲にわたる大気の汚染，水質の汚濁，土壌の汚染，騒音，振動，地盤の沈下及び悪臭によって，人の健康又は生活環境に係る被害が生ずること

補足

基本法とは
環境行政の目標や施策の基本的方向性を定める法律です。一般的な指針のみを規定し，その具体化は個別の法律にゆだねられます。

補足

典型７公害
①大気汚染
②水質汚濁
③土壌汚染
④騒音
⑤振動
⑥地盤沈下
⑦悪臭

2 環境基本法の基本理念

環境基本法は，環境保全の**基本理念**として「環境の恵沢の享受と継承等（第３条）」，「環境への負荷の少ない**持続的発展が可能な社会の構築等**（第４条）」，「国際的協調による地球環境保全の積極的推進（第５条）」の３つを掲げています。

ここでは「持続的発展」に関する第４条に注意しておきましょう。

第４条（環境への負荷の少ない持続的発展が可能な社会の構築等）

環境の保全は，社会経済活動その他の活動による**環境への負荷**をできる限り低減することその他の環境の保全に関する行動がすべての者の**公平な役割分担**の下に自主的かつ積極的に行われるようになることによって，健全で恵み豊かな環境を維持しつつ，**環境への負荷の少ない**健全な経済の発展を図りながら**持続的に発展**することができる社会が構築されることを旨とし，及び科学的知見の充実の下に環境の保全上の支障が未然に防がれることを旨として，行われなければならない。

3 事業者などの責務

環境基本法では，**国**，**地方公共団体**，**事業者**，**国民**のそれぞれが環境の保全のために果たすべき責務を定めています。特に「事業者の責務」について規定した第８条が重要です。「国民の責務（第９条）」と比較しながら確認しておきましょう。

第８条（事業者の責務）

１　事業者は，基本理念にのっとり，その事業活動を行うに当たっては，これに伴って生ずるばい煙，汚水，**廃棄物等の処理**その他の公害を防止し，又は**自然環境**を適正に保全するために必要な措置を講ずる責務を有する。

２　事業者は，基本理念にのっとり，**環境の保全上の支障を防止**するため，物の製造，加工又は販売その他の事業活動を行うに当たって，その**事業活動に係る製品**その他の物が**廃棄物**となった場合にその適正な処理が図られることとなるように必要な措置を講ずる責務を有する。

第９条（国民の責務）

国民は，基本理念にのっとり，**環境の保全上の支障を防止**するため，その**日常生活**に伴う環境への負荷の低減に努めなければならない。

チャレンジ問題

問1 難 中 易

環境基本法に関する記述中，［ア］～［オ］の中に挿入すべき語句（a～h）の組合せとして，正しいものはどれか。

この法律は，［ア］について，［イ］を定め，並びに国，地方公共団体，事業者及び国民の責務を明らかにするとともに，［ア］に関する施策の基本となる事項を定めることにより，［ア］に関する施策を［ウ］に推進し，もって現在及び将来の国民の［エ］な生活の確保に寄与するとともに［オ］に貢献することを目的とする。

a：基本理念	b：人類の福祉	c：総合的かつ計画的	d：健全で恵み豊か
e：健康で文化的	f：国際社会	g：環境への負荷	h：環境の保全

	ア	イ	ウ	エ	オ
(1)	g	h	e	d	f
(2)	h	g	c	e	b
(3)	g	a	d	e	f
(4)	h	a	c	e	b
(5)	h	g	e	d	f

解説

環境基本法第１条（目的）の内容を問う出題です。

解答 (4)

問2 難 中 易

環境基本法に規定する責務に関する記述中，［ア］～［カ］の中に挿入すべき語句の組合せとして，正しいものはどれか。

［ア］は，［イ］にのっとり，その［ウ］を行うに当たっては，これに伴って生ずる［エ］，廃棄物等の処理その他の［オ］を防止し，又は［カ］を適正に保全するために必要な措置を講ずる責務を有する。

	ア	イ	ウ	エ	オ	カ
(1)	国	基本計画	環境保全	公害	環境破壊	地球環境
(2)	国	基本理念	事業活動	ばい煙，汚水	公害	地球環境
(3)	国民	基本理念	環境保全	家庭排水	汚染	生態系
(4)	事業者	基本理念	事業活動	ばい煙，汚水	公害	自然環境
(5)	事業者	基本計画	環境保全	公害	環境破壊	自然環境

解説

環境基本法第8条（事業者の責務）の内容を問う出題です。

解答 (4)

基本計画と基本的施策

1 環境基本計画

環境基本法が定める基本的施策のうち，環境基本計画（第15条），環境基準（第16条），環境影響評価の推進（第20条），経済的措置（第22条）が重要です。

環境基本計画とは，環境保全に関する施策を総合的かつ計画的に推進していくために**政府**が策定する計画です。環境保全に関する総合的・長期的な施策の大綱のほか，施策を推進するために必要な事項が定められます。

第１次環境基本計画（1994［平成６］年12月閣議決定）では，長期目標として①循環，②共生，③参加，④国際的取組み，の４つが掲げられました。

第５次環境基本計画（2018［平成30］年４月閣議決定）では，SDGsの考え方も活用しながら６つの重点戦略（経済，国土，地域，暮らし，技術，国際）を設定し，経済・社会的課題の同時解決を実現するとともに，各地域が自立・分散型の社会を形成し，地域資源等を補完し支え合う「地域循環共生圏」の創造を目指すこととしています。なお，環境基本計画は約６年ごとに見直されます。

2 環境基準

公害防止のための対策を進めていくには，大気，水質，土壌，静けさなどをどの程度に保持すべきかという明確な目標が必要です。このような，公害対策の目標値として定められる具体的数値のことを**環境基準**といいます。

環境基準について定めている第16条を確認しておきましょう。

第16条（環境基準）

1　政府は，大気の汚染，水質の汚濁，土壌の汚染及び騒音に係る環境上の条件について，それぞれ，人の健康を保護し，及び生活環境を保全する上で維持されることが望ましい基準を定めるものとする。

2　前項の基準が，**二以上の類型**を設け，かつ，それぞれの類型を当てはめる地域又は水域を指定すべきものとして定められる場合には，その地域又は水域の指定に関する事務は，次の各号に掲げる地域又は水域の区分に応じ，当該各号に定める者が行うものとする。

一　**二以上の都道府県の区域にわたる地域又は水域であって政令で定めるもの**
　　…政府

二　前号に掲げる地域又は水域以外の地域又は水域
　…次のイ又はロに掲げる地域又は水域の区分に応じ，当該イ又はロに定める者
　イ　騒音に係る基準（航空機の騒音に係る基準及び新幹線鉄道の列車の騒音に係る基準を除く。）の類型を当てはめる地域であって市に属するもの
　　…その地域が属する市の長
　ロ　イに掲げる地域以外の地域又は水域
　　…その地域又は水域が属する都道府県の知事

3　第１項の基準については，**常に適切な科学的判断**が加えられ，**必要な改定**がなされなければならない。

4　政府は，この章に定める施策であって**公害の防止**に関係するものを総合的かつ有効適切に講ずることにより，第１項の基準が確保されるように努めなければならない。

3 環境影響評価の推進

環境影響評価とは，開発事業などを行う前に，その事業が環境に与える影響を調査し，環境保全の対策を講じるための仕組みです（具体的な内容についてはこの章の４で学習します）。ここでは，国による環境影響評価の推進について定めた第20条を確認しておきましょう。

第20条（環境影響評価の推進）

国は，土地の形状の変更，工作物の新設その他これらに類する事業を行う事業者が，その事業の実施に当たりあらかじめその事業に係る環境への影響について**自ら適正に**調査，予測又は評価を行い，その結果に基づき，その事業に係る環境の保全について適正に配慮することを推進するため，必要な措置を講ずるものとする。

4 経済的措置

近年の環境問題は，政府による規制や助成措置程度では対応が困難な場合が多くなっています。そこで，負荷活動（環境への負荷を生じさせる活動等）を行う者に対し，環境税や課徴金などの**経済的な負担**を課すことにより，環境への負荷を低減させるという手法が重要視されています。

これについて定めた第22条第２項の内容を確認しておきましょう。

第22条（環境の保全上の支障を防止するための経済的措置）
2　国は，負荷活動を行う者に対し適正かつ公平な経済的な負担を課すことによりその者が自らその負荷活動に係る環境への負荷の低減に努めることとなるように誘導することを目的とする施策が，環境の保全上の支障を防止するための有効性を期待され，国際的にも推奨されていることにかんがみ，その施策に関し，これに係る措置を講じた場合における環境の保全上の支障の防止に係る効果，我が国の経済に与える影響等を適切に調査し及び研究するとともに，その措置を講ずる必要がある場合には，その措置に係る施策を活用して環境の保全上の支障を防止することについて国民の理解と協力を得るように努めるものとする。この場合において，その措置が地球環境保全のための施策に係るものであるときは，その効果が適切に確保されるようにするため，国際的な連携に配慮するものとする。

チャレンジ問題

問１　　難　中　易

環境基本法に規定する環境基準に関する記述中，［ア］～［キ］の中に挿入すべき語句（a～g）の組合せとして，誤っているものはどれか。

1　［ア］は，大気の汚染，水質の汚濁，土壌の汚染及び騒音に係る［イ］について，それぞれ，人の健康を保護し，及び生活環境を保全する上で維持されることが望ましい基準を定めるものとする。
2　前項の基準が，［ウ］を設け，かつ，それぞれの類型を当てはめる地域又は水域を指定すべきものとして定められる場合には，その地域又は水域の指定に関する事務は，［エ］の区域にわたる地域又は水域であって政令で定めるものにあっては政府が，それ以外の地域又は水域にあってはその地域又は水域が属する［オ］が，それぞれ行うものとする。
3　第１項の基準については，［カ］が加えられ，必要な改定がなされなければならない。
4　政府は，この章に定める施策であって［キ］に関係するものを総合的かつ有効適切に講ずることにより，第１項の基準が確保されるように努めなければならない。

a：政府　b：環境上の条件　c：２以上の類型　d：２以上の都道府県
e：都道府県の知事　f：常に適切な科学的判断　g：公害の防止

(1) ア－a，カ－f　(2) イ－b，キ－g　(3) ウ－c，カ－f
(4) エ－d，オ－e　(5) オ－e，キ－b

解説

環境基本法第16条（環境基準）に関する出題です。

解答 (5)

環境関連法規の概要

1 環境法の体系

区分	主な法規
基本法	環境基本法，循環型社会形成推進基本法
公害規制法	〈公害の発生源の規制〉 大気汚染防止法，水質汚濁防止法，騒音規制法，土壌汚染対策法，振動規制法，悪臭防止法，工業用水法，ビル用水法等
	〈二次的公害の防止〉 廃棄物処理法，資源有効利用促進法，容器包装リサイクル法，家電リサイクル法，グリーン購入法，PCB特別措置法等
	〈事業者の義務を定める法律〉 公害防止管理者法，化審法，PRTR法等
	〈地方公共団体による規制〉 公害防止条例，環境アセスメント条例等
環境保全法	自然環境保全法，鳥獣保護法，種の保存法等
環境整備法	下水道法，都市公園法，工場立地法等
費用負担・財政措置法	公害防止事業費事業者負担法，独立行政法人環境保全再生機構法等
被害救済・紛争処理法	公害紛争処理法，民法の不法行為規定，大気汚染防止法・水質汚濁防止法などの無過失責任規定等
地球環境保全法	〈条約〉 海洋汚染防止条約，オゾン層保護条約，バーゼル条約，気候変動枠組条約等 〈国内法〉 特定有害廃棄物等の輸出入等の規制に関する法律，地球温暖化対策の推進に関する法律等

＊略称のある法規については，略称で表記しています

補足

公害規制法とは
環境汚染の原因となる事業活動その他，人の活動を規制，制限，禁止する法律の総称。

環境保全法とは
優れた自然環境，景観などの保全に係る法律の総称。

環境整備法とは
社会的インフラ（生活環境施設）の整備など公共サービスに係る法律の総称。

地球環境保全法とは
地球規模における環境問題を，環境保全型に規制，誘導，助成する条約・国内法の総称。

2 個々の法律の概要

①大気汚染防止法（1968［昭和43］年制定）

大気汚染を防止するため，工場・事業場における事業活動や建築物の解体によって発生するばい煙・揮発性有機化合物・粉じん，自動車の排出ガス等を規制する法律です。ばい煙の排出基準として，一般排出基準・特別排出基準・上乗せ排出基準，総量規制基準について定めるほか，燃料使用基準に関する規定も置いています。

②水質汚濁防止法（1970［昭和45］年制定）

公共用水域や地下水の汚濁を防止するため，工場・事業場から排出される排水を規制するとともに，生活排水対策の実施を推進する法律です。上乗せ排水基準や総量規制基準などを定めているほか，大気汚染防止法と同様，損害賠償について無過失責任を認める規定を置いています（なお，環境基本法には，無過失責任を明文化した規定はありません）。

③土壌汚染対策法（2002［平成14］年制定）

特定有害物質による土壌の汚染状況の把握に関する措置や，汚染による人の健康被害の防止に関する措置等を定めることによって，土壌汚染対策の実施を図る法律です。汚染土壌の適正処理を確保するため，要措置区域等の外へ搬出する場合の事前届出・運搬基準の順守・許可を受けた業者への処理委託等について定めています。

④騒音規制法（1968［昭和43］年制定）

工場・事業場における事業活動や建設工事に伴って発生する相当範囲にわたる騒音について必要な規制を行うとともに，自動車騒音に係る許容限度を定める法律です。

⑤振動規制法（1976［昭和51］年制定）

工場・事業場における事業活動や建設工事に伴って発生する相当範囲にわたる振動について必要な規制を行うとともに，道路交通振動に係る要請の措置を定める法律です。

⑥ビル用水法（1962［昭和37］年制定）

正式には「**建築物用地下水の採取の規制に関する法律**」といいます。地下水を採取したことによって地盤が沈下した一定の地域を対象として地下水の揚水を規制する法律であり，揚水設備のストレーナー（液体から固形成分を取り除く網状の器具）の位置と揚水機の吐出口の断面積を規制しています。地盤沈下自体についての基準は定めていません。なお，工業（製造業，電気・ガス・熱供給業）の用途に使用する地下水の採取を規制する法律としては，**工業用水法**（1956［昭和31］年制定）があります。

⑦**悪臭防止法**（1971［昭和46］年制定）

工場その他の事業場における事業活動に伴って発生する悪臭について必要な規制を行い，その他悪臭防止対策を推進することによって生活環境を保全する法律です。

チャレンジ問題

問1　難 **中** 易

次の法律とその法律に規定されている語句の組合せとして，誤っているものはどれか。

(1) 大気汚染防止法 ……… 燃料使用基準
(2) 水質汚濁防止法 ……… 総量規制基準
(3) 土壌汚染対策法 ……… 汚染土壌の運搬に関する基準
(4) 騒音規制法 ……… 規制基準
(5) 建築物用地下水の採取の規制に関する法律 ……… 地盤沈下基準

解説

(1) 大気汚染防止法では，「季節による燃料の使用に関する措置（第15条）」等の規定において，燃料使用基準の遵守について定めています。
(2) 水質汚濁防止法は，都道府県知事が総量規制基準を定めること（第4条の5），指定地域内事業場の設置者がこれを遵守すべきこと（第12条の2）等を定めています。
(3) 土壌汚染対策法では，汚染土壌の運搬に関する基準の遵守（第17条）について定めています。
(4) 騒音規制法は，都道府県知事が騒音の規制基準を定めること（第４条）等について定めています。
(5) 建築物用地下水の採取の規制に関する法律（ビル用水法）は，地下水の摂取によって地盤が低下した一定の地域を対象に地下水の揚水を規制する法律であり，揚水設備のストレーナーの位置と揚水機の吐出口の断面積を規制しています。地盤沈下そのものの基準は定めていません。

解答 (5)

2 公害防止組織整備法

まとめ&丸暗記

● この節の学習内容のまとめ ●

□ 対象となる工場 ＝「特定工場」

次のいずれかの業種に属していること
- 製造業（物品の加工業を含む）
- 電気供給業
- ガス供給業
- 熱供給業

＋

ばい煙発生施設，汚水排出施設などの公害発生施設を設置している工場であること

→ 公害防止管理者等を選任

□ 公害防止管理者等

		職　務	資　格
①	公害防止統括者	常時使用する従業員数21人以上の特定工場において，公害防止に関する業務を統括管理する	国家資格は必要なし
②	公害防止管理者	特定工場において，公害発生施設の維持管理や原材料等の検査等，公害防止に関する技術的事項を管理する	公害防止管理者の有資格者
③	公害防止主任管理者	一定以上の特定工場において，公害防止統括者を補佐し，公害防止管理者を指揮する	公害防止管理者の有資格者
④	①～③の代理者	①～③の者が職務を行えなくなる場合に備えて選任される	①～③の者と同様

公害防止組織整備法の概要

1 公害防止組織整備法の目的

多くの公害規制法が制定されたものの，規制対象となる工場に十分な公害防止体制が整備されていなかったため，1971（昭和46）年に「特定工場における公害防止組織の整備に関する法律」（略称「**公害防止組織整備法**」）が制定されました。その第１条には以下のように「目的」が定められています。

> **第１条（目的）**
> この法律は，**公害防止統括者等**の制度を設けることにより，特定工場における**公害防止組織の整備**を図り，もって公害の防止に資することを目的とする。

つまり，一定の工場に公害防止統括者や公害防止管理者等を選任し，それらに職務を遂行させることによって，公害防止体制の整備を図ろうというわけです。

2 対象となる工場

この法律では，公害防止組織の設置が義務づけられている工場を「**特定工場**」といい，特定工場を設置している者を「**特定事業者**」といいます。

特定工場とは，製造業その他の政令で定める業種に属しており，かつ，ばい煙発生施設や汚水排出施設等の公害発生施設を設置している工場のうち，政令で定めるものをいいます。

政令（「特定工場における公害防止組織の整備に関する法律施行令」）では，次の４つを対象業種としています。

> ①**製造業**（物品の加工業を含む）　②**電気供給業**
> ③**ガス供給業**　④**熱供給業**

補足

法律と政令
「法律」は国会が制定するのに対し，「政令」は内閣が制定します。なお，各省が制定する「省令」と政令を合わせて「命令」といい，法律と命令を合わせて「法令」といいます。

対象業種でない業種
自動車整備業やドライクリーニング業などのサービス業，砂利採取業などの鉱業は，対象業種に含まれないので注意しましょう。

公害防止管理者等

1 公害防止統括者

①公害防止統括者とは

公害防止統括者は，常時使用する従業員数が**21人以上**の特定工場においてのみ選任されます。その職務は，公害防止のための業務が適切かつ円滑に実施されるよう必要な措置を講じるとともに，その実施状況を監督するなどして，公害防止業務を統括管理することです。

②資格について

公害防止統括者は，公害防止に関する最高責任者であり，当該特定工場においてその事業の実施を統括管理する者をもって充てなければならないとされています。ただし，公害防止管理者の資格など**特別な国家資格は不要**です。

③選任の手続き

特定事業者は，選任すべき事由が発生した日から**30日以内**に公害防止統括者を選任し，選任した日から**30日以内**に都道府県知事等（都道府県知事のほかに政令で定める市の長を含む。以下同じ）に届け出なければなりません。

2 公害防止管理者

①公害防止管理者とは

公害防止管理者は，公害防止施設で使用する原材料等の検査，施設の点検や補修など，高度に専門的・技術的な公害防止業務を行います。特定工場においては，政令で定める区分ごとに公害防止管理者を選任しなければなりません。

同一人が２以上の特定工場の**公害防止管理者を兼務**することは，**原則として禁止**されていますが，一定の場合には**例外**も認められます。

②資格について

区分ごとに行う公害防止管理者試験に合格した者，または公害防止管理者の区分ごとに政令で定める資格を有する者でなければなりません。

③選任の手続き

特定事業者は，選任すべき事由が発生した日から**60日以内**に公害防止管理者を選任し，選任した日から**30日以内**に都道府県知事等に届け出なければなりません。

3 公害防止主任管理者

①公害防止主任管理者とは

公害防止主任管理者は，ばい煙発生施設および汚水等排出施設を設置している特定工場で，排出ガス量毎時４万㎥以上かつ排出水量１日当たり１万㎥以上のものにおいてのみ選任されます。その職務は，当該特定工場からの公害発生を未然に防止するため，公害防止統括者を補佐し，公害防止管理者の業務が適正に遂行されるよう指揮・監督することです。

②資格について

公害防止主任管理者試験に合格した者，または政令で定める資格を有する者でなければなりません。

③選任の手続き

公害防止管理者と同様，特定事業者は，選任すべき事由が発生した日から**60日以内**に公害防止主任管理者を選任し，選任した日から**30日以内**に都道府県知事等に届け出ることとされています。

4 代理者の選任

特定事業者は，公害防止統括者・公害防止管理者・公害防止主任管理者が旅行や疾病等によって職務を行うことができない場合に備えて，それぞれの**代理者**を選任しておかなければなりません。

代理者には，代理される**本人と同一の資格**が要求されます。したがって，公害防止統括者の代理者には特別な国家資格は必要とされませんが，公害防止管理者の代理者は，区分ごとに行う公害防止管理者試験に合格した者，または公害防止管理者の区分ごとに政令で定める資格を有する者でなければなりません。また，公害防止主任管理者の代理者は，公害防止主任管理者試験に合格した者，または政令で定める資格を有する者でなければなりません。

代理者の選任および届出の猶予期間は，代理される本人

補足

罰則

- 公害防止管理者等の「選任」を怠った者
  →50万円以下の罰金
- 公害防止管理者等について「届出」を怠った者
  →20万円以下の罰金

補足

特定事業者に地位の承継があった場合

公害防止管理者等について届出をした特定事業者に相続または合併があり，特定事業者の地位を承継した者は，遅滞なく，その事実を証する書面を添えて，都道府県知事等に届け出なければならないとされています。

の期間と同一です。表にまとめて確認しておきましょう。

	国家資格	選任期間	届出期間
公害防止統括者とその代理者	不要	事由発生から30日以内	選任した日から30日以内
公害防止管理者とその代理者	必要	事由発生から60日以内	選任した日から30日以内
公害防止主任管理者とその代理者	必要	事由発生から60日以内	選任した日から30日以内

5 公害防止管理者等の義務と権限

公害防止統括者，公害防止管理者，公害防止主任管理者およびこれらの代理者については，その**職務を誠実に行う義務**が定められています。

また，特定工場の従業員は，公害防止統括者，公害防止管理者，公害防止主任管理者およびこれらの代理者がその職務を行ううえで必要であると認めてする**指示に従わなければならない**とされています。

6 公害防止管理者等の解任その他

①公害防止管理者等の解任

都道府県知事等は，公害防止統括者，公害防止管理者，公害防止主任管理者またはこれらの代理者が，公害防止組織整備法，大気汚染防止法，水質汚濁防止法，騒音規制法，振動規制法，ダイオキシン類対策特別措置法またはこれらの法律に基づく命令の規定その他政令で定める法令の規定に違反したときは，特定事業者に対して，公害防止統括者，公害防止管理者，公害防止主任管理者またはこれらの代理者の**解任**を命じることができます。

解任命令による解任の日から**2年**を経過していない者は，公害防止統括者，公害防止管理者，公害防止主任管理者およびこれらの代理者になることができません。

なお，特定事業者は，公害防止管理者等が**死亡**し，またはこれを**解任**したときは，その日から**30日以内**に都道府県知事等に届け出なければなりません。

②報告および検査

都道府県知事等は，この法律の施行に必要な限度において，公害防止管理者等の職務の実施状況の**報告**を特定事業者に求めることができます。また都道府県知事等は，その職員に，特定工場に立ち入り，書類その他の物件を検査させることもできます。

チャレンジ問題

問1　難　中　易

特定工場における公害防止組織の整備に関する法律に関する記述として，誤っているものはどれか。

(1) 特定工場の対象業種は，製造業（物品の加工業を含む。），電気供給業，ガス供給業及び熱供給業である。
(2) 公害防止管理者の選任は，公害防止管理者を選任すべき事由が発生した日から60日以内に行わなければならない。
(3) すべての特定事業者は，例外なく，2以上の工場について同一の公害防止管理者を選任してはならない。
(4) 特定工場の従業員は，公害防止管理者及びその代理者がその職務を行ううえで必要であると認めてする指示に従わなければならない。
(5) 公害防止管理者の代理者も，公害防止管理者の資格が必要である。

解説

(1) この4つを対象業種とすることが，「特定工場における公害防止組織の整備に関する法律施行令」の第1条に規定されています。
(2) 公害防止管理者の選任までの猶予期間は，選任すべき事由が発生した日から60日以内です。公害防止統括者の場合（30日以内）よりも長く設定されているのは，施設の区分ごとに一定の有資格者の中から選任しなければならないためです。
(3) 原則としては禁止ですが，工場相互間の距離や生産工程上の関連その他の基準を満たし，職務の遂行に特に支障がない場合には，2以上の工場の公害防止管理者を兼任することが例外的に認められています。
(5) 代理者は，代理される本人に代わってその職務を行うことから，本人と同一の資格を有することが求められます。

解答 (3)

問2　難　中　易

特定工場における公害防止組織の整備に関する法律に関する記述として，誤っているものはどれか。

(1) 公害防止統括者の選任は，公害防止統括者を選任すべき事由が発生した日から30日以内にしなければならない。
(2) 特定事業者は，公害防止統括者を選任したときは，その日から30日以内に，その旨を当該特定工場の所在地を管轄する都道府県知事（又は政令で定める市の長）に届け出なければならない。
(3) 特定事業者は，公害防止管理者が死亡し，又はこれを解任したときは，その日から30日以内にその旨を当該特定工場の所在地を管轄する都道府県知事（又は政令で定める市の長）に届け出なければならない。
(4) すべての特定事業者は，公害防止統括者を選任しなければならない。
(5) 特定事業者は，当該特定工場が政令で定める要件に該当するものであるときは，主務省令で定めるところにより，法令で定める技術的事項について，公害防止統括者を補佐し，公害防止管理者を指揮する公害防止主任管理者を選任しなければならない。

解説

(4) 公害防止統括者は，常時使用する従業員の数が21人以上の特定工場においてのみ選任されます。したがって，すべての特定事業者が選任しなければならないという点で誤りです。
(5) 公害防止主任管理者は，政令で定める要件（ばい煙発生施設および汚水等排出施設を設置し，排出ガス量・排出水量ともに一定以上であること）に該当する特定工場においてのみ選任されます。

解答 (4)

問3 難 中 易

特定工場における公害防止組織の整備に関する法律に関する記述中，下線を付した箇所のうち，誤っているものはどれか。

都道府県知事は，公害防止統括者，公害防止管理者若しくは公害防止主任管理者又はこれらの代理者が，この法律，大気汚染防止法，水質汚濁防止法，騒音規制法，振動規制法若しくは (1)土壌汚染対策法又はこれらの法律に基づく (2)命令の規定その他政令で定める法令の規定に違反したときは，(3)特定事業者に対し，公害防止統括者，公害防止管理者若しくは公害防止主任管理者又はこれらの代理者の解任を命ずることができる。また，都道府県知事は，この法律の施行に必要な限度において，特定事業者に対し，公害防止統括者，

公害防止管理者若しくは公害防止主任管理者又はこれらの代理者の ⑷職務の実施状況の報告を求め，又はその職員に，⑸特定工場に立ち入り，書類その他の物件を検査させることができる。

解説

公害防止組織整備法第10条（解任命令）と，同法第11条（報告及び検査）第1項の内容を問う出題です。(1）は「土壌汚染対策法」ではなく，「ダイオキシン類対策特別措置法」です。(2）〜（5）はすべて正しい記述です。

解答 （1）

問4　難　中　易

特定工場における公害防止組織の整備に関する法律に関する記述として，誤っているものはどれか。

(1) この法律は，公害防止統括者等の制度を設けることにより，特定工場における公害防止組織の整備を図り，もって公害の防止に資することを目的とする。

(2) 都道府県知事（又は政令で定める市の長）の命令により公害防止管理者を解任された者は，その資格を取り消される。

(3) 公害防止管理者は，その職務を誠実に行わなければならない。

(4) 公害防止管理者の代理者は，その代理する公害防止管理者の種類に応じて，当該公害防止管理者の資格を有する者のうちから選任しなければならない。

(5) 公害防止管理者の代理者を選任することを怠った者は，50万円以下の罰金に処せられる。

解説

(2) 都道府県知事等は，公害防止管理者等に一定の法令違反があった場合には解任を命じることができますが，解任された者の資格まで取り消されるわけではありません。

(4) 代理者には，代理される本人と同一の資格が要求されます。

(5) 公害防止管理者等の「選任」を怠った者には50万円以下の罰金を科すとする罰則が定められています。なお，公害防止管理者等について「届出」を怠った者については20万円以下の罰金です。

解答 （2）

3 環境問題全般

まとめ&丸暗記

● この節の学習内容のまとめ ●

□ 地球環境問題の概要
- 成層圏オゾン層の破壊……モントリオール議定書
- 地球温暖化…………………京都議定書，パリ協定
- 京都メカニズム（JI，CDM，排出量取引）

□ 大気環境問題
- 二酸化硫黄，一酸化炭素，二酸化窒素，浮遊粒子状物質については，環境基準達成率が99 ～ 100%
- 光化学オキシダントの環境基準達成率は，１%未満

□ 水・土壌環境問題
- 公共用水域の環境基準達成率
  ⇒健康項目は99%以上，BOD・CODは90%程度
- 水域別で基準達成率が最も低いのは，湖沼

□ 騒音・振動問題
- 「感覚公害」といわれる騒音・振動
- 騒音・振動の苦情件数が最も多い発生源は，「工事・建設作業」

□ 廃棄物・リサイクル対策
- 一般廃棄物および産業廃棄物それぞれの排出量，処理の流れ
- ３Rの推進（①発生抑制＞②再利用＞③再生利用）

□ 化学物質に関する問題
- 「化審法」による規制，「化管法（PRTR法）」による自主管理の促進
- ダイオキシン類の定義とその対策

地球環境問題の概要

1 成層圏オゾン層の破壊

①オゾンの生成と分解

成層圏の酸素分子（O_2）は，太陽からの紫外線を吸収して酸素原子（O）に解離します。これが酸素分子と反応してオゾン（O_3）が生成されます。一方，成層圏のオゾンは320nm以下の紫外線（UV-B）を吸収すると分解し，酸素分子になります。成層圏のオゾン層は，この生成と分解のバランスのうえに形成されています。

成層圏のオゾン濃度が減少すると，UV-Bの地上到達量が増え，人の健康（皮膚がん，白内障など）や植物の成長に有害な影響を与えるおそれがあります。

②CFC等によるオゾンの破壊

エアコンや冷蔵庫の冷媒，半導体の洗浄剤その他に広く用いられる**クロロフルオロカーボン類（CFC）**や**ハイドロクロロフルオロカーボン類（HCFC）**，消火剤の**ハロン**などが大気中に放出されると，成層圏で紫外線によって分解され，塩素や臭素の原子を放出します。成層圏のオゾンは，この塩素や臭素の原子によって連鎖的に分解（破壊）されてしまいます。

③オゾン層の保護

オゾン層保護のためのウィーン条約に基づき，1987（昭和62）年に**モントリオール議定書**が採択され，CFC等の規制が段階的に進められました。現在では，先進国において，CFC，ハロン，四塩化炭素，1.1.1-トリクロロエタンなどの生産が全廃され，発展途上国において消費規制などが実施されています。

こうした規制の結果，CFCの大気中濃度は減少する傾向にありますが，HCFCなどの濃度は増加傾向にあります。わが国では，従来の冷蔵庫やカーエアコンなどに残っているCFC等の回収を法律に基づいて進めています。

補足

成層圏
高度10～50kmの大気層をいいます。

nm（ナノメートル）
1メートルの10億分の1の長さを表す単位。

オゾンホール
南極上空のオゾン量が極端に少なくなる現象をいいます。南半球の冬季から春季にあたる8～9月ごろに発達します。1980年代に急激に規模を拡大させましたが，1990年以降，面積の増大傾向はみられなくなっています。

フロン
CFC，HCFCのように，炭化水素の水素をふっ素などのハロゲン元素に置換した化合物のことを一般に「フロン」とよんでいます。

2 地球温暖化

①地球温暖化現象

18世紀の産業革命以降，化石燃料（石炭，石油，天然ガス等）を用いた産業活動の拡大に伴い，二酸化炭素をはじめとする**温室効果ガス**が大気中に排出されてきました。過去100年間に二酸化炭素の大気中濃度は**80ppm**以上増加しており，**IPCC**（「気候変動に関する政府間パネル」）が2021（令和３）年に公表した第６次評価報告書によると，2011～2020年の世界平均気温は，1850～1900年の気温よりも**1.09℃**高く，海上よりも陸域での昇温が大きいことがわかりました。

②京都議定書

1997（平成９）年，京都で行われた「気候変動枠組条約」第３回締結国会議（COP3）において，温室効果ガスの削減目標を掲げた**京都議定書**が採択され，2005（平成17）年に発効しました。議定書の概要をみておきましょう。

排出削減の対象とする温室効果ガス	①二酸化炭素　②メタン　③一酸化二窒素 ④HFC（ハイドロフルオロカーボン） ⑤PFC（パーフルオロカーボン）　⑥六ふっ化硫黄（SF_6）
吸収源	**森林等の吸収源**による温室効果ガス吸収量を算入する
基準年	**1990年**（HFC，PFC，SF_6は，1995年としてもよい）
目標期間	2008～2012年の５年間（第一約束期間）
目標	日本は**６％削減** （先進国全体で少なくとも５％の削減を目指す）

わが国は，基準年である1990（平成２）年から６％削減することを目標としていましたが，2009（平成21）年度の温室効果ガス総排出量（CO_2換算）は12億900万ｔであり，基準年を4.1％下回るものの，目標には届いていませんでした。

1998（平成10）年には**地球温暖化対策推進法**が制定され，京都議定書目標達成計画を策定するとともに，温室効果ガスの排出抑制を促進するための措置などを講じることによって地球温暖化対策の推進を図ることが目的として掲げられました。また「地球温暖化対策推進大綱」が策定され，**省エネルギーや新エネルギーの積極的導入，国民のライフスタイルの見直し**などが打ち出されました。

さらに，京都議定書では，国際的に協調して目標達成するための仕組みとして**「京都メカニズム」**が導入されており，その活用に向けた取り組みも重要です。京都メカニズムには，**共同実施（JI）**，**クリーン開発メカニズム（CDM）**および**排出量取引**の３つの手法があります。

共同実施（JI）	先進国間で，温室効果ガスの排出削減や吸収増進の事業を実施し，その結果生じた排出削減単位を，関係国間で移転することを認める制度
クリーン開発メカニズム（CDM）	先進国の環境対策や省エネルギー技術を途上国に移転し，普及促進することにより温室効果ガスの排出量を低減し，その低減分を先進国が自国の目標達成に利用することを認める制度
排出量取引	排出枠（割当量）が設定されている先進国の間で，排出枠の一部の移転を認める制度

補足

JI
Joint Implementation の頭文字。

CDM
Clean Development Mechanism の頭文字。

③パリ協定

パリ協定は，2015（平成27）年のCOP21で採択されました。京都議定書は，排出量削減の法的義務を先進国のみに課すものでしたが，パリ協定では，途上国を含むすべての参加国に排出削減の努力を求めています。

チャレンジ問題

問1　難 **中** 易

成層圏オゾンに関する記述として，誤っているものはどれか。

(1) 成層圏の酸素分子は紫外線を吸収して酸素原子に解離し，オゾンを生成する。

(2) 成層圏のオゾンは320nm以下の紫外線を吸収すると，分解して酸素分子になる。

(3) 成層圏のオゾンは塩素原子，臭素原子などにより連鎖的に分解される。

(4) 大気中に放出されたクロロフルオロカーボン類（CFC），ハイドロフルオロカーボン類（HCFC）やハロンは，成層圏で紫外線により分解されて塩素原子や臭素原子を放出する。

(5) 国際的な規制が段階的に進められた結果，CFC，HCFCやハロンの大気中濃度は減少傾向にある。

解説

(5) CFCの大気中濃度は減少傾向にありますが，HCFCとハロンは増加の傾向にあるといわれています。

このほかの肢は，すべて正しい記述です。

解答 (5)

問2　難　中　**易**

地球温暖化に関する記述として，誤っているものはどれか。

(1) 過去100年間に二酸化炭素の大気中濃度は，約400ppm増加した。

(2) IPCCの第六次評価報告書によると，2011～2020年の世界平均気温は，1850～1900年の気温よりも1.09℃上昇している。

(3) 地球温暖化の影響の一つとして，海面の上昇が指摘されている。

(4) 地球温暖化対策として，省エネルギーや新エネルギーの積極的導入が打ち出されている。

(5) 京都メカニズムには，共同実施（JI）と排出量取引及びクリーン開発メカニズム（CDM）の三つがある。

解説

(1) 二酸化炭素の大気中濃度は，過去100年間に約80ppm以上増加したとされています。約400ppm増加したというのは誤りです。

このほかの肢は，すべて正しい記述です。

解答 (1)

問3　難　**中**　易

京都議定書の目標達成のための枠組として，誤っているものはどれか。

(1) 特定フロンの回収処理

(2) 京都メカニズムの活用

(3) 森林吸収源対策の推進

(4) 省エネルギー対策及び新エネルギーの積極的導入

(5) 国民のライフスタイルの見直し

解説

(1)「特定フロン」とは，オゾン層に対して破壊的な影響を与える物質としてモントリオール議定書などで特に規制されているフロン類のことです。

京都議定書の目標達成，すなわち温室効果ガスの削減のための枠組みには「特定フロンの回収処理」は含まれません。

(3) 森林によるCO_2吸収量として基準年総排出量の約3.9%が予定されており，その確保を図るため，地球温暖化防止森林吸収源10か年対策が展開されています。

解答 (1)

問4　難　中　易

地球環境問題に関する記述として，誤っているものはどれか。

(1) クロロフルオロカーボン（CFC）などが成層圏で分解して塩素原子が放出され，成層圏のオゾンの連鎖的な分解反応が起こる。

(2) モントリオール議定書に基づくCFCの国際的な規制によって，CFCの大気中濃度は減少する傾向にある。

(3) 2009年度における我が国の温室効果ガス総排出量は，京都議定書で定められた基準年（1990年）と比べて6％以上減少していた。

(4) 2005年に発効した京都議定書の後継として，2015年気候変動枠組条約締約国会議（COP21）において，パリ協定が採択された。

(5) パリ協定は，2020年以降の温室効果ガス排出削減等のための国際枠組みであり，途上国を含むすべての参加国に排出削減の努力を求めている。

解説

(3) 2009（平成21）年度の総排出量（CO_2換算）は，京都議定書で定められた基準年の総排出量（12億6,100万ｔ）と比べて4.1％下回りましたが，目標としていた6％には届きませんでした。6％以上減少していたというのは誤りです。

(5) パリ協定は，2015年12月にパリで開催された第21回国連気候変動枠組条約締約国会議（COP21）において，2020年以降の温室効果ガス排出削減等のための新たな国際枠組みとして採択されました。これにより，京都議定書の成立以降長らくわが国が主張してきた「すべての国による取組み」が実現しました。2021（令和3）年10月には，パリ協定の目標達成に向けて，「パリ協定に基づく成長戦略としての長期戦略」が閣議決定されました。

(3)以外の肢は，すべて正しい記述です。

解答 (3)

大気環境問題

1 二酸化硫黄

二酸化硫黄（SO_2）は，燃料中の硫黄分が燃焼により酸化されて生成します。燃料を**低硫黄化**するとともに，排ガス中からSO_2を除去（**排煙脱硫**）することによって，固定発生源から大気へのSO_2放出量を減少させることができます。これにより，2021（令和３）年度におけるSO_2の大気中濃度の年平均値は，一般局で0.001ppm，自排局でも0.001ppmとなり，環境基準達成率としては一般局で99.8%，自排局では100%となっています。

2 一酸化炭素

一酸化炭素（CO）は，燃料等の**不完全燃焼**によって生成します。ボイラー等の燃焼技術の改善や自動車排ガス対策の強化によって，大気へのCO放出量は減少しました。2021（令和３）年度におけるCOの大気中濃度の年平均値は，一般局で0.3ppm，自排局で0.3ppmとなり，すべての測定局で環境基準を達成しています。

3 窒素酸化物

燃料等の燃焼によって生成する窒素酸化物（NO_x）は，大部分が**一酸化窒素**（NO）です。NOが大気中で酸化されると**二酸化窒素**（NO_2）が生成します。人の健康や植物等への影響はNO_2のほうがNOよりも強く，NO_2について環境基準が定められています。工場などの固定発生源について，低NO_x燃焼技術や排煙脱硝技術が適用され，自動車についても排出基準の強化等が進められてきました。NO_2の大気中濃度（年平均値）は，近年ゆるやかな改善傾向を示しており，2021（令和３）年度では一般局で0.007ppm，自排局では0.014ppm，環境基準達成率は一般局で100%，自排局でも100%となっています。

4 粒子状物質

粒子状物質（PM）とは，固体粒子やミストなどの総称です。燃料その他の物の燃焼に伴って発生するばいじんと，物の粉砕や選別等に伴って発生する粉じんがあります。

大気中のPMは降下ばいじんと浮遊粉じんに大別され，**粒子径10μm以下の浮遊粉じんを浮遊粒子状物質**（SPM）といいます。SPMには，工場やディーゼル自動車などから排出されるもの（一次粒子）のほか，SO_2やNO_Xなどから大気中で生成されるもの（二次生成粒子）も含まれます。SPMは健康への影響があることから，環境基準が設定されています。その大気中濃度は，ここ数年やや減少する傾向を示しており，2021（令和３）年度の年平均値は，一般局で0.012mg/m³，自排局も0.013mg/m³，環境基準達成率は一般局で100%，自排局でも100%となっています。

5 光化学オキシダント

光化学オキシダントとは，窒素酸化物（NO_X）と非メタン炭化水素などの**揮発性有機化合物**（VOC）とが大気中の**光化学反応**によって生成するもので，二次大気汚染物質とよばれます。

光化学オキシダントにも環境基準値が設定されていますが，全国の測定局での環境基準達成率は１%に満たない状況が続いています。また，光化学オキシダントの生成は，**日射量，風向・風速，大気安定度**といった気象条件に依存するため，注意報の発令状況が年によって増減します。

6 有害大気汚染物質

大気中濃度が低くても「継続的に摂取される場合には人の健康を損なうおそれがある物質で大気の汚染の原因となるものをいう」と定義され，該当する可能性がある物質の中から23種類の優先取組物質が指定されています。

このうち，ベンゼン，トリクロロエチレン，テトラクロロエチレン，ジクロロメタンの４物質には環境基準が定められています。2021（令和３）年度における大気中濃度の

補足

酸性雨
二酸化硫黄（SO_2）が酸化されて硫酸となり，これが雲や雨に吸収されて雨が酸性化することが主要な原因です。広域環境問題の一つとされています。

一般局
一般環境大気測定局の略です。

自排局
自動車排出ガス測定局の略です。

測定結果によると，ベンゼン，トリクロロエチレン，テトラクロロエチレン，ジクロロメタンのいずれも，すべての測定地点で環境基準を達成していました。

7 石綿（アスベスト）

石綿（アスベスト）は耐熱性等に優れ，多くの製品に使用されてきましたが，発がん性等の問題があることから，製造と使用が原則禁止となっています。2005（平成17）年ごろには，石綿製品工場の作業員に中皮腫等の健康被害が多発し社会問題となりました。石綿製品等を製造する施設について排出規制が行われているほか，吹付け石綿が使用されている建築物の解体作業などには作業基準が設けられています。

8 移動発生源（自動車等）

自動車は，炭化水素，CO，NOx，PMなどを排出する移動発生源の一つであり，大都市域での大気汚染への寄与率が大きいと考えられます。特に，大量の黒煙とNOxを排出するディーゼルエンジン自動車の対策が緊急課題とされています。2009（平成21）年度には排出抑制目標値として，NOxは1974（昭和49）年の値の５％，PMは1994（平成６）年の値の１％とされました。また，燃料側の対策として，軽油中の硫黄分が2007（平成19）年には10ppmに低減されました。

低公害車の普及促進，交通流対策が実施され，航空機・船舶・建設機械など，自動車以外の移動発生源の排出ガス対策も開始されています。

チャレンジ問題

問１　難　中　易

大気汚染物質の生成機構に関する記述として，誤っているものはどれか。

(1) 一酸化炭素は，燃料などの不完全燃焼によって生成する。
(2) 光化学オキシダントは，窒素酸化物（NOx）と非メタン炭化水素などの揮発性有機化合物が大気中の光化学反応によって生成する。
(3) 燃料などの燃焼によって生成するNOxの大部分は，一酸化二窒素であり，大気中で酸化されて二酸化窒素になる。

(4) 硫黄酸化物は，燃料中の硫黄分が燃焼によって酸化されて生成する。
(5) 浮遊粒子状物質には，工場などの発生源から排出される一次粒子に加えて，大気中で生成する二次粒子がある。

解説

(3) 燃料などの燃焼により生成するNOxの大部分は一酸化二窒素(N_2O)ではなく，一酸化窒素（NO）です。これが大気中で酸化され，二酸化窒素（NO_2）になります。
このほかの肢は，すべて正しい記述です。

解答 (3)

問2　難　中　易

大気環境問題に関する記述として，誤っているものはどれか。
(1) 固定発生源から放出される二酸化硫黄量の減少は，燃料の低硫黄化と排煙脱硫による。
(2) 二酸化硫黄の酸化により生成した硫酸は，雨が酸性化する主要な原因となる。
(3) 光化学オキシダントは，窒素酸化物と揮発性有機化合物が光化学反応して生成する二次大気汚染物質である。
(4) 一酸化窒素の健康，植物等への影響は二酸化窒素よりも強く，一酸化窒素に係る環境基準が定められている。
(5) 自動車は，大都市域での大気汚染への寄与率が大きいと考えられている。

解説

(4) 人の健康や植物等への影響は，二酸化窒素（NO_2）のほうが一酸化窒素（NO）よりも強いため，二酸化窒素に係る環境基準が定められています。
このほかの肢は，すべて正しい記述です。

解答 (4)

水・土壌環境問題

1 水質汚濁の現状

①公共用水域

現在の水質は，昭和の高度成長期のような汚濁の状況から大幅に改善されており，「**人の健康の保護に関する環境基準**（健康項目）」については，ここ数年間にわたり，基準達成率が**99%以上**となっています。

年　度	平成28	平成29	平成30	令和１	令和2	令和3
基準達成率	99.2%	99.2%	99.1%	99.2%	99.1%	99.1%

2021（令和３）年度，環境基準値を超える測定地点のあった測定項目は以下の７つです。超過地点数の最も多かったのは，**ひ素**でした。これら以外の測定項目は，いずれも基準値を超える測定地点がありませんでした。環境基準値超過の原因としては，自然由来が最も多く（ひ素，ふっ素はこれが主たる原因），このほか休廃止鉱山廃水，温泉排水，農業肥料，家畜排泄物などが原因となります。

測定項目	超過地点数（a）	調査地点数（b）	a/b
ひ素	24	4,150	0.58%
ふっ素	16	2,814	0.57%
カドミウム	3	4,003	0.07%
鉛	3	4,138	0.07%
硝酸性窒素及び亜硝酸性窒素	2	4,265	0.05%
1,2-ジクロロエタン	1	3,315	0.03%
総水銀	1	3,844	0.03%

これに対し,「**生活環境の保全に関する環境基準**（生活環境項目）」については，有機汚濁の代表的な水質指標である生物化学的酸素要求量（**BOD**）または化学的酸素要求量（**COD**）が環境基準として用いられ，BODは**河川**，CODは**湖沼**および**海域**に適用されます。最近の基準達成率は**90%弱**で推移しています。

年　度	平成28	平成29	平成30	令和１	令和2	令和3
基準達成率	90.3%	89.0%	89.6%	89.2%	88.8%	88.3%

水域別にみると，**湖沼**における達成率が最も低くなります。生活環境項目の環境基準達成率（BOD・COD）の推移を表すグラフをみておきましょう。

■環境基準達成率（BOD・COD）の推移

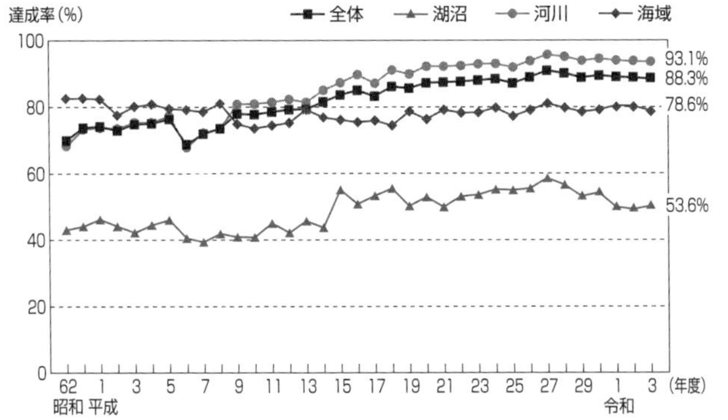

（「令和５年度版 環境・循環型社会・生物多様性白書」より）

東京湾，伊勢湾，大阪湾，瀬戸内海などの**閉鎖性水域**では，流入した物質が蓄積して汚濁が生じやすい状況にあります。窒素やりん等を含む物質が流入すると，藻類などが増殖繁茂し，水質が累進的に悪化する**富栄養化**が起こり，赤潮などの現象を引き起こします。

②地下水

2021（令和３）年度の地下水質測定結果では，調査対象の井戸2,995本のうち153本（全体の5.1%）で環境基準を超過する項目がみられました。最も超過率が高かったのは，自然由来が原因と見られる**ひ素**です。超過率の高い項目について，その推移を表すグラフをみておきましょう。

■地下水の水質汚濁に係る環境基準の超過率の推移

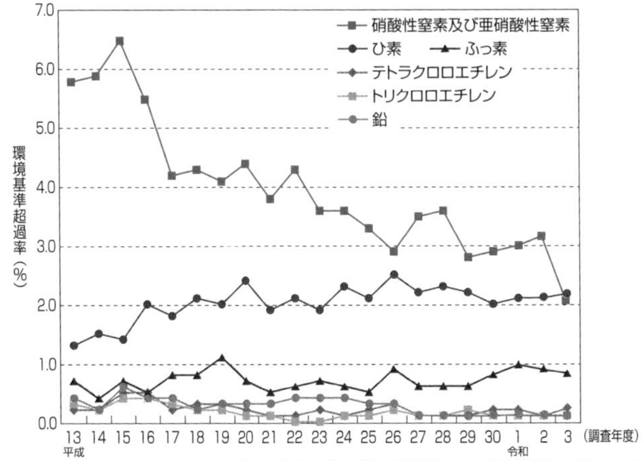

（「令和５年度版 環境・循環型社会・生物多様性白書」より）

補足

「人の健康の保護に関する環境基準」の主な項目ごとの基準値

（令和3年10月現在）

- カドミウム
  0.003mg/ℓ以下
- 全シアン
  検出されないこと
- 六価クロム
  0.02mg/ℓ以下
- ひ素
  0.01mg/ℓ以下
- アルキル水銀
  検出されないこと
- PCB
  検出されないこと
- ふっ素
  0.8mg/ℓ以下

BOD

微生物が水中の有機物を分解するときに消費する酸素量として表されます。この値が大きいほど水質が汚濁していることになります。

COD

酸化剤（過マンガン酸カリウム等）を使用して水質汚濁の程度を測定します。

海洋汚染の物質別汚染確認件数の割合

（令和4年）

①油（64%）
②廃棄物（32%）
③有害液体物質（2%）
④その他（3%）

2 土壌環境の現状

土壌汚染の原因には，原材料の漏出などによって汚染物質が土壌へ直接混入する場合と，事業活動等による大気汚染や水質汚濁を通じて二次的に土壌中に有害物質が取り込まれる場合とがあります。

①市街地等の土壌汚染

土壌汚染対策法に基づく調査や対策が進められているほか，工場跡地などの再開発・売却の際や環境管理等の一環として自主的に汚染調査を行う事業者が増加したこと，また，地方自治体による地下水の常時監視体制や土壌汚染対策の条例整備などによって，近年，土壌汚染事例の判明件数が増加しています。

都道府県や土壌汚染対策法上の政令市が把握している調査結果では，2021（令和３）年度に土壌汚染に係る環境基準または土壌汚染対策法の指定基準を超える汚染が判明した事例は，994件（10年前と比べて51件の増加）でした。有害物質の項目別では，ふっ素，鉛，ひ素などが多くみられます。

②農用地

「農用地の土壌の汚染防止等に関する法律」に基づき，カドミウム，銅，ひ素およびこれらの物質の化合物が特定有害物質とされており，監視と対策が行われています。

③地盤沈下

地盤沈下は，地下水の過剰な採取により地下水位が低下し，主として粘土層が収縮するために生じます。2021（令和３）年度までに地盤沈下が確認された地域は39都道府県64地域に及びます。このうち，平成29年度～令和３年度の５年間の累積沈下量が８㎝以上の地域が４地域ありました。

3 水利用における汚濁負荷

水は，農業・工業・生活用水などとして広く利用されたのち，下水処理場や事業所での排水処理施設などで処理され，利用されなかった河川水などと合流して海に流れ込みます。このため，それぞれの利用過程において，排水の水質汚濁を最小限とする努力が大切です。水質汚濁物質の発生源は，①人の生活に由来するものと，②生産活動に由来するものの２つに分けられます。

①人の生活に由来するもの

いわゆる生活排水であり，し尿および生活系雑排水（台所排水，風呂・洗濯排水など）がこれに当たります。生活排水には有機物のほかに，富栄養化物質である窒素とりんが含まれています。これを成人1人1日当たりの単位（g・人$^{-1}$・d^{-1}）で表すと，全窒素：全りん＝10：1程度の割合で排出されます。

②生産活動に由来するもの

生産活動に由来する汚濁発生源としては，**工業からの排出**が大きな割合を占めており，その汚濁物質の排出量を示すものとして，**工業用水の使用量**が考えられます。従業者30人以上の事業所を対象とした2019（令和1）年の工業用水量（回収水を除く）の産業別構成比をみると，パルプ・紙・紙加工品製造業，化学工業の上位2産業で工業用水量全体の48％程度を占め，次いで，鉄鋼業，食料品製造業の順になっています。

補足

水生生物の保全

「水生生物の保全に係る水質環境基準」では，次の3つについて基準値を設定しています。

- 全亜鉛
- ノニルフェノール
- 直鎖アルキルベンゼンスルホン酸及びその塩（LAS）

チャレンジ問題

問1　難　中　**易**

令和3年度における公共用水域の水質測定結果に関する記述として，誤っているものはどれか。

(1) 人の健康の保護に関する環境基準については，99％を上回る地点で基準を達成していた。

(2) 人の健康の保護に関する測定項目のうちで環境基準値を超える測定地点数が最も多かった項目は，硝酸性窒素及び亜硝酸性窒素であった。

(3) 生活環境の保全に関する項目のBOD又はCODでは，環境基準達成率は，ここ数年にわたり，おおむね90％弱で推移している。

(4) 生活環境の保全に関する項目のBOD又はCODの環境基準達成率は，湖沼が最も低い。

(5) 生活環境の保全に関する項目として河川はBODを，湖沼及び海域はCODを測定する。

解説

(2) 人の健康の保護に関する測定項目のうち，環境基準値を超過する地点数が最も多かったのは，「ひ素」でした。

このほかの肢は，すべて正しい記述です。

解答 (2)

問2 　難｜中｜易

令和3年度の地下水汚染及び土壌汚染に関する記述として，誤っているものはどれか。

(1) 地下水の環境基準を超過する項目がみられた調査対象井戸の割合は，全体の5.1%である。

(2) 地下水の環境基準超過率が最も高い項目は，酸性窒素及び亜硝酸性窒素である。

(3) トリクロロエチレン等の揮発性有機化合物に関する地下水の環境基準超過率は，ここ10年間，あまり変化はみられない。

(4) 土壌汚染の環境基準・指定基準を超える汚染が判明した事例は，990件を超えている。

(5) 土壌汚染の汚染物質としては，ふっ素，鉛，ひ素による事例が多い。

解説

(2) ここ数年，地下水の環境基準超過率が最も高いのは，「硝酸性窒素及び亜硝酸性窒素」であったが，令和3年度の測定結果では「ひ素」が最も高かった。

このほかの肢は，すべて正しい記述です。

解答 (2)

問3 　難｜中｜易

水利用における汚濁負荷に関する記述として，誤っているものはどれか。

(1) 水質汚濁物質の発生源には，人の生活に由来するものと生産活動に由来するものがある。

(2) 人の生活に由来する排水の発生源として，し尿と生活系雑排水がある。

(3) 生活排水中の汚濁物質を原単位（g・人$^{-1}$・d^{-1}）で比較すると，全窒素：全りんは1：10程度である。

(4) 生産活動に由来する汚濁発生源には，工業からの排出が大きな割合を占める。

(5) 生産活動に由来する排水は，事業所の排水処理施設などで処理される。

解説

(3) 生活排水中，全窒素：全りん＝10：1程度です。

このほかの肢は，すべて正しい記述です。

解答 (3)

騒音・振動問題

1 騒音・振動問題の概要

騒音や振動に対する反応は，それを受けた人の主観によるところが大きく，「**感覚公害**」ともいわれます。また，騒音や振動は，その発生源からある程度離れると，ほとんど問題にならなくなることが多く，**局所的な公害**であるといえます。こうした点を踏まえ，騒音・振動に係る環境基準や規制基準，指針値が定められています。

2 騒音・振動の状況

①騒音・振動に対する苦情

2021（令和３）年度の騒音・振動に対する苦情件数は，公害に関する苦情件数全体の**約32.4%**を占めます。騒音については1988（昭和63）年ごろから減少していましたが，2000（平成12）年あたりから増加の傾向がみられます。苦情件数の推移を表すグラフをみておきましょう。

■騒音・振動に係る苦情件数の推移

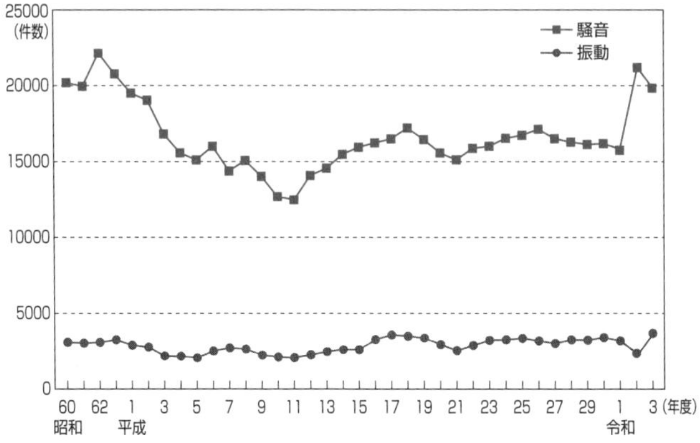

（環境省「騒音規制法施行状況調査」「振動規制法施行状況調査」より）

発生源別の苦情件数については，公害等調整委員会がまとめたものと，環境省「騒音（振動）規制法施行状況調査」

補足

騒音・振動の単位
騒音・振動の大きさは，どちらも感覚尺度を取り入れたデシベル（dB）という単位で表されます。

低周波音の問題
人の耳では聞き取りにくい低周波数の音が，ガラス窓や戸，障子等を振動させたり，頭痛やめまい，いらいら等を引き起こすといった苦情があります。

近隣騒音
営業騒音，拡声器騒音，生活騒音等の近隣騒音に対する苦情も，騒音に関する苦情件数全体の約５分の１を占めています。

の２種類の情報があります。構成比が上位のものを確認しておきましょう。

■令和３年度　騒音・振動の苦情件数が多い発生源（構成比が１位・２位のもの）

公害等調整委員会の調査		環境省の調査	
騒音	振動	騒音	振動
①工事・建設作業	①工事・建設作業	①建設作業	①建設作業
②産業用機械作動	②自動車運行	②工場・事業場	②工場・事業場

②環境基準の達成状況

一般地域における騒音の環境基準の達成状況は，以下のとおりです。

■一般地域における騒音の環境基準達成状況（道路に面する地域を除く）

	2020（令和2）年度	2021（令和3）年度
地域の騒音状況を代表する地点	89.5%	89.6%
騒音に係る問題を生じやすい地点	89.5%	89.3%
全測定地点	89.5%	89.5%

（環境省「騒音規制法施行状況調査」より）

道路に面する地域については，自動車騒音の常時監視結果によると，昼夜ともに環境基準を達成した地点は，2021（令和３）年度で94.6％（前年94.4％）でした。また航空機騒音に係る環境基準については，2021（令和３）年度で87.9％（前年89.3％）の地点で達成しています。新幹線鉄道騒音に係る環境基準については，2021（令和３）年度で55.5％（前年60.8％）の地点での達成にとどまりますが，振動については振動対策指針値をおおむね達成しています。

3　騒音・振動対策

①騒音規制法および振動規制法による規制

騒音規制法および振動規制法では，騒音・振動を防ぐことにより生活環境を保全すべき地域を都道府県知事等が指定し，その地域内の一定の工場・事業場および建設作業の騒音・振動を規制しています。

自動車交通による騒音・振動については，自動車単体から発生する騒音対策として，加速走行騒音・定常走行騒音・近接排気騒音について規制値を定めているほか，交通流対策，道路構造対策などの施策を総合的に推進しています。

②航空機騒音および鉄道騒音・振動対策

航空機や鉄道はその特性に応じて，「航空機騒音に係る環境基準について」，「新幹線鉄道騒音に係る環境基準について」，「環境保全上緊急を要する新幹線鉄道振動対策について」「在来鉄道騒音測定マニュアル」など，別途環境基準や指針が設定されています。

チャレンジ問題

問1　難 中 易

騒音・振動公害に関する記述として，誤っているものはどれか。

(1) 騒音や振動を受けたとき，それに対する反応は，受けた人の主観によるところが大きい。
(2) 騒音や振動は，一般に発生源からある程度離れると，ほとんど問題とならない。
(3) 騒音と振動の大きさは，共にdB（デシベル）という単位で表される。
(4) 自動車単体から発生する騒音について規制値がある。
(5) 航空機騒音と新幹線鉄道騒音に対しては，同じ環境基準が適用されている。

解説

(5) 航空機，新幹線鉄道それぞれに別個の環境基準が適用されています。

解答 (5)

問2　難 中 易

令和３年度の騒音・振動公害に関する記述として，正しいものはどれか。

(1) 騒音では，自動車騒音に対する苦情件数が最も多い。
(2) 騒音・振動に対する苦情件数は，公害に関する全苦情件数の20％程度を占めている。
(3) 振動では，自動車運行に対する苦情件数が最も多い。
(4) 騒音問題は，多くの場合，局所的な公害である。
(5) 騒音に対する苦情件数は，30年ほど前から減少の一途をたどっている。

解説

(1) 令和３年度，騒音の苦情件数が最も多いのは，公害等調整委員会の調査では「工事・建設作業」，環境省の調査では「建設作業」です。
(2) 騒音・振動に対する苦情件数は，環境省の調査によると，全苦情件数の32.4％を占めます。
(3) 令和３年度，振動の苦情件数が最も多いのは，公害等調整委員会の調査では「工事・建設作業」，環境省の調査では「建設作業」です。
(5) 2000（平成12）年あたりから増加の傾向がみられます。

解答 (4)

廃棄物・リサイクル対策

1 一般廃棄物

廃棄物は，一般廃棄物と産業廃棄物の２種類に区分されます。一般廃棄物とは産業廃棄物以外の廃棄物を指し，市町村が処理責任を負います。

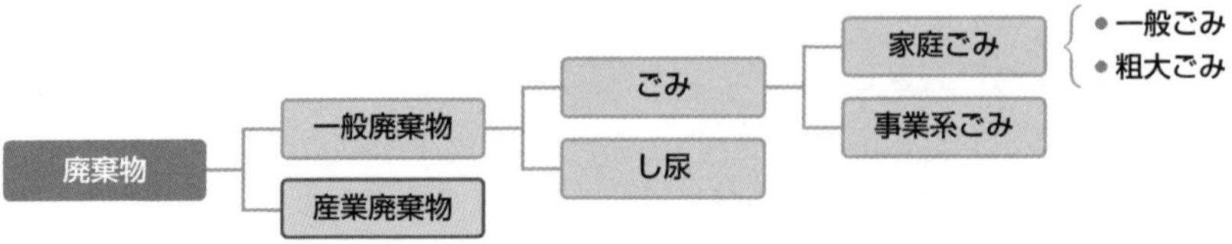

2021（令和３）年度における一般廃棄物（ごみ）の総排出量は4,095万ｔで，国民１人１日当たり890ｇに相当します。このうち総処理量は3,942万ｔで，直接あるいは中間処理を行って**資源化**されるもの，焼却などにより**減量化**されるもの，**最終処分**（埋め立て）されるものに分かれます。

■全国のごみ処理のフロー（令和３年度）

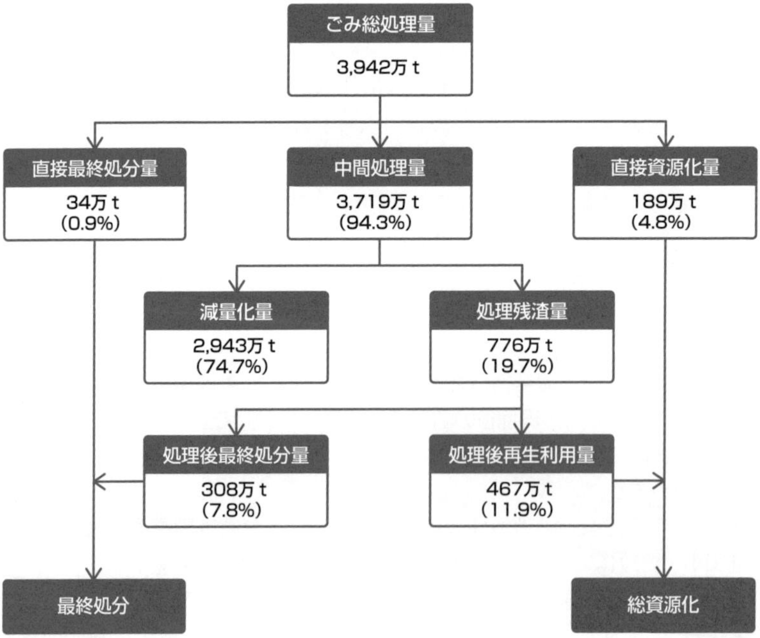

（「令和５年版 環境・循環型社会・生物多様性白書」より）

2 産業廃棄物

産業廃棄物とは，事業活動に伴って発生した廃棄物のうち，法律で定められた20種類のものと輸入廃棄物をいい，事業者が処理責任を負います。産業廃棄物の総排出量は，2020（令和２）年度で約３億7,382万ｔでした。業種別と種類別のそれぞれについて排出量の多いものをみておきましょう。

業種別排出量（令和２年度）		
1位：電気・ガス・熱供給・水道業	9,932万ｔ	(26.6%)
2位：農業，林業	8,237万ｔ	(22.0%)
3位：建設業	7,821万ｔ	(20.9%)

種類別排出量（令和２年度）		
1位：汚泥	1億6,365万ｔ	(43.8%)
2位：動物のふん尿	8,186万ｔ	(21.9%)
3位：がれき類	5,971万ｔ	(16.0%)

同年度の処理状況は，中間処理されたものが全体の78.3%，直接再生利用されたものが20.5%で，中間処理後再生利用されたものと合計すると，再生利用量は１億9,902万ｔ（全体の53.2%）に達しました。種類別で再生利用率が最も高いものは「がれき類」（96.4%）で，逆に最も低いのは「汚泥」（7.1%）でした。

■全国の産業廃棄物処理のフロー（令和２年度）

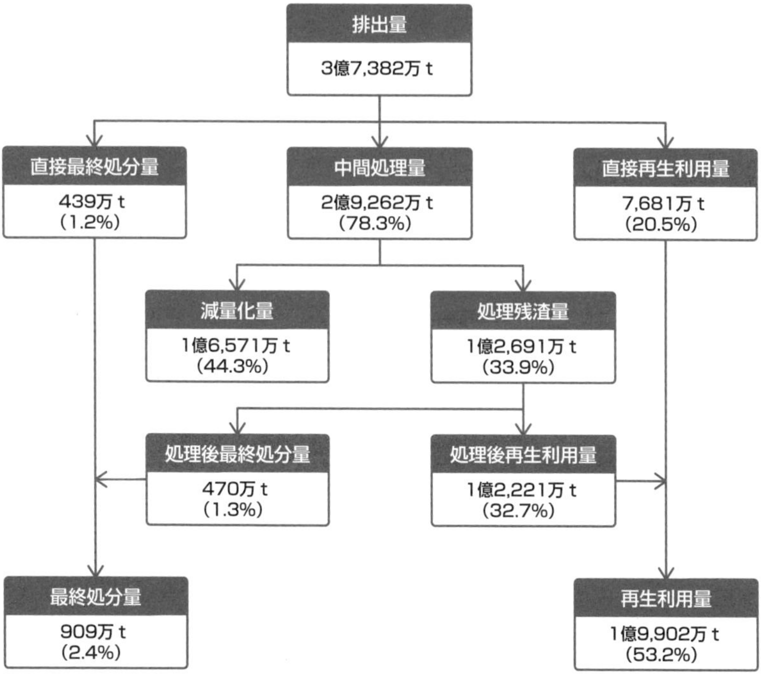

（環境省　令和5年3月30日報道発表資料「産業廃棄物の排出・処理状況等（令和2年度実績）」より）

3 廃棄物・リサイクル対策

循環型社会形成推進基本法では，廃棄物処理の優先順位として，①廃棄物の発生をまず抑制する，②使用済の製品や部品を再利用する，③回収したものを製品の原材料として再生利用する，④それが適切でない場合にはエネルギーとして利用する（熱回収），⑤最後に残った廃棄物を適正処分する，ということを定めています。廃棄物処理の**発生抑制**（Reduce），**再利用**（Reuse），**再生利用**（Recycle）の頭文字をとって，一般に「**3R**」とよんでいます。

4 廃棄物の投棄・越境移動

廃棄物処理法では，産業廃棄物の不法投棄を未然に防ぎ，適正な処理を徹底するために，**産業廃棄物管理票**（マニフェスト）の使用を義務づけています。排出事業者が廃棄物の処理を委託する際，マニフェストに産業廃棄物の種類・数量・運搬業者名・処分業者名等を記入することによって，排出から最終処分までの流れを確認できるようにした仕組みです。

また，国際的には，「有害廃棄物の国境を超える移動及びその処分の規制に関する**バーゼル条約**」にわが国も加盟しています。

チャレンジ問題

問１　　難　**中**　易

最近の廃棄物に関する記述として，誤っているものはどれか。

(1) 一般廃棄物の排出量は，国民１人１日当たり約１kgである。
(2) 一般廃棄物のうち，直接最終処分されたものは約２割である。
(3) 産業廃棄物の総排出量は，一般廃棄物の約９倍程度となっている。
(4) 産業廃棄物の種類別の排出量では，汚泥が最も多い。
(5) 産業廃棄物のうち，直接再生利用（リサイクル）されたものは約２割である。

解説

(2) 2021（令和３）年度，一般廃棄物の直接最終処分量は，ごみ総処理量の0.9%でした。約２割というのは誤りです。

解答 (2)

化学物質に関する問題

1 化審法

化審法とは，PCBsによる環境汚染問題を契機として，1973（昭和48）年に制定された「化学物質の審査及び製造等の規制に関する法律」の略称です。この法律により，新たに製造・輸入される化学物質について，事前に人への有害性などについて審査するとともに，環境を経由して人の健康を損なうおそれのある化学物質の製造・輸入・使用を規制する仕組みが定められました。環境省では，化審法に基づき，次のような調査を実施しています。

①初期環境調査…化審法や化管法（PRTR法）で指定された物質等の「環境中の残留状況を把握」するための調査

②暴露量調査…環境リスク評価に必要な「人および生物への暴露量を把握」するための調査

③モニタリング調査…POPs条約の対象物質や，化審法の特定化学物質等のうち，環境残留性が高く，残留実態の把握が必要なものについて行う経年的な調査

2 化管法（PRTR法）

化管法（PRTR法）とは，1999（平成11）年7月に制定された「特定化学物質の環境への排出量の把握等及び管理の改善の促進に関する法律」の略称です。**PRTR制度**と**MSDS制度**を柱として，事業者による化学物質の自主的な管理の改善を促進し，環境の保全上の支障を未然に防止することを目的としています。

①**PRTR制度**（化学物質排出移動量届出制度）

事業所ごとに化学物質の環境への排出量・移動量を把握し，国に届け出ることを事業者に義務づける制度です。

②**MSDS制度**

化学物質を譲渡または提供する際，**MSDS（化学物質等**

補足

PCBs
ポリ塩化ビフェニル化合物の総称。不燃性で絶縁性が高く，熱交換器の熱媒体や感圧複写紙などに使われていましたが，カネミ油症事件を契機に有毒性が問題となり，生産中止となりました。PCBs含有物の処理方法として，高温焼却のほか化学的無害化処理法が認められています。

補足

POPs条約
2001（平成13）年に採択された「残留性有機汚染物質に関するストックホルム条約」の略称。PCBs，ダイオキシンなどの残留性有機汚染物質（POPs）の製造や使用の禁止などを定めています。

安全データシート）によって，その化学物質の特性や取扱いに関する情報を事前に提供することを事業者に義務づける制度です。

化管法の対象化学物質は，第１種指定化学物質（PRTRおよびMSDSの対象）と第２種指定化学物質（MSDSのみの対象）に分かれています。「化学品の分類及び表示に関する世界調和システム（GHS）」との整合化などを踏まえ，2008（平成20）年に指定化学物質数が拡大されましたが，さらに2021（令和３）年の化管法施行令改正により，第１種指定化学物質は515物質，第２種指定化学物質は134物質（合計649物質）に増加しました（令和５年４月１日施行）。

3　ダイオキシン類問題

ダイオキシン類は，ポリ塩化ジベンゾ-パラ-ジオキシン，ポリ塩化ジベンゾフラン，およびコプラナーポリ塩化ビフェニルの３種類からなる物質群の総称です。**非意図的に生成**され，自然には分解しにくく**残留性が強い**化学物質として知られています。構造式内に包含する塩素の数とその配置状況によって毒性が大きく異なるため，濃度は**毒性等量（TEQ）**として換算された値を用います。TEQの算出には，WHO（世界保健機関）が制定した毒性等価係数（TEF）が用いられます。

1999（平成11）年には「ダイオキシン類対策特別措置法」が制定され，人の耐容一日摂取量や，大気・水質・土壌の環境基準を設定し，2002（平成14）年には底質の環境基準を追加しました。ダイオキシン類の人体への摂取は食物によるものが最も多く，人の摂取量として設定されている**耐容一日摂取量（TDI）**は，4pg-TEQ・kg^{-1}・d^{-1}です。2021（令和３）年度における人への摂取量は，体重１kg当たり0.45pg-TEQ・d^{-1}と推定されています（pg［ピコグラム］は１兆分の１g）。

ダイオキシン類の排出形態はさまざまですが，高温処理が困難または不完全燃焼の起こりやすい焼却炉等に問題が多いとされています。政府は，さまざまな排出源とその排出量の目録（排出インベントリー）を毎年公表しています。

チャレンジ問題

問１　　難　**中**　易

化学物質の管理に関する記述として，誤っているものはどれか。

(1)「化学物質の審査及び製造等の規制に関する法律（化審法）」はPCBsによる公害を契機として，昭和48年に制定された。

(2)「残留性有機汚染物質に関するストックホルム条約（POPs条約）」の対象物質は，経年的にモニタリング調査が行われている。

(3)「特定化学物質の環境への排出量の把握等及び管理の改善の促進に関する法律（PRTR法）」は，平成11年７月に制定され，指定化学物質として第１種，第２種を特定した。

(4)「化学品の分類及び表示に関する世界表示システム（GHS）」との整合化により，平成20年以降，PRTR法の指定化学物質の総数が減少している。

(5) 第１種，第２種の指定化学物質を一定濃度以上含む製品の製造・販売者には「化学物質等安全データシート（MSDS）」を作成し，製品利用者へ提供することが義務付けられている。

解説

(4) 2008（平成20）年には，第1種462物質，第2種100物質（総数562物質）に拡大され，さらに2023（令和5）年度から総数649物質に増加しています。

解答 (4)

問2 難 中 **易**

ダイオキシン類に関する記述として，誤っているものはどれか。

(1) ポリ塩化ジベンゾ-パラ-ジオキシン及びポリ塩化ジベンゾフランの２種類からなる物質群の総称である。

(2) 非意図的に生成され，自然界では分解しにくく，残留性が強い化学物質である。

(3) 塩素の数とその配置状況によって毒性が大きく異なるので，濃度は毒性等量（TEQ）として換算された値を用いる。

(4) 耐容一日摂取量（TDI）は，$4\text{pg-TEQ} \cdot \text{kg}^{-1} \cdot \text{d}^{-1}$に設定されている。

(5) ダイオキシン類対策特別措置法に基づき，大気，水質，土壌及び底質についての環境基準が定められている。

解説

(1) ダイオキシン類は，設問の２種類のほかに，コプラナーポリ塩化ビフェニルを加えた３種類からなる物質群の総称です。

このほかの肢は，すべて正しい記述です。

解答 (1)

4 環境管理手法

まとめ&丸暗記

● この節の学習内容のまとめ ●

□ 環境影響評価

開発事業を行う前に，環境に与える影響を調査・予測・評価し，その結果を，事業内容に関する決定に反映させる制度

- 第一種事業…環境影響評価を必ず実施する
- 第二種事業…実施するかどうかを個別に判定（スクリーニング）

□ 環境マネジメント

- PDCAサイクル（Plan-Do-Check-Act）が日常活動の基本
- マネジメントシステムの定義
  ⇒方針および目標を定め，その目標を達成するためのシステム
- 環境マネジメントシステムの定義
  ⇒組織のマネジメントシステムの一部で，環境方針を策定し，実施し，環境側面を管理するために用いられるもの

□ 環境調和型製品

- LCA（ライフサイクルアセスメント）
  1．目的と調査範囲の設定　　2．インベントリー分析
  3．インパクト評価　　4．ライフサイクル解釈
- 環境ラベル
  タイプⅠ（第三者認証）　　タイプⅡ（自己宣言）
  タイプⅢ（定量データの表示）

□ リスクマネジメント

①リスクアセスメント……リスク特定，リスク分析，リスク評価
②リスク対応………………リスク回避，リスク共有，リスク保有
③リスクコミュニケーションおよび協議

環境影響評価

1 環境影響評価の理念

環境影響評価（環境アセスメントともいう）とは，土地の形状の変化，工作物の新設などを行う事業者が，事業の実施前に環境に及ぼす影響について自ら調査・予測・評価を行い，その結果に基づいて，その事業に環境配慮を組み込むという仕組みです。開発事業による重大な環境影響を防止するには，事業の内容を決める際，必要性や採算性だけでなく，環境保全についてもあらかじめよく考えておくことが重要です。このような考え方から生まれたのが環境影響評価の制度です。**環境影響評価法**（1997［平成９］年制定）は，環境影響評価の手続きを定め，その評価結果を事業内容に関する決定（事業の免許等）に反映させることにより，事業が環境の保全に十分配慮して行われるようにすることを目的としています。

2 環境影響評価の実施

①対象となる事業

環境影響評価法に基づく対象事業は，道路，ダム，鉄道，空港，発電所などの13種類です。

このうち，規模が大きく，環境に大きな影響を及ぼすおそれのある事業を**第一種事業**として定め，環境影響評価の手続きを**必ず行う**こととしています。また，第一種事業に準ずる規模の事業を**第二種事業**として，手続きを行うかどうかを個別に判定することとしています。この個別の判定を**スクリーニング**といいます。

②スコーピング

環境影響評価の実施に当たって検討すべき問題の範囲を確定するため，評価する項目などをしぼり込みます。この手続きは**スコーピング**とよばれています。

補足

環境アセスメント制度
1969年にアメリカで最初に制度化され，各国に広がりました。日本では1972（昭和47）年に公共事業で導入されたのち，環境基本法で環境影響評価の推進が位置づけられたことを受け，1997（平成９）年に環境影響評価法が制定されました。

環境影響評価法の改正
2012（平成24）年度施行の主なもの
- 交付金事業を対象に追加
- 方法書段階における説明会開催の義務化
- 環境影響評価図書の電子縦覧の義務化

2013（平成25）年度施行のもの
- 計画段階環境配慮書手続きの創設
- 環境保全措置等の結果の報告・公表手続（報告書手続）の創設

③横断条項

環境影響評価法は，環境影響評価の実効性を担保する観点から，許認可権者に対し，対象事業の許認可等に環境影響評価の結果を横断的に反映させることを求める規定を置いています。これらの規定を**横断条項**といいます。

④環境影響の予測評価の対象

大気，騒音，振動，水質，底質，地下水，地盤，土壌といった従来型の公害だけではなく，動植物，生態系といった生物多様性の確保や自然環境の保全，景観，ふれあい活動の場などの要素も調査項目として加えられています。

⑤ベスト追求型の環境アセスメント

事業者は，単に環境基準等が達成されているか否かではなく，建造物の構造・配置のあり方，環境保全設備，工事の方法等について複数の案を検討したり，実行可能なよりよい技術を取り入れたりして，環境への影響を回避・低減するために最善の努力を払うこととされています。

チャレンジ問題

問1　難｜中｜**易**

環境影響評価法に基づく環境影響評価に関する記述として，誤っているものはどれか。

(1) 対象事業には，必ず環境影響評価手続きを実施する第一種事業と，実施の必要性を個別に判定する第二種事業がある。
(2) 実施の必要性を個別に判定する手続きは，スクリーニングと呼ばれている。
(3) 許認可権者は，環境影響評価の実効性を担保するために，対象事業の許認可などの審査に当たり，環境影響評価の結果を横断的に反映させなければならない。
(4) 環境影響の予測評価の対象は，大気，騒音，振動，水質，底質，地下水，地盤及び土壌の８項目である。
(5) 事業者は，実行可能なよりよい技術を取り入れるなどにより，環境への影響を回避・低減するための最善の努力を払わなければならない。

解説

(4) 大気，騒音など従来型の公害だけでなく，生物の多様性確保や自然環境の保全など，人と自然とのふれあいに係る要素も対象とされています。

解答 (4)

環境マネジメント

1 マネジメントとPDCAサイクル

マネジメントとは，JIS Q 9000：2015によると，「組織を指揮し，管理するための調整された活動」と定義されています。運営管理（または運用管理）ともよばれ，組織の合理的活動を支えるシステマティックな営みといえます。

組織は，機能の維持または持続的発展に必要なビジョンを定めたうえで，「マネジメントのサイクル」ともいわれる**PDCAサイクル**を日常活動の基本としなければなりません。PDCA（Plan-Do-Check-Act）の具体的内容を確認しておきましょう。

Plan	目標を設定し，その確実な実現に必要な行動やリソースを起案（計画）する
Do	計画に基づいた組織活動を実施する
Check	組織活動の結果生じた「現在の姿」と，計画時に設定した「あるべき姿」との乖離の有無を調べ，著しい乖離が認められる場合は，その原因を分析・抽出する
Act	組織の姿を悪化させる要因を排除し，改善させる要因を定着させるよう，組織行動を「標準化」する

補足

JIS Q 9000
品質マネジメントシステム関係の用語集であるISO 9000を，JIS（日本工業規格）が日本語訳したもの。2015とは2015年版の意味です。

ISO（国際標準化機構）
電気および電子技術分野を除く全産業分野の国際的な規格を策定している国際機関です。策定された規格自体をISOとよぶ場合もあります。

2 環境マネジメント

組織のマネジメントは，マネジャーと全構成員が責任をもって自発的に推進していくものですが，仕事の流れの中で生じる製品・サービスその他のものが，組織以外のさまざまな利害関係者に影響を及ぼすことがあります。特に，環境への影響が直接的・間接的に生じる可能性のある部分を「組織の環境側面」といいます。**環境マネジメント**とは，著しい環境影響を生じ得る「組織の環境側面」を切り出して，適切なマネジメントを行うことであるといえます。JIS Q 14001：2015では，**環境側面**を「環境と相互に作用する，又は相互に作用する可能性のある，組織の活動又は製品又はサービスの要素」と定義しています。

3 環境マネジメントシステム

環境マネジメントは，組織や事業者が自主的かつ積極的に環境保全の取組みを進めていくための有効なツールといえます。しかし，特別に有能な個人がいなくても，一定の力量ある人々からなる組織でさえあればマネジメントが達成されるという「保証」が必要となります。そこで，そのために組織に導入される仕組みがマネジメントシステムです。JIS Q 9000：2015では，マネジメントシステムを「方針及び目標並びにその目標を達成するためのプロセスを確立するための，相互に関連する又は相互に作用する組織の一連の要素」と定義しています。さらに，JIS Q 14001：2015では，**環境マネジメントシステム**を「マネジメントシステムの一部で，環境側面をマネジメントし，順守義務を満たし，リスク及び機会に取り組むために用いられるもの」と定義しています。

4 マネジメントシステムの規格

JIS Q 14001とは，環境マネジメントシステムに関する要求事項をまとめたISO 14001を日本語訳したものです。最近では2015（平成27）年に改訂され，それに伴いJISも改訂されました。2022（令和4）年現在，日本のISO 14001取得企業数は20,892件（ISO本部の公表データによる）で，世界有数の件数となっています。こうしたマネジメントシステムの規格の発行は，組織のマネジメントシステムの透明性を高めることに寄与しました。それは，各組織のマネジメントシステムが国際規格に整合していることを第三者が審査し，認証する制度（第三者認証制度）が各国で立ち上がったためです。マネジメントシステムの外部認証については，第三者による認証が最も流布しています。

チャレンジ問題

問1　難　中　**易**

マネジメント及び環境マネジメントに関する記述として，誤っているものはどれか。

(1) マネジメントとは，運営管理ないしは運用管理とも呼ばれる。

(2) マネジメントのサイクルとは，PDCAサイクルのことである。
(3) マネジメントシステムとは，方針及び目標並びにその目標を達成するためのプロセスを確立するための，相互に関連する又は相互に作用する組織の一連の要素である。
(4) 環境マネジメントシステムは，組織の全体的なマネジメントシステムとは独立していることが望ましい。
(5) 環境マネジメントシステムの有効性を利害関係者に保証する方法として，第三者認証が最も流布している。

解説

(4) JIS Q 14001：2015では，環境マネジメントシステムを「マネジメントシステムの一部」と定義しています。「独立していることが望ましい」というのは誤りです。

解答 (4)

問2 難 **中** 易

JISによる環境マネジメントシステムに関する記述として，誤っているものはどれか。

(1) 環境マネジメントシステムは，「環境目標を策定し，順守義務を満たし，リスク及び機会に取り組むために用いられるもの」と定義される。
(2) 環境側面は，「環境と相互に影響する，又は相互に作用する可能性のある，組織の活動又は製品又はサービスの要素」と定義される。
(3) 組織は，PDCA（Plan-Do-Check-Act）サイクルを組織の日常活動の基本としなければならない。
(4) Checkでは，組織活動の結果生じた「現在の姿」と，計画時に設定した「あるべき姿」との乖離の有無を調べる。
(5) Actでは，組織の姿を悪化させる要因を排除し，改善させる要因を定着させるように組織行動を「標準化」する。

解説

(1) 環境マネジメントシステムは，「環境側面をマネジメントし，順守義務を満たし，リスク及び機会に取り組むために用いられるもの」です。

解答 (1)

環境調和型製品

1 環境調和型製品への転換

環境意識が高まるにつれ，私たちの生活を支えるさまざまな「製品」について，その原料採取から製造，廃棄に至るまでのライフサイクルを全般的に考えることが重要となります。必要とされる製品機能や安全性を保証したうえで，環境負荷を大幅に低減した**環境調和型製品**へと転換していくこと，それを受け入れる環境志向の市場など，循環型社会構築への要求が広がっています。そのために，さまざまな技術開発や，環境調和型製品を社会に浸透させる法制度，規格などが国内外で順次整備されています。環境調和型製品の実現を支援する法規としては，資源有効利用促進法，家電リサイクル法，グリーン購入法などが代表的です。

2 LCAと環境配慮型設計

①LCA（ライフサイクルアセスメント）

ISO 14040：2006によれば，製品に付随する環境側面と潜在的影響を評価するための技法の一つであり，次の４つのステップを踏んだ活動でなければならないとされています。

1．目的と調査範囲の設定	LCAをどのような目的のために実施するのかを明らかにし，前提条件や制約条件を明記する
2．インベントリー分析	対象とする製品システムに対する，ライフサイクル全体を通しての入力および出力のまとめと定量化を行う
3．インパクト評価（ライフサイクル影響評価）	製品システムの潜在的な環境影響の大きさと重要度を把握し，評価する
4．ライフサイクル解釈	インベントリー分析やインパクト評価の結果を，単独でまたは統合して評価・解釈する

LCAでは，製品の「ゆりかごから墓場まで」を通しての環境側面や生じうる環境影響が調査され，考慮される環境影響には，人の健康や生態系への影響も含まれます。LCAを活用することによって，環境調和型製品の社会への浸透を支援するなど，環境負荷の低減を図ることができます。

②環境配慮設計

製品の設計開発を，製品の本来機能とともに，環境側面を適切に統合して実施する考え方であり，「環境適合設計」ともいいます。環境配慮設計では，材料仕様やエネルギーの効率改善，有害物質の利用回避，特に環境汚染の少ない製造・利用への指向，再利用・リサイクルのための設計などに取り組みます。この取組みの効果的実現のためには，製品のライフサイクル全般に対する考慮やマネジメントが，設計技術者だけでなく，管理者や，製品の市場投入を支えるサプライチェーンに関わる者すべてを巻き込んでなされる必要があります。

3 環境ラベル

環境ラベルは，製品やサービスの環境側面に関する情報をすべての利害関係者に認識させるための環境主張です。製品や包装ラベル，説明書等に書かれた文言，シンボル，図形などを通じて伝達されます。ISOでは，環境ラベルを次の3つのタイプに分けて規格化しています。

名称（該当規格）・特徴	内容，具体例など
タイプⅠ（ISO 14024） 第三者認証による環境ラベル	● 第三者実施機関が運営 ● 事業者の申請に応じて審査し，マークの使用を認可 ● 例「エコマーク」
タイプⅡ（ISO 14021） 事業者の自己宣言による環境主張（第三者の判断は入らない）	● 製品における環境改善を市場に対して主張する ● 宣伝広告にも適用される ● 企業によって最も利用されている
タイプⅢ（ISO 14025） 製品のライフサイクルにおける定量データの表示	● 事前に設定されたパラメータ領域について製品の環境データを表示する ● 判断は購買者に任される ● 例「エコリーフ環境ラベル」

補足

資源有効利用促進法
「3R対策」の基盤をなす法律。製品の設計・製造段階における3Rへの配慮，事業者による自主回収・リサイクルシステムの構築などを定めています。

家電リサイクル法
家電4品目（エアコン，テレビ，冷蔵庫·冷凍庫，洗濯機・乾燥機）について資源再利用を促進する法律です。

グリーン購入法
公的機関による環境調和型製品の調達を推進する法律です。

エコマーク

エコリーフ環境ラベル

チャレンジ問題

問1　難　中　易

環境調和型製品に関する記述として，誤っているものはどれか。

(1) 企業が最も活用している環境ラベルは，タイプⅡ環境ラベル，すなわち，独立した第三者の認証を必要としない自己宣言による環境主張である。

(2) ISO 14025に従い，事前に設定されたパラメータ領域について製品の環境データを表示するのが，タイプⅠ環境ラベルである。

(3) 環境配慮設計の取り組みを効果的にするためには，製品のライフサイクル全般に対する考慮やマネジメントが必要である。

(4) 製品の設計，製造に当たっては，3Rへの配慮が重要である。

(5) ISO 14040では，LCAは，定められた四つのステップを踏んだ活動となっていなければならないこととなっている。

解説

(2) タイプⅠ環境ラベルは，第三者認証による環境ラベルです。設問の記述は，タイプⅠではなくタイプⅢの環境ラベルの説明です。

このほかの肢は，すべて正しい記述です。

解答 (2)

問2　難　中　易

ISO 14040（JIS Q 14040）に規定するライフサイクルアセスメントを構成する四つのステップに含まれないものはどれか。

(1) ライフサイクル影響評価

(2) ライフサイクル解釈

(3) ライフサイクルアセスメント従事者の選定

(4) ライフサイクルインベントリー分析

(5) ライフサイクルアセスメントの目的及び調査範囲の設定

解説

LCA（ライフサイクルアセスメント）の４つのステップは，①目的および調査範囲の設定，②インベントリー分析，③影響評価（インパクト評価），④解釈です。(3)の「従事者の選定」は含まれません。

解答 (3)

リスクマネジメント

1 リスクと環境

リスクとは，JIS Q 0073：2010によると，「目的に対する不確かさの影響」と定義され，影響が好ましいか，好ましくないかに関わらず，目的の達成に影響を与えるものとしてとらえられています。また，リスクマネジメントについては「リスクについて組織を指揮統制するための調整された活動」と定義されています。

組織の製品やサービスに関わる通常の活動が，環境に悪影響を与える可能性がある場合，それへの対応は環境マネジメントともいえるし，リスクマネジメントともいえます。その意味で，リスクマネジメントの一部は，環境マネジメントとみなすことができます。

組織のマネジメント活動のなかでも，近年，このリスクマネジメントの分野への関心が高まっています。

2 リスクマネジメントの基礎概念

リスクマネジメントは，①リスクアセスメント，②リスク対応，③リスクコミュニケーションおよび協議からなります。

①リスクアセスメント

おおむね次のプロセスで行います。

1．リスク特定	リスクとして認識される事象や結果またはリスクの原因となる物事や行動（リスク源）を識別し，網羅し，特徴づける
2．リスク分析	リスクの特質を理解し，リスクレベルを決定する。リスクの算定も含まれる
3．リスク評価	分析・算定されたリスクが受容可能かどうかを決定するために，「リスク基準」と比較する

補足

JIS Q 0073
リスクマネジメントに関する一般的な用語とその定義について規定しています。

補足

リスクの算定
リスクの発生確率や，結果の影響を算定するプロセスです。

リスク基準
法規制による要求事項や，ステークホルダ（利害関係者）からの要求などから導かれます。

②リスク対応

リスクアセスメントを前提として，リスクの発生確率や結果の重篤性を改善する選択やプロセスのことを**リスク対応**といい，次のようなものがあります。

リスク回避	リスク評価の結果などに基づき，リスクの生じる状況に巻き込まれないようにする，またはそのような状況から撤退する対応
リスク共有	リスクに起因する損失負担あるいは利益を他者と共有する対応
リスク保有	リスクに起因する損失負担あるいは利益を受容する対応

③リスクコミュニケーションおよび協議

リスクに関する情報の提供や取得，ステークホルダ（利害関係者）との対話を行うため，組織が継続的に行うプロセスです。このリスクコミュニケーションによって，リスクの回避や低減，リスク原因の特定への寄与などが期待できます。

チャレンジ問題

問１　難　**中**　易

リスク評価とマネジメントに関する記述として，誤っているものはどれか。

(1) JIS Q 0073では，リスクはその影響が好ましいか，好ましくないかにかかわらず目的の達成に影響を与えるものとしてとらえられている。

(2) JIS Q 0073では，リスクマネジメントとは，リスクについて組織を指揮統制するための調整された活動と定義されている。

(3) リスク特定とは，リスク源を識別し，網羅し，特徴づけるプロセスである。

(4) 組織の製品やサービスに関わる通常の活動が，環境に悪影響を与える可能性があるとすれば，それへの対応はリスクマネジメントではなく，環境マネジメントである。

(5) リスクアセスメントを前提に，リスクの発生確率や結果の重篤性を改善するプロセスは，リスク対応に含まれる。

解説

(4) この対応は，環境マネジメントともいえるし，リスクマネジメントともいえます。リスクマネジメントではないとするのは誤りです。

このほかの肢は，すべて正しい記述です。

解答 (4)

第2章

水質概論

1 水質汚濁防止対策のための法規制

まとめ&丸暗記

● この節の学習内容のまとめ ●

☐ 水質環境基準

水質環境基準

- 公共用水域に係る水質環境基準
  - ●人の健康の保護に関する環境基準
  - ●生活環境の保全に関する環境基準
    河川・湖沼・海域のそれぞれに,
    - 生活環境の保全に関する環境基準
    - 水生生物の保全に係る水質環境基準
- 地下水に係る水質環境基準
  人の健康の保護に関する環境基準のみ

☐ 水質汚濁防止法による規制

- 規制の対象…特定施設を設置する工場・事業場から公共用水域に排出される水（排出水）の排出，地下に浸透する水の浸透
- 排水基準の設定…一律排水基準，上乗せ排水基準，総量規制基準
- 排水基準の遵守の強制
  届出…特定施設の設置，構造等の変更は，工事着手の60日前に
  排水基準（濃度基準）違反への罰則（直罰制），改善命令等
- その他…事故時の措置，地下浸透の規制，生活排水対策

☐ 公害防止組織整備法（水質関係）

水質関係公害防止管理者の選任…汚水等排出施設を設置する特定工場

施設の区分（工場の排出水量）		有資格者の種類
水質関係有害物質排出施設	1万m³/日以上	第1種
	1万m³/日未満	第1種＋第2種
上記以外の施設	1万m³/日以上	第1種＋第3種
	1万m³/日未満 1千m³/日以上	第1種＋第2種＋第3種＋第4種

水質環境基準

1 公共用水域に係る水質環境基準

①水質環境基準の概要

環境基準は，環境保全施策を実施するうえでの**行政上の目標**として定められており，その達成を目指して排出規制その他の施策の強化・拡充が図られます。水質汚濁に係る環境基準（水質環境基準）には，**公共用水域**（河川・湖沼・海域）と**地下水**の水質汚濁に係る基準があります。さらに公共用水域の水質環境基準は，「**人の健康の保護**」に関する項目と「**生活環境の保全**」に関する項目に分かれており，それぞれに環境基準値が定められています。

②人の健康の保護に関する環境基準

公共用水域における人の健康の保護に関する環境基準を下表に示します。基準値は**年間平均値**（ただし，**全シアン**のみ最高値）とされ，また，「検出されないこと」とは，指定された測定方法を用いた場合，測定結果がその測定方

補足

環境基準の改定
環境基準はしばしば改定されます。本書では令和３年10月７日改定「水質汚濁に係る環境基準について」（環境省告示62号）に基づいて記述しています。

有害物質の分類
下の表のジクロロメタンからテトラクロロエチレンまでは「有機塩素系化合物」，1,3-ジクロロプロペンからチオベンカルブまでは「農薬系有機化合物」です。

■人の健康の保護に関する環境基準（公共用水域）

単位：mg/ℓ

項　目	基準値	項　目	基準値
カドミウム	0.003以下	1,1,2-トリクロロエタン	0.006以下
全シアン	検出されないこと	トリクロロエチレン	0.01以下
鉛	0.01以下	テトラクロロエチレン	0.01以下
六価クロム	0.02以下	1,3-ジクロロプロペン	0.002以下
ひ素	0.01以下	チウラム	0.006以下
総水銀	0.0005以下	シマジン	0.003以下
アルキル水銀	検出されないこと	チオベンカルブ	0.02以下
PCB	検出されないこと	ベンゼン	0.01以下
ジクロロメタン	0.02以下	セレン	0.01以下
四塩化炭素	0.002以下	硝酸性窒素及び亜硝酸性窒素	10以下
1,2-ジクロロエタン	0.004以下	ふっ素	0.8以下
1,1-ジクロロエチレン	0.1以下	ほう素	1以下
シス-1,2-ジクロロエチレン	0.04以下	1,4-ジオキサン	0.05以下
1,1,1-トリクロロエタン	1以下		

法の定量限界を下回ることをいいます。なお，ふっ素とほう素の基準値は，海域については適用しません。

③生活環境の保全に関する環境基準

生活環境の保全に関する環境基準は，河川，湖沼，海域に分けて基準値が定められています。また，河川，湖沼，海域のそれぞれに**水生生物の保全に係る水質環境基準**も定められており，2013（平成25）年３月の改定の際，従来の全亜鉛とノニルフェノールに加えて，**直鎖アルキルベンゼンスルホン酸及びその塩**の基準値が定められました。ここでは，「河川」についての基準をみておきましょう。

■生活環境の保全に関する環境基準（河川）

ア

項目／類型	利用目的の適応性	基準値				
		水素イオン濃度（pH）	生物化学的酸素要求量（BOD）	浮遊物質量（SS）	溶存酸素量（DO）	大腸菌数
AA	水道１級・自然環境保全及びＡ以下の欄に掲げるもの	6.5以上 8.5以下	１mg／ℓ 以下	25mg／ℓ 以下	7.5mg／ℓ 以上	20CFU/100mℓ以下
A	水道２級・水産１級・水浴及びＢ以下の欄に掲げるもの	6.5以上 8.5以下	２mg／ℓ 以下	25mg／ℓ 以下	7.5mg／ℓ 以上	300CFU/100mℓ以下
B	水道３級・水産２級及びＣ以下の欄に掲げるもの	6.5以上 8.5以下	３mg／ℓ 以下	25mg／ℓ 以下	５mg／ℓ 以上	1,000CFU/100mℓ以下
C	水産３級・工業用水１級及びＤ以下の欄に掲げるもの	6.5以上 8.5以下	５mg／ℓ 以下	50mg／ℓ 以下	５mg／ℓ 以上	－
D	工業用水２級・農業用水及びＥの欄に掲げるもの	6.0以上 8.5以下	８mg／ℓ 以下	100mg／ℓ 以下	２mg／ℓ 以上	－
E	工業用水３級・環境保全	6.0以上 8.5以下	10mg／ℓ 以下	ごみ等の浮遊が認められないこと	２mg／ℓ 以上	－

（備考）１　基準値は，日間平均値とする（ただし，大腸菌数に係る基準値については，90%水質とする）
２　農業用利水点については，水素イオン濃度6.0以上7.5以下，溶存酸素量５mg／ℓ以上とする
３　水道１級を利用目的としている地点（自然環境保全を除く）は，大腸菌数100CFU/100ml以下とする
４　水産１級，水産２級及び水産３級については，当分の間，大腸菌数の項目の基準値は適用しない

（注）１　自然環境保全：自然探勝等の環境保全
２　水道１級：ろ過等による簡易な浄水操作を行うもの
水道２級：沈殿ろ過等による通常の浄水操作を行うもの
水道３級：前処理等を伴う高度の浄水操作を行うもの
３　水産１級：ヤマメ，イワナ等貧腐水性水域の水産生物用並びに水産２級及び水産３級の水産生物
水産２級：サケ科魚類及びアユ等貧腐水性水域の水産生物用及び水産３級の水産生物
水産３級：コイ，フナ等，β－中腐水性水域の水産生物用
４　工業用水１級：沈殿等による通常の浄水操作を行うもの
工業用水２級：薬品注入等による高度の浄水操作を行うもの
工業用水３級：特殊の浄水操作を行うもの
５　環境保全：国民の日常生活（沿岸の遊歩等を含む）において不快感を生じない限度

イ　水生生物の保全に係る水質環境基準

単位：mg/ℓ

類型＼項目	水生生物の生息状況の適応性	基準値		
		全亜鉛	ノニルフェノール	直鎖アルキルベンゼンスルホン酸及びその塩
生物A	イワナ，サケマス等比較的低温域を好む水生生物及びこれらの餌生物が生息する水域	0.03以下	0.001以下	0.03以下
生物特A	生物Aの水域のうち，生物Aの欄に掲げる水生生物の産卵場（繁殖場）または幼稚仔の生育場として特に保全が必要な水域	0.03以下	0.0006以下	0.02以下
生物B	コイ，フナ等比較的高温域を好む水生生物及びこれらの餌生物が生息する水域	0.03以下	0.002以下	0.05以下
生物特B	生物Aまたは生物Bの水域のうち，生物Bの欄に掲げる水生生物の産卵場（繁殖場）または幼稚仔の生育場として特に保全が必要な水域	0.03以下	0.002以下	0.04以下

（備考）1　基準値は，年間平均値とする
2　イの表について，湖沼は，河川と同一の類型・基準値
3　イの表について，海域は，河川と類型・基準値ともに異なる

④環境基準の見直し

環境基準は，次のア～ウによって，適宜改訂することとされています。

ア　科学的な判断の向上に伴う基準値の変更および環境上の条件となる項目の追加等

イ　水質汚濁の状況，水質汚濁源の事情等の変化に伴う環境上の条件となる項目の追加等

ウ　水域の利用の態様の変化等，事情の変更に伴う各水域類型の該当水域および当該水域類型に係る環境基準の達成期間の変更

> 補足
>
> **環境基準の達成期間**
>
> 「人の健康の保護に関する環境基準」については，設定後直ちに達成され，維持されるように努めるものとされています。これに対し，「生活環境の保全に関する環境基準」については，現に著しい人口集中や大規模な工業開発が進行している地域に係る水域で，著しい水質汚濁が生じているものは５年以内に達成することを目途とするなどとされています。

2 地下水に係る水質環境基準

地下水の水質保全のために施策を講じる際の行政目標として，**地下水の水質汚濁に係る環境基準**が設けられています。もっぱら「**人の健康の保護**」の観点から定められており，「生活環境の保全」に関する基準はありません。基準値は次ページに示すとおりです。基準値が**年間平均値**（ただし，**全シアンのみ最高値**）とされることや「検出されないこと」の意味は公共用水域に係る基準と同じですが，項

目として，シス-1,2-ジクロロエチレンに替わって**1,2-ジクロロエチレン**がシス体およびトランス体を合わせて１つの項目となっている点に注意しましょう。

■地下水に係る水質環境基準

単位：mg／ℓ

項　目	基準値	項　目	基準値
カドミウム	0.003以下	1,1,1-トリクロロエタン	1以下
全シアン	検出されないこと	1,1,2-トリクロロエタン	0.006以下
鉛	0.01以下	トリクロロエチレン	0.01以下
六価クロム	0.02以下	テトラクロロエチレン	0.01以下
ひ素	0.01以下	1,3-ジクロロプロペン	0.002以下
総水銀	0.0005以下	チウラム	0.006以下
アルキル水銀	検出されないこと	シマジン	0.003以下
PCB	検出されないこと	チオベンカルブ	0.02以下
ジクロロメタン	0.02以下	ベンゼン	0.01以下
四塩化炭素	0.002以下	セレン	0.01以下
クロロエチレン*	0.002以下	硝酸性窒素及び亜硝酸性窒素	10以下
1,2-ジクロロエタン	0.004以下	ふっ素	0.8以下
1,1-ジクロロエチレン	0.1以下	ほう素	1以下
1,2-ジクロロエチレン	0.04以下	1,4-ジオキサン	0.05以下

*クロロエチレン（別名：塩化ビニル又は塩化ビニルモノマー）

3 要監視項目

要監視項目とは，「人の健康の保護に関連する物質ではあるが，公共用水域等における検出状況等からみて，直ちに環境基準とはせず，引き続き知見の集積に努めるべき物質」として，1993（平成５）年に設定されたものです。**公共用水域**と**地下水**のどちらにも設けられており，それぞれ継続して水質測定を行い，推移を把握することとしています。数度の改定を経て，2020（令和２）年５月28日以降は，公共用水域で27項目，地下水では25項目が設定されています。次ページに公共用水域の要監視項目と指針値を示します。地下水については，公共用水域の要監視項目からトランス-1,2-ジクロロエチレンと塩化ビニルモノマーが除かれているだけで，そのほかの項目および指針値は公共用水域のものと同一です。

また，公共用水域の「生活環境の保全」に含まれる**水生生物の保護**の観点からも，有用な水生生物およびその餌生物並びにそれらの生育または生育環境の保全に関する物質として，クロロホルム，フェノール，ホルムアルデヒドなど６物質が要監視項目とされ，それぞれに指針値が定められています。

■公共用水域の水質汚濁に係る要監視項目と指針値

単位：mg／ℓ

項　目	指針値	項　目	指針値
クロロホルム	0.06以下	フェノブカルブ（BPMC）	0.03以下
トランス-1,2-ジクロロエチレン	0.04以下	イプロベンホス（IBP）	0.008以下
1,2-ジクロロプロパン	0.06以下	クロルニトロフェン（CNP）	－
p-ジクロロベンゼン	0.2以下	トルエン	0.6以下
イソキサチオン	0.008以下	キシレン	0.4以下
ダイアジノン	0.005以下	フタル酸ジエチルヘキシル	0.06以下
フェニトロチオン（MEP）	0.003以下	ニッケル	－
イソプロチオラン	0.04以下	モリブデン	0.07以下
オキシン銅（有機銅）	0.04以下	アンチモン	0.02以下
クロロタロニル（TPN）	0.05以下	塩化ビニルモノマー	0.002以下
プロピザミド	0.008以下	エピクロロヒドリン	0.0004以下
EPN	0.006以下	全マンガン	0.2以下
ジクロルボス（DDVP）	0.008以下	ウラン	0.002以下
ペルフルオロオクタンスルホン酸（PFOS）及びペルフルオロオクタン酸（PFOA）			0.00005以下*

＊PFOS及びPFOAの指針値（暫定）については，PFOS及びPFOAの合計値とする

■水生生物の保全に係る要監視項目と指針値

単位：mg／ℓ

類　型（➡P.71参照）		指針値		
		クロロホルム	フェノール	ホルムアルデヒド
淡水域*	生物A	0.7以下	0.05以下	1以下
	生物特A	0.006以下	0.01以下	1以下
	生物B	3以下	0.08以下	1以下
	生物特B	3以下	0.01以下	1以下
海域	生物A	0.8以下	2以下	0.3以下
	生物特A	0.8以下	0.2以下	0.03以下
		4-t-オクチルフェノール	アニリン	2,4-ジクロロフェノール
淡水域*	生物A	0.001以下	0.02以下	0.03以下
	生物特A	0.0007以下	0.02以下	0.003以下
	生物B	0.004以下	0.02以下	0.03以下
	生物特B	0.003以下	0.02以下	0.02以下
海域	生物A	0.0009以下	0.1以下	0.02以下
	生物特A	0.0004以下	0.1以下	0.01以下

＊淡水域は，河川及び湖沼

チャレンジ問題

問1　難　中　易

人の健康の保護に関する水質環境基準に関する記述として，誤っているものはどれか。

(1) 基準値は，全シアンを除いて，年間最高値とする。
(2) 基準値が「検出されないこと」となっている項目は，全シアン，アルキル水銀，PCBの３項目である。
(3)「検出されないこと」とは，指定された測定方法の定量限界を下回ることをいう。
(4) 海域については，ふっ素及びほう素の基準値は適用しない。
(5) クロムに関しては，六価クロムに係る基準値が定められている。

解説

(1) 人の健康の保護に関する水質環境基準では，基準値は年間平均値とされています（ただし，全シアンのみが年間最高値）。

解答 (1)

問2　難　中　易

水質環境基準に関する記述として，正しいものはどれか。

(1) 人の健康の保護に関する項目として，全クロムが定められている。
(2) 生活環境の保全に関する項目として，アルキル水銀が定められている。
(3) 水生生物の保全に係る項目として，全カドミウムが定められている。
(4) 人の健康の保護に関する項目として，全亜鉛が定められている。
(5) 地下水に係る水質環境基準として，クロロエチレン（別名塩化ビニル又は塩化ビニルモノマー）が定められている。

解説

(1) クロムに関しては，六価クロムに係る基準値が定められています。
(2) アルキル水銀は，人の健康の保護に関する項目として定められています。生活環境の保全に関する項目としてというのは誤りです。
(3) 水生生物の保全に係る項目は，全亜鉛とノニルフェノール，直鎖アルキルベンゼンスルホン酸及びその塩のみです。
(4) 全亜鉛は，人の健康の保護に関する項目としては定められていません。

解答 (5)

水質汚濁防止法による規制

1 規制の対象

水質汚濁防止法では，**特定施設**を設置する工場・事業場から**公共用水域**に排出される水（**排出水**）の排出，および**地下に浸透**する水の浸透を規制しています。特定施設から排出される汚水・廃液を「**汚水等**」といいますが，排出水にはこの汚水等のほかに冷却水や雨水なども含まれます。

水質汚濁防止法に基づく**排水基準**は，この「排出水」に対して適用されます。

①公共用水域

水質汚濁防止法上，「**公共用水域**」とは，河川，湖沼，港湾，沿岸海域その他公共の用に供される水域およびこれに接続する公共溝渠，かんがい用水路その他公共の用に供される水路をいいます。ただし，下水道法に規定される公共下水道および流域下水道であって終末処理場を設置しているもの（その流域下水道に接続する公共下水道を含む）は除きます。

②特定施設

水質汚濁防止法上，「**特定施設**」とは，カドミウムや鉛など政令で定められている有害物質を含む汚水等，あるいは政令で定める項目に関して生活環境に係る被害を生ずるおそれがある程度の汚水等を排出する施設をいいます。特定施設は，**水質汚濁防止法施行令の別表第一**（1～74号）に掲げられています。その一部を次ページに示します。

2 排水基準の設定

水質汚濁防止法では，排出水の汚染状態の許容限度である「**排水基準**」を定め，これを**特定事業場**に遵守させることによって，排出水の排出規制を行います。排出基準は，大別すると次の①～③に分けられます。

補足

排出水
特定施設を設置している工場または事業場から公共用水域に排出される水をいいます。

汚水等
特定施設から排出される汚水または廃液をいいます。

終末処理場
下水の不純物質を最終的に処理し，海や川に放流する施設のことをいいます。

補足

政令が定める有害物質
水質汚濁防止法施行令第２条に定められています。

補足

特定事業場
特定施設を設置している工場または事業場をいいます。

①一律排水基準（濃度基準）

国が定める排出基準です。排出水の汚染状態（熱によるものを含む）について，環境省令（「**排水基準を定める省令**」）で定めています（次ページ参照）。

②上乗せ排水基準（濃度基準）

一律排水基準では不十分な水域について設けられる，一律排水基準より厳しい排水基準です。**都道府県**が**条例**によって定めます。環境大臣は都道府県に対し，特に必要があると認めるときは，上乗せ排水基準の設定または変更を**勧告**することができます。

③総量規制基準

上記２つの基準のみでは環境基準の確保が難しい水域について，特定事業場の排出水に含まれる汚濁物質の負荷量（**汚濁負荷量**）を規制します。環境大臣は，水質環境基準の確保が困難な広域の閉鎖性水域の水質汚濁に関係ある地域として政令で定める地域（指定地域）について，政令で定める水質汚濁項目（指定項目）に係る汚濁負荷量の総量の削減に関する方針（**総量削減基本方針**）を定めます。

■「特定施設」の例（水質汚濁防止法施行令別表第一より）

鉱業または水洗炭業（１号） ●選鉱施設 ●坑水中和沈殿施設 ●掘削用の泥水分離施設　等	**合成洗剤製造業**（36号） ●廃酸分離施設 ●廃ガス洗浄施設 ●湿式集じん施設
飲料製造業（10号） ●原料処理施設 ●洗浄施設（洗びん施設を含む） ●搾汁施設　等	**鉄鋼業**（61号） ●タール及びガス液分離施設 ●ガス冷却洗浄施設 ●圧延施設　等
冷凍調理食品製造業（18号の２） ●原料処理施設 ●湯煮施設 ●洗浄施設	**金属製品製造業または機械器具製造業**（63号） ●焼入れ施設 ●電解式洗浄施設 ●廃ガス洗浄施設　等
パルプ，紙または紙加工品製造業（23号） ●原料浸漬施設 ●チップ洗浄施設及びパルプ洗浄施設 ●漂白施設　等	**病院**（医療法第１条の５第１項に規定するもので，病床数300以上のもの）（68号の２） ●洗浄施設 ●入浴施設　等
合成樹脂製造業（33号） ●縮合反応施設 ●遠心分離機 ●廃ガス洗浄施設　等	**し尿処理施設**（政令に規定する算定方法で算定した処理対象人員が500人以下のし尿浄化槽を除く）（72号） **下水道終末処理施設**（73号）

■一律排水基準（「排水基準を定める省令」［最終改正令和6年1月25日］）

(a) 有害物質に関する排水基準

単位：mg/ℓ

有害物質の種類	許容限度	有害物質の種類	許容限度
カドミウム及びその化合物	0.03	シス-1,2-ジクロロエチレン	0.4
シアン化合物	1	1,1,1-トリクロロエタン	3
有機りん化合物（パラチオンなど）	1	1,1,2-トリクロロエタン	0.06
		1,3-ジクロロプロペン	0.02
鉛及びその化合物	0.1	チウラム	0.06
六価クロム化合物	0.2	シマジン	0.03
ひ素及びその化合物	0.1	チオベンカルブ	0.2
水銀及びアルキル水銀その他の水銀化合物	0.005	ベンゼン	0.1
		セレン及びその化合物	0.1
アルキル水銀化合物	検出されないこと	ほう素及びその化合物	海域以外：10 海域：230
ポリ塩化ビフェニル	0.003		
トリクロロエチレン	0.1	ふっ素及びその化合物	海域以外：8 海域：15
テトラクロロエチレン	0.1		
ジクロロメタン	0.2	アンモニア，アンモニウム化合物，亜硝酸化合物及び硝酸化合物	換算合計量 100
四塩化炭素	0.02		
1,2-ジクロロエタン	0.04		
1,1-ジクロロエチレン	1	1,4-ジオキサン	0.5

(b) 生活環境項目に関する排水基準（抜粋）
（排出水の量が1日当たり平均50m³以上の工場・事業場の排出水に適用します）

項　目	許容限度
水素イオン濃度（水素指数pH）	海域以外：5.8～8.6，　海域：5.0～9.0
生物化学的酸素要求量（BOD）	160mg/ℓ（日間平均120mg/ℓ）
化学的酸素要求量（COD）	160mg/ℓ（日間平均120mg/ℓ）
大腸菌数*	800CFU/mℓ*　　＊令和7年4月1日から施行

3 排水基準の遵守の強制

①特定施設設置の届出

特定施設を設置しようとする者は，設置の60日前までに所定の事項を都道府県知事に届け出なければなりません。つまり，届出が受理された日から60日を経過した後でなければ，特定施設を設置することはできません。届出事項は次に示すとおりです。

補足

届出書の提出
届出は，届出書の正本にその写し1通を添えてしなければならないとされています。

■特定施設を設置するときの届出事項

ア　氏名または名称及び住所 （法人の場合は代表者の氏名） イ　工場または事業場の名称及び所在地 ウ　特定施設の種類 エ　特定施設の構造 オ　特定施設の使用の方法	カ　汚水等の処理の方法 キ　排出水の汚染状態及び量 （指定地域内の工場・事業場の場合には，排水系統別の汚染状態及び量を含む） ク　その他環境省令で定める事項

「ク　その他環境省令で定める事項」は，「排出水に係る用水及び排水の系統」とされています。

ここで，水質汚濁防止法上，届出が必要とされる場合をまとめてみましょう。

■届出を必要とする場合

工事に着手する60日前に届け出るもの	• 特定施設を**設置**しようとするとき • 特定施設の構造等（特定施設の使用の方法，汚水等の処理の方法などを含む）を**変更**しようとするとき
事後30日以内に届け出るもの	• 上記届出事項のアまたはイに変更があったとき • 特定施設の使用を廃止したとき • 特定施設に係る届出をした者の地位を**承継**したとき

②排水基準（濃度基準）違反への罰則

水質汚濁防止法第12条第1項では，「排出水を排出する者は，その汚染状態が当該特定事業場の排水口において排水基準に適合しない排出水を排出してはならない」と定めています。そして，この規定に違反すると，直ちに罰則が適用される仕組みになっています。これを**直罰制**といいます。

③改善命令等

都道府県知事は，排出水を排出する者が，当該特定事業場の排水口において排水基準に適合しない汚染状態の排出水を排出する**おそれがある**と認めるときは，期限を定めて，特定施設の構造，使用の方法，汚水等の処理の方法について**改善**を命じたり，特定施設の使用や排出水の排出の**一時停止**を命じたりすることができます（水質汚濁防止法第13条第1項）。

また，②の場合とは異なり，**総量規制基準**の違反に対しては直罰制をとらず，都道府県知事は，汚濁負荷量が総量規制基準に適合しないおそれがあると認めるときは，当該指定地域内事業場における汚水または廃液の処理の方法について，改善命令等を行うことができるとしています（水質汚濁防止法第13条第3項）。

そして，これらの改善命令等に違反した場合に罰則を適用します。

4 事故時の措置

事業者は以下のような事故が生じたとき，**応急の措置**を直ちに講じるとともに，速やかに事故の状況と講じた措置の概要を都道府県知事に届け出なければなりません。

ア　特定事業場

特定施設の破損等の事故が生じ，有害物質を含む水もしくはその汚染状態が生活環境項目について排水基準に適合しないおそれのある水が当該特定事業場から公共用水域に排出され，または有害物質を含む水が地下に浸透したことによって，人の健康・生活環境に被害を生じるおそれがあるとき

イ　指定事業場（指定施設を設置する工場・事業場）

指定施設の破損等の事故が生じ，有害物質または指定物質を含む水が当該指定事業場から公共用水域に排出され，または地下に浸透したことによって，人の健康・生活環境に係る被害を生ずるおそれがあるとき

ウ　貯油事業場等（貯油施設等を設置する工場・事業場）

貯油施設等の破損等の事故が生じ，油を含む水が当該貯油事業場等から公共用水域に排出され，または地下に浸透したことにより，生活環境に係る被害を生ずるおそれがあるとき

都道府県知事は，特定事業場・指定事業場・貯油事業場等の設置者が応急措置を講じていないと認めるときは，これらの者に応急措置を講じるよう命じることができます。

5 地下浸透の規制

有害物質を製造・使用・処理する特定施設（有害物質使用特定施設）を設置する有害物質使用特定事業場から地下に浸透する水（汚水等を含むもの）を「**特定地下浸透水**」といいます。水質汚濁防止法第12条の3は，有害物質使用特定事業場から水を排出する者は特定地下浸透水を浸透させてはならないと定めています。ただし，この規定の違反に対しては直罰制をとらず，都道府県知事は，特定地下浸透水を浸透させるおそれがあると認めるとき，改善命令等を行うものとしています。

また，都道府県知事は，特定事業場において有害物質を含む水の地下への浸透があったことにより，現に人の健康

補足

緊急時の措置

異常渇水や潮流の変化など自然的条件の変化により，公共用水域の水質の汚濁が水質環境基準で定められた汚濁の2倍に相当する程度（有害物質による水質の汚濁の場合は，当該物質に係る水質環境基準で定められた水質の汚濁の程度）を超える状態が生じ，相当日数継続すると認められる場合，都道府県知事は緊急時の措置を講じることとされています。

排出水の汚染状態の測定

排出水を排出し，または特定地下浸透水を浸透させる者は，その汚染状態を測定し，結果を水質測定記録表に記録して3年間保存しなければなりません。

汚濁負荷量の測定

汚濁負荷量の測定回数は，排水量（㎥/日）に応じて次のように定められています。

- 400以上
  … 毎日
- 200以上400未満
  … 7日に1回以上
- 100以上200未満
  … 14日に1回以上
- 50以上100未満
  … 30日に1回以上

に係る被害が生じ，または生ずるおそれがあると認めるときは，被害を防止するため必要な限度において，相当の期限を定めて，**地下水の水質の浄化**に係る措置命令等を行うことができます。

6 生活排水対策

水質汚濁防止法上，「**生活排水**」とは，炊事・洗濯・入浴など人の生活に伴い公共用水域に排出される水（排出水を除く）をいい，生活排水対策は，公共用水域の水質汚濁防止を図るための必要な対策とされています。

都道府県知事は，水質環境基準が確保されていない公共用水域等において，生活排水対策の実施を推進する緊急性が高いと認めるときは，当該水域の水質汚濁に関係がある地域を「生活排水対策重点地域」として指定し，その地域を含む市町村（**生活排水対策推進市町村**）に通知します。生活排水対策推進市町村では，生活排水対策重点地域における生活排水対策の実施を推進するための「生活排水対策推進計画」を定めなければならず，また，これに従って対策の実施に必要な措置を講じるよう努めなければなりません。

チャレンジ問題

問１　難　中　**易**

水質汚濁防止法において，特定施設を設置する工場又は事業場から公共用水域に排出される水（排出水）の規制に関する記述として，誤っているものはどれか。

(1) 特定施設を新設する場合は，設置の60日前までに特定施設の種類及び構造，排出水の処理方法等を届け出なければならない。
(2) 既設の特定施設の構造，使用方法等を変更する場合は，変更後，変更内容を届け出ればよい。
(3) 都道府県は，国が定める一律排水基準より厳しい排水基準を条例により設けることができる。
(4) 濃度基準に違反すると，直ちに罰則が適用される。
(5) 総量規制基準に違反しても，直ちに罰則は適用されない。

解説

(2) 特定施設の構造等を変更する場合は，工事に着手する60日前に届け出る必要があります。変更後に届け出ればよいというのは誤りです。

解答 (2)

問2 難 **中** 易

水質汚濁防止法に規定する改善命令等に関する記述中，下線を付した箇所のうち，誤っているものはどれか。

都道府県知事は，排出水を排出する者が，その (1)汚染状態が当該特定事業場の排水口において (2)総量規制基準に適合しない排出水を排出するおそれがあると認めるときは，その者に対し，期限を定めて特定施設の (3)構造若しくは (4)使用の方法若しくは (5)汚水等の処理の方法の改善を命じ，又は特定施設の使用若しくは排出水の排出の一時停止を命ずることができる。

解説

これは，水質汚濁防止法第13条第1項の内容を問う出題です。したがって，(2)は「総量規制基準」ではなく，「排水基準」です。

解答 (2)

問3 難 **中** 易

水質汚濁防止法に関する記述として，誤っているものはどれか。

(1) 汚水等とは，特定施設から排出される汚水又は廃液をいう。

(2) 有害物質使用特定事業場から水を排出する者（特定地下浸透水を浸透させる者を含む。）は，有害物質を含むものとして環境省令で定める要件に該当する特定地下浸透水を浸透させないよう努めなければならない。

(3) 排出水を排出する者は，その汚染状態が当該特定事業場の排水口において排水基準に適合しない排出水を排出してはならない。

(4) 排出水とは，特定施設（指定地域特定施設を含む。）を設置する工場又は事業場から公共用水域に排出される水をいう。

(5) 生活排水対策推進市町村は，生活排水対策重点地域における生活排水対策の実施を推進するための計画を定めなければならない。

解説

(2) 水質汚濁防止法第12条の3では，有害物質使用特定事業場から水を排出する者は，特定地下浸透水を浸透させてはならないと定めています。浸透させないよう努めなければならない，というのは誤りです。

解答 (2)

公害防止組織整備法（水質関係）

1　水質関係公害防止管理者の選任

水質関係の公害防止管理者は，**特定工場**（公害防止管理者等の公害防止組織の設置を義務づけられている工場）のうち，政令で指定する**汚水等排出施設**を設置するものにおいて選任します。

汚水等排出施設は，政令により，**水質汚濁防止法施行令の別表第一**（1～74号）に掲げられている特定施設（➲P.75，76参照）のうち，第２号から第59号まで，第61号から第63号まで，第63号の３，第64号，第65号，第66号，第71号の５および第71号の６に掲げる施設とされています。ここでは，特定施設でありながら汚水等排出施設には該当しないものをいくつか確認しておきましょう。

■特定施設のうち汚水等排出施設に該当しないものの例

- 鉱業または水洗炭業の用に供する施設（掘削用の泥水分離施設など）（第１号）
- 砂利採取業の用に供する水洗式分別施設（第60号）
- 空きびん卸売業の用に供する自動式洗びん施設（第63号の２）
- 一般廃棄物処理施設である焼却施設（第71号の３）

汚水等排出施設は，**有害物質**（水質汚濁防止法施行令第２条が定めている）を含む汚水等を排出する施設（水質関係有害物質排出施設）とそれ以外の施設とに大別され，それぞれの汚水等排出施設を設置している工場の**１日当たりの排出量**の大小により，資格の異なる水質関係公害防止管理者（第１種～第４種）を選任することとされています。施設の区分と有資格者の種類の関係をまとめておきましょう。

■施設の区分と選任できる水質関係公害防止管理者

施設の区分（工場の排出水量）		有資格者の種類
水質関係有害物質排出施設	1万㎥/日以上	第1種
	1万㎥/日未満	第1種＋第2種
上記以外の施設	1万㎥/日以上	第1種＋第3種
	1万㎥/日未満 1千㎥/日以上	第1種＋第2種＋第3種＋第4種

水質関係有害物質排出施設は，具体的には次ページに示す公害防止組織整備法施行令の別表第一に掲げられている汚水等排出施設です。

■公害防止組織整備法施行令の別表第一（水質関係有害物質排出施設）

1	紡績業または繊維製品の製造業・加工業で，トリクロロエチレンまたはテトラクロロエチレンを使用する染色または薬液浸透の用に供する施設
2	木材薬品処理業で，六価クロム化合物またはひ素化合物を使用する施設
3	新聞業，出版業，印刷業または製版業で，トリクロロエチレンまたはテトラクロロエチレンを使用する自動式のフイルムや感光膜付印刷版の現像洗浄の用に供する施設
4	化学肥料製造業で，ふっ素，ほう素等を使用する化学肥料の製造の用に供する施設
5	削除
6	カドミウム，鉛，水銀を含有する無機顔料の製造業の用に供する施設
7	無機化学工業製品製造業で，有害物質を含む物質を使用する施設など
8	カーバイト法アセチレン誘導品製造業で，塩化ビニルモノマーを製造する施設
9	コールタール製品製造業の用に供する施設
10	メタン誘導品製造業で，トリクロロエチレンまたはテトラクロロエチレンを原料として使用してフロンガスを製造する施設
11	有機顔料・合成染料の製造業でトリクロロエチレンまたはテトラクロロエチレンを原料として使用する施設，または銅フタロシアニン系顔料を製造する施設
12	合成樹脂製造業で，塩化ビニルモノマーを原料として使用する施設など
13	合成ゴム製造業で，テトラクロロエチレンを含む物質等を原料として使用する施設など
14	有機ゴム薬品製造業の施設で，2-クロロエチルビニルエーテルの製造の用に供する施設
15	石油化学工業で，トリクロロエチレン，テトラクロロエチレン等を原料として使用する施設
16	界面活性剤製造業に使用する反応施設（洗浄装置付）で，1,4-ジオキサンが発生するもの
17	香料製造業で，トリクロロエチレンまたはテトラクロロエチレンを使用する施設
18	写真感光材料製造業の用に供する感光剤洗浄施設
19	有機化学工業製品製造業で，有害物質を含む物質を使用する施設
20	医薬品製造業で，水銀，鉛，ひ素等を使用する施設
21	火薬製造業で，ふっ素，ほう素，アンモニア，亜硝酸化合物等を原料として使用する施設
22	トリクロロエチレン，テトラクロロエチレン等の試薬の製造業の用に供する施設
23	石油精製業で，トリクロロエチレンを使用する潤滑油の洗浄の用に供する施設
24	ガラスまたはガラス製品の製造業で，硫化カドミウム，炭酸カドミウム，酸化鉛等を原料として使用する施設など
25	窯業原料の精製業で，ほう素化合物を使用するうわ薬原料の精製の用に供する施設
26	鉄鋼業で，コークスの製造または転炉ガスの冷却洗浄の用に供する施設
27	非鉄金属製造業で，銅・鉛・亜鉛の第一次製錬，鉛・亜鉛の第二次製錬，水銀の精製，ふっ素化合物を使用するウランの酸化物の製造の用に供する施設
28	金属製品製造業または機械器具製造業で，液体浸炭による焼入れ，シアン化合物または六価クロム化合物を使用する電解式洗浄，カドミウム電極・鉛電極の化成等の用に供する施設
29	石炭を燃料とする火力発電施設のうち，廃ガス洗浄施設
30	ガス供給業またはコークス製造業で，コークス炉ガスやコークスの製造の用に供する施設
31	酸またはアルカリによる表面処理施設で，クロム酸，ほう素，ふっ素等を使用するもの
32	電気めっき施設で，カドミウム化合物，シアン化合物，六価クロム化合物等を使用するもの
33	エチレンオキサイドまたは1,4-ジオキサンの混合施設（前各号に該当するものを除く）
34	トリクロロエチレン，テトラクロロエチレンまたはジクロロメタンによる洗浄施設
35	トリクロロエチレン，テトラクロロエチレンまたはジクロロメタンの蒸留施設

2 水質関係公害防止管理者の業務

水質関係公害防止管理者は，公害防止に関する専門技術的業務を担当します。具体的な職務内容は，公害防止組織整備法施行規則の第６条第２項（１～７号）に，以下のとおり規定されています。しっかり確認しておきましょう。

1　使用する**原材料の検査**
2　**汚水等排出施設の点検**
3　汚水等排出施設から排出される汚水または廃液を処理するための施設及びこれに附属する施設の**操作，点検及び補修**
4　排出水または特定地下浸透水の汚染状態の**測定**の実施及びその結果の**記録**
5　測定機器の点検及び補修
6　特定施設についての**事故時における応急の措置**の実施
7　排出水に係る緊急時における排出水の量の減少その他の必要な措置の実施

チャレンジ問題

問１　難　中　**易**

特定工場における公害防止組織の整備に関する法律に規定する汚水等排出施設に該当しないものはどれか。

(1)　畜産食料品製造の用に供する原料処理施設
(2)　紙の製造の用に供する漂白施設
(3)　石けんの製造の用に供する原料精製施設
(4)　生コンクリート製造業の用に供するバッチャープラント
(5)　砂利採取業の用に供する水洗式分別施設

解説

(1)　水質汚濁防止法施行令別表第一の第2号に掲げられており，汚水等排出施設に該当します。
(2)　同表第23号に掲げられており，汚水等排出施設に該当します。
(3)　同表第38号に掲げられており，汚水等排出施設に該当します。
(4)　同表第55号に掲げられており，汚水等排出施設に該当します。
(5)　同表第60号に掲げられているため，汚水等排出施設には該当しません。

解答　(5)

問２　難 中 易

特定工場における公害防止組織の整備に関する法律施行令に規定する「水質関係第３種有資格者」を，公害防止管理者として選任できない施設はどれか。

(1) 排出水量が１日当たり２千立方メートルの特定工場に設置された皮革製造業の用に供する染色施設
(2) 排出水量が１日当たり２万立方メートルの特定工場に設置された天然樹脂製品製造業の用に供する脱水施設
(3) 排出水量が１日当たり２千立方メートルの特定工場に設置された砕石業の用に供する水洗式分別施設
(4) 排出水量が１日当たり２万立方メートルの特定工場に設置されたコークス製造業の用に供するガス冷却洗浄施設
(5) 排出水量が１日当たり２万立方メートルの特定工場に設置された人造黒鉛電極製造業の用に供する成型施設

解説

(4) コークス製造業の用に供するガス冷却洗浄施設は，公害防止組織整備法施行令別表第一の第30号の施設に含まれるため，水質関係有害物質排出施設に該当します。しかも１万m³/日以上なので第１種有資格者以外は選任できません。

解答 (4)

問３　難 中 易

特定工場における公害防止組織の整備に関する法律に規定する水質関係公害防止管理者が管理する業務として，主務省令で定められていないものはどれか。

(1) 汚水等排出施設の使用の方法の改善
(2) 使用する原材料の検査
(3) 汚水等排出施設の点検
(4) 汚水等排出施設から排出される汚水又は廃液を処理するための施設及びこれに附属する施設の操作，点検及び補修
(5) 特定施設についての事故時における応急の措置の実施

解説

(1) 公害防止組織整備法施行規則第６条第２項に定められていません。このほかの肢はすべて定められています。

解答 (1)

2 水質汚濁の現状と発生源

まとめ&丸暗記　● この節の学習内容のまとめ ●

□ 水質汚濁の現状

- 公共用水域の水質の現状（環境基準達成率［令和３年度］）
  健康項目：全体99.1％（非達成率が最も高かったのは，ひ素）
  生活環境項目：BOD（河川93.1％）
  　　　　　　　COD（湖沼53.6％，海域78.6％）
- 地下水の水質の現状
  環境基準超過率（令和３年度）：全体5.1％
  （超過率が最も高かったのは，ひ素）

□ 原因物質と水質指標

- 有機汚濁指標
  BOD（生物化学的酸素要求量）
  COD（化学的酸素要求量）
  　COD_{Mn}：酸化剤に過マンガン酸カリウムを用いる
  　COD_{Cr}：酸化剤に二クロム酸カリウムを用いる
  SS（浮遊物質）…水中に懸濁している直径2㎜以下の不溶解性物質
  透視度…水の透き通りの度合いを示す（透視度計を使って測定）
- 富栄養化指標…窒素，りん，クロロフィルａ，透明度，pH
- 富栄養化による障害の指標…異臭味物質，生体毒性物質

□ 水質汚濁の発生源

- 生活系，事業系，畜産系，農地系および市街地系の各発生源
- 水質汚濁物質と製造業
  BODの高い排水…肉製品製造業，パルプ製造業等
  有機性で生活排水の水質程度の排水…繊維工業，染色整理業等
  有機性で有害物質を含む排水…皮革業，殺虫剤製造業等
  pHやSSが問題となる排水…板ガラス，コンクリート製品製造業等

水質汚濁の現状

1 公共用水域の水質の現状

水質環境基準項目は，**健康項目**（人の健康の保護に関する項目）と，**生活環境項目**（生活環境の保全に関する項目）に大別されます。

①健康項目の環境基準とその達成状況

健康項目は，河川等の水質測定が開始された1971（昭和46）年度にはわずか８項目でしたが，その後順次見直され，現在では27項目となっています。健康項目に係る環境基準は全国すべての公共用水域（河川・湖沼・海域）に適用されるものですが，ふっ素およびほう素については，海域における濃度が自然状態でも環境基準値を上回っていることから，海域には適用されません。

2021（令和３）年度**公共用水域水質測定結果**によると，健康項目全体の環境基準達成率は99.1％（前年度99.1％）でした。環境基準値の超過地点数が多いものとして，ひ素，ふっ素，カドミウム，鉛などが挙げられます。公共用水域全体で最も環境基準の非達成率が高いのは，**ひ素**（0.58％）です。次ページの表で確認しておきましょう。

②生活環境項目の環境基準とその達成状況

生活環境項目は，水質測定を開始した1971（昭和46）年度には７項目でしたが，現在では13項目となっています。生活環境項目の環境基準は，国または都道府県が，水域群（河川・湖沼・海域）別に，利水目的に応じて環境基準の類型指定を行った**類型指定水域**について適用されます。

2021（令和３）年度公共用水域水質測定結果によると，河川では，代表的指標の**BOD**（生物化学的酸素要求量）について，環境基準達成率93.1％でした。また，湖沼および海域については，代表的指標の**COD**（化学的酸素要求量）の環境基準達成率が，湖沼では53.6％，海域では78.6％となっています。P.89の表で確認しておきましょう。

補足

健康項目に係る環境基準の達成評価の方法

測定点での年間平均値が環境基準を満足する場合に環境基準が達成されたものと評価します（ただし，全シアンだけは急性毒性を考慮して環境基準を定めているため，年間最高値が環境基準を満足する場合に達成とします）。

補足

BOD・CODについての環境基準の達成評価の方法

類型指定水域の水質を代表する地点として設定された環境基準点のすべてにおいて，年間の日平均値の75％値が環境基準を満足する場合に，当該類型指定水域の環境基準が達成されたと評価します。

■2021（令和３）年度　健康項目の環境基準達成状況（非達成率）

	河川		湖沼		海域		全体		
	a：超過地点数	b：調査地点数	a：超過地点数	b：調査地点数	a：超過地点数	b：調査地点数	a：超過地点数	b：調査地点数	a / b (%)
カドミウム	3	2975	0	249	0	779	3	4,003	0.07
全シアン	0	2,665	0	222	0	671	0	3,558	0
鉛	3	3,093	0	250	0	795	3	4,138	0.07
六価クロム	0	2,718	0	226	0	733	0	3,677	0
ひ素	22	3,082	2	254	0	814	24	4,150	0.58
総水銀	1	2,831	0	236	0	777	1	3,844	0.03
アルキル水銀	0	525	0	60	0	168	0	753	0
PCB	0	1,792	0	158	0	426	0	2,376	0
ジクロロメタン	0	2,567	0	204	0	545	0	3,316	0
四塩化炭素	0	2,544	0	204	0	528	0	3,276	0
1,2-ジクロロエタン	1	2,558	0	202	0	555	1	3,315	0.03
1,1-ジクロロエチレン	0	2,568	0	203	0	551	0	3,322	0
シス-1,2-ジクロロエチレン	0	2,586	0	203	0	543	0	3,332	0
1,1,1-トリクロロエタン	0	2,588	0	209	0	543	0	3,340	0
1,1,2-トリクロロエタン	0	2,587	0	203	0	544	0	3,334	0
トリクロロエチレン	0	2,603	0	213	0	557	0	3,373	0
テトラクロロエチレン	0	2,605	0	213	0	557	0	3,375	0
1,3-ジクロロプロペン	0	2,593	0	207	0	531	0	3,331	0
チウラム	0	2,530	0	203	0	518	0	3,251	0
シマジン	0	2,559	0	204	0	526	0	3,289	0
チオベンカルブ	0	2,576	0	204	0	517	0	3,297	0
ベンゼン	0	2,544	0	204	0	551	0	3,299	0
セレン	0	2,556	0	196	0	554	0	3,306	0
硝酸性窒素及び亜硝酸性窒素	2	3,106	0	377	0	782	2	4,265	0.05
ふっ素	15 (25)	2,591 2,601	1 (2)	223 (224)	0 (0)	0 (26)	16 (27)	2,814 2,851	0.57
ほう素	0 (64)	2,477 2,541	0 (3)	214 217	0 (0)	0 (21)	0 (67)	2,691 2,779	0
1,4-ジオキサン	0	2,519	0	203	0	601	0	3,323	0
合計（のべ地点数）	45 〈47〉	3,806	3 〈3〉	401	0 〈0〉	1,061	48 〈50〉	5,268	0.91

（注）合計欄の超過地点数は、のべ地点数であり、同一地点において複数項目の環境基準を超えた場合には、それぞれの項目において、超過地点数を１として集計した

（環境省／「令和3年度公共用水域水質測定結果」より）

■環境基準達成率（BODまたはCOD）の推移

	昭和49	…	平成元	…	平成28	平成29	平成30	令和1	令和2	令和3
河川	51.3		73.8		95.2	94.0	94.6	94.1	93.5	93.1
湖沼	41.9		46.3		56.7	53.2	54.3	50.0	49.7	53.6
海域	70.7		82.4		79.8	78.6	79.2	80.5	80.7	78.6
東京湾	44		63		63	63	63	68	63	68
伊勢湾	47		53		63	44	50	63	63	56
大阪湾	67		67		75	67	67	67	67	67
全体	54.9		74.3		90.3	89.0	89.6	89.2	88.8	88.3
水域数	1,927		3,092		3,338	3,341	3,342	3,350	3,326	3,359

（注）1　河川はBOD，湖沼および海域はCODである
　　　2　達成率（%）＝（達成水域数／類型指定水域数）×100

（環境省／「令和３年度公共用水域水質測定結果」より）

③全窒素および全りんの環境基準とその達成状況

湖沼，内海，内湾といった**閉鎖性水域**では，流入する汚濁負荷が大きいうえに汚濁物質が蓄積しやすいため，ほかの水域と比べて環境基準の達成状況が悪くなります。また，窒素，りん等を含む物質が流入し，藻類などの水生生物が増殖することによってさらに水質が悪化する「**富栄養化**」の進行がみられます。このため，公共用水域のうち湖沼および海域については，生活環境項目の環境基準として，第１節（➲P.70～71参照）で学習したもののほかに，「**全窒素**」「**全りん**」についての環境基準値が設けられています。湖沼における基準値は以下のとおりです。

■湖沼における全窒素，全りんの基準値

単位：mg／ℓ

	利用目的の適応性	基準値	
		全窒素	全りん
Ⅰ	自然環境保全及びⅡ以下の欄に掲げるもの	0.1以下	0.005以下
Ⅱ	水道1，2，3級（特殊なものを除く） 水産1種，水浴及びⅢ以下の欄に掲げるもの	0.2以下	0.01以下
Ⅲ	水道3級（特殊なもの）及びⅣ以下の欄に掲げるもの	0.4以下	0.03以下
Ⅳ	水産2種及びⅤの欄に掲げるもの	0.6以下	0.05以下
Ⅴ	水産3種，工業用水，農業用水，環境保全	1以下	0.1以下

（注）1　基準値は年間平均値とする
　　　2　水産1種：サケ科魚類及びアユ等の水産生物用，水産2種及び水産3種の水産生物用
　　　　　水産2種：ワカサギ等の水産生物用，水産3種の水産生物用
　　　　　水産3種：コイ，フナ等の水産生物用

環境基準達成率については，全窒素，全りんともに，環境基準を満足している場合に達成水域とみなして算出します。2021（令和３）年度において「全窒素」は湖沼で19.0％，海域で98.0％，「全りん」は湖沼で56.1％，海域で91.4％であり，「全窒素及び全りん」では，湖沼で52.8％，海域で90.8％となっています。湖沼における最近の環境基準達成率の推移をみておきましょう。

■湖沼における全窒素・全りんの環境基準達成率の推移

		昭和59	…	平成21	…	令和１	令和2	令和3
全窒素	類型指定水域数	3		39		42	42	42
	達成水域数	0		6		9	9	8
	達成率（%）	0.0		15.4		21.4	23.8	19.0
全りん	類型指定水域数	3		115		120	122	123
	達成水域数	0		67		61	67	69
	達成率（%）	0.0		58.3		50.8	54.5	56.1
全窒素及び全りん	類型指定水域数	3		115		120	123	123
	達成水域数	0		60		59	65	65
	達成率（%）	0.0		52.2		49.2	52.8	52.8

（注）1　湖沼については，全窒素のみ環境基準を適用する水域はない
　　　2　湖沼の全窒素・全りんは1984（昭和59）年度から測定が開始された

（環境省／「令和3年度公共用水域水質測定結果」より）

2 地下水の水質の現状

地下水の水質（地下水質）については，「地下水の水質汚濁に係る環境基準」により，カドミウム，全シアン，鉛など28項目に環境基準が設定されています。2021（令和３）年度の**地下水質測定結果**によると，概況調査では，調査を実施した井戸2,995本のうち，153本の井戸においていずれかの項目で環境基準超過がみられ，全体の環境基準超過率は5.1％（前年度5.9％）でした。項目別の超過率でみると，**ひ素**（2.4％）が最も高く，次いで硝酸性窒素及び亜硝酸性窒素（2.0％），ふっ素（0.7％），鉛（0.4％）の順になっています。

次ページの表で概況調査の結果を確認しておきましょう。「検出数」とは各項目の物質を検出した井戸の数であり，「検出率」は調査数に対する検出数の割合です。また，「超過数」とは環境基準を超過した井戸の数であり，「超過率」は調査数に対する超過数の割合です。環境基準超過の評価は年間平均値（全シアンのみ最高値）によります。

■2021（令和３）年度　地下水質測定結果（概況調査の結果）

項　目	概況調査結果				
	調査数（本）	検出数（本）	検出率（%）	超過数（本）	超過率（%）
カドミウム	2,504	17	0.7	0	0.0
全シアン	2,334	0	0.0	0	0.0
鉛	2,613	156	6.0	10	0.4
六価クロム	2,552	2	0.1	0	0.0
ひ素	2,654	338	12.7	63	2.4
総水銀	2,495	2	0.1	2	0.1
アルキル水銀	653	0	0.0	0	0.0
PCB	1,879	0	0.0	0	0.0
ジクロロメタン	2,564	0	0.0	0	0.0
四塩化炭素	2,481	12	0.5	0	0.0
クロロエチレン（塩化ビニル又は塩化ビニルモノマー）	2,337	20	0.9	4	0.2
1,2-ジクロロエタン	2,468	2	0.1	0	0.0
1,1-ジクロロエチレン	2,444	11	0.5	0	0.0
1,2-ジクロロエチレン	2,575	37	1.4	2	0.1
1,1,1-トリクロロエタン	2,573	14	0.5	0	0.0
1,1,2-トリクロロエタン	2,341	5	0.2	0	0.0
トリクロロエチレン	2,644	56	2.1	2	0.1
テトラクロロエチレン	2,638	76	2.9	2	0.1
1,3-ジクロロプロペン	2,169	0	0.0	0	0.0
チウラム	2,105	0	0.0	0	0.0
シマジン	2,103	0	0.0	0	0.0
チオベンカルブ	2,103	0	0.0	0	0.0
ベンゼン	2,518	2	0.1	0	0.0
セレン	2,346	35	1.5	0	0.0
硝酸性窒素及び亜硝酸性窒素	2,773	2,379	85.8	56	2.0
ふっ素	2,589	1,057	40.8	18	0.7
ほう素	2,500	838	33.5	4	0.2
1,4-ジオキサン	2,320	7	0.3	0	0.0
全体	2,995	2,743	91.6	153	5.1

（注）１　概況調査は，地域の全体的な地下水質の状況を把握するために実施される
　　　２　「全体」の超過数はいずれかの項目で環境基準超過があった井戸の数，「全体」の超過率は全調査井戸の数に対するいずれかの項目で環境基準超過があった井戸の数の割合である

（環境省／「令和３年度地下水質測定結果」より）

チャレンジ問題

問1　　難　中　**易**

令和３年度の公共用水域（河川，湖沼，海域）全体と地下水における環境基準の非達成率が最も大きい項目の組合せとして，正しいものはどれか。

	（公共用水域全体）	（地下水）
(1)	カドミウム	ふっ素
(2)	ふっ素	硝酸性窒素及び亜硝酸性窒素
(3)	ひ素	ひ素
(4)	カドミウム	ひ素
(5)	ひ素	硝酸性窒素及び亜硝酸性窒素

解説

(3) 2021（令和３）年度公共用水域水質測定結果によると，公共用水域全体で最も環境基準の非達成率が高かった健康項目は「ひ素（0.58%)」です。また，2021（令和３）年度の地下水質測定結果によると，地下水における環境基準の非達成率（超過率）が最も高かった項目も「ひ素（2.4%)」でした。

解答 (3)

問2　　難　**中**　易

令和１～３年度の湖沼におけるCODと，類型指定水域（湖沼）の全窒素及び全りんの環境基準の達成状況に関する記述として，誤っているものはどれか。

(1) CODの達成率は海域よりも低い。
(2) CODの達成率は70%を超えている。
(3) 全窒素及び全りんの達成率は50%前後である。
(4) 全窒素の達成率は20%前後である。
(5) 全りんの達成率は50%を超えている。

解説

(2) 湖沼におけるCODの達成率は，令和１年度が50.0%，令和２年度が49.7%，令和３年度が53.6%であり，いずれも50%前後です。70%を超えているというのは誤りです。

解答 (2)

原因物質と水質指標

1 有機汚濁指標

水質汚濁問題は，有機物による汚濁によって水中の酸素が消費されることに発しています。水中における酸素消費は，微生物が有機物を酸化分解してエネルギーを取り出すために必要な酸素を水中から消費することによって生じます。この消費可能量を直接示すものが**有機汚濁指標**です。有機汚濁指標にはBOD，COD，TOCの３つがあります。

また，汚水など人為的な汚濁物質のほとんどに有機物が含まれており，溶存しているものだけでなく懸濁物も含まれます。この懸濁物に関する指標として，SS（浮遊物質）や透視度などがあります。

①BOD（生物化学的酸素要求量）

BOD（bio-chemical oxygen demand）とは，生物が分解可能な有機物量としての指標であり，汚水に好気性微生物等を加え，20℃で５日間培養し，消費される酸素量で表します。水中の酸素は溶解度が低く，水温20℃のときの純水の飽和酸素濃度は8.84㎎/ℓです。このため，たとえばBODがおよそ９㎎/ℓの汚濁水ならば，その中の酸素は５日間でほぼ完全に消費されることになります。

また水中の酸素は，有機物だけでなくアンモニア性窒素などが酸化されるときにも消費されるほか，河床や湖底のヘドロに多量に含まれている有機物も酸素を消費するため，水のBODだけで水中の溶存酸素の消費速度は決まりません。このため，魚類など水生動物が生息できる最低限の環境としてのBODは５㎎/ℓとされています。

②COD（化学的酸素要求量）

COD（chemical oxygen demand）とは，酸化剤を用いて水中の有機物を化学的に酸化したときに消費される酸化剤の量を，これに相当する酸素の量で表したものです。

酸化剤に過マンガン酸カリウムを用いる場合はCOD_{Mn},

補足

TOC（total organic carbon：全有機炭素）
物理的燃焼による炭素量を示すもの。有機物中の炭素を直接燃焼させ，その量をほぼ100%分解して得られる値であることから，有機物の全量を示す指標として用いられます。

好気性生物
酸素を利用した代謝機構を備えた生物をいいます。細胞が呼吸を行う過程で，糖や脂質のような基質を酸化してエネルギーを得るために酸素を利用します。これに対して，増殖に酸素を必要としない生物を嫌気性生物といいます。

二クロム酸カリウムを用いる場合はCOD_{Cr}と表記し，いずれも100℃で30分から2時間煮沸して酸化します。二クロム酸カリウムは過マンガン酸カリウムよりも酸化力が強いため，一般にCOD_{Cr}のほうがCOD_{Mn}と比べて測定値が大きくなります。諸外国ではCOD_{Cr}が主流の指標となっています。

③SS（浮遊物質）

SS（suspended solids）とは，水中に懸濁している直径２㎜以下の不溶解性物質のことをいい，「懸濁物質」ともよばれます。汚水や工場排水に含まれているもの，農耕地から流出したもの，自然の粘土鉱物に由来するものなどから構成されます。

SSが多くなると，以下のような問題を生じます。

- 濁りや透明度など，水の外観が損なわれる
- 光の透過が妨げられ，**藻類の光合成を阻害**する
- **魚類のえらの閉塞死**の原因となる
- 沈殿堆積してヘドロ化し，有機性粒子は腐敗分解して**悪臭**を発する
- 土壌の透水性を低下させ，作物の生育を阻害したり，根腐れを招いたりする

④透視度

透視度とは，水の透き通りの度合いを示すものです。一般に透明のガラス管でできた**透視度計**を使って測定します。透視度の逆数とSSは高い相関関係を示すことから，この関係を把握しておけば，透視度計によってSSのモニタリングが簡単に行えます。

⑤大腸菌群

大腸菌は人や動物の腸内の食物分解を助ける共生菌であり，その多くに病原性はありませんが，ある種の大腸菌には病原性と強い感染力を有するものがあるため，保菌動物や保菌者からの排泄物の影響を監視する必要があります。そのため大腸菌群は**ふん便汚染の指標**とされますが，水質分野で計測する大腸菌群試験では，ふん便汚染を受けていない土壌・植物など環境中の大腸菌群も検出します。

2 富栄養化指標

富栄養化の指標には富栄養化の原因となる物質指標である**窒素**，**りん**のほか，富栄養化の程度を表す指標として，植物プランクトンの量を表す**クロロフィルa**，**透明度**，**pH**（水素イオン指数）などの指標があります。

植物プランクトンは有機物であり，一種の有機汚濁物質でもあります。植物プ

ランクトンにとっては，窒素・りん・カリウムが三大栄養素ですが，カリウムは水中に豊富に存在し，植物プランクトンの成長の制限因子とならないため，窒素とりんが主な指標となります。窒素1gから約12g，りん1gから約154gの植物プランクトンが生産され，1gの植物プランクトンはCOD_{Mn}で約0.5gに相当するとされています。

3 富栄養化による障害の指標

富栄養化は，植物プランクトンの量の問題だけでなく，特定の植物プランクトンが産生する異臭味物質や生体毒性物質などの代謝産物が，浄水工程や人の健康に影響するという問題もあります。このため，以下の水質指標の測定が重要とされています。

■富栄養化障害指標

異臭味物質	かび臭物質として，**ジェオスミン**，2-MIB（2-メチルイソボルネオール）が代表的。これらは糸状ラン藻類や放線菌類から生産される
生体毒性物質	●「アオコ」を形成するラン藻類のミクロキスティス属などから生産される毒性物質の**ミクロキスチン** ●淡水産のラン藻類などが生産する神経毒の**サキシトキシン**

4 汚染微生物指標

通常の塩素消毒では死滅しない病原微生物類が存在し，水道水の安全性が問題となっています。特に，次の2つが重要です。

■O-157とクリプトスポリジウム

O-157	157番目に発見されたO抗原を持つ大腸菌。ベロ毒素を作り，腸管に作用して出血させるため「腸管出血性大腸菌O-157」とよばれる
クリプトスポリジウム	病原虫の一種。激しい下痢症状を引き起こし，免疫の低下した人は死に至る場合もある

補足

クロロフィルa
植物の葉緑素の主成分です。藻類の量を示す指標として閉鎖性水域では必ず測定されています。

透明度
物理的に光が届く範囲を確認するものです。透明度板という円形の白い板を水中に沈めていき，それを目視できなくなった水深で示されます。

5 重金属類汚染指標

有機水銀による水俣病，カドミウムによるイタイイタイ病など，昭和40年代の公害病を契機として，重金属類による人の健康への重大な影響を防止するための環境基準が設定されました。健康項目にある7種類をまとめておきましょう。

■健康項目の環境基準として設定されている重金属類（シアンを含む）

カドミウム	自然界にごく微量だが広く分布し，地表水や地下水にも存在するとされる。生体への蓄積性があり，慢性中毒を引き起こす
鉛	鉛蓄電池，鉛管，ガソリンの添加物など用途が広い。生体への蓄積性があり，慢性中毒を引き起こす
六価クロム	めっき剤などに用いられる。生体への蓄積性があり，慢性中毒を引き起こし，皮膚潰瘍，肺がん，鼻中隔穿孔などを発症する
ひ素	製薬業などで用いる。生体への蓄積性があり，慢性中毒を引き起こし，肝臓障害，皮膚沈着，皮膚がんなどを発症する
総水銀	環境中において有機水銀に転換する可能性がある。化学工業，電解ソーダ，蛍光灯などに用いられる
アルキル水銀	金属有機化合物。生体への蓄積性があり，慢性中毒を引き起こし，運動失調，視野狭窄などを発症する。水俣病の原因物質
全シアン	水中では，シアンイオンやシアン化合物として存在する。生体への蓄積性はないが，急性中毒を引き起こす

6 化学物質による汚染

①化学物質による環境への影響と対策

化学物質の環境への影響については，物質の種類が多いこと，その影響の内容や程度が多岐にわたること，また，近年のダイオキシン類や環境ホルモン問題に代表されるように，人の健康や生態系に与える遺伝子レベルでの長期的な影響も含まれることから，予防的措置が最も重要とされ，また化学物質の管理について極めて多様な対策が不可欠とされています。

②内分泌攪乱化学物質（いわゆる環境ホルモン）について

内分泌攪乱化学物質の問題については，有害性など未解明な部分が多く，科学的知見を集積するための調査研究が行われている段階です。全国規模の調査の結果，これまで26物質について魚類を用いた生態系影響に関する有害性評価結果等がまとめられ，ノニルフェノール，4-*t*-オクチルフェノール，ビスフェノールAについて，魚類に対して内分泌攪乱作用を有することが推察されています。

チャレンジ問題

問1　難　中　易

水質の汚濁指標に関する記述として，誤っているものはどれか。

(1) BODは，通常，好気性微生物によって分解される水中の有機物量の指標である。

(2) CODは，酸化剤によって分解される水中の有機物量の指標で，COD_{Mn}は酸化剤として二酸化マンガンを用いる。

(3) SSは，水中に懸濁している直径2㎜以下の不溶解性物質のことである。

(4) 透視度は，水の透き通りの度合いを示し，透視度計を使って測定する。

(5) 大腸菌群は，ふん便汚染の指標であるが，ふん便汚染を受けていない土壌植物など環境中の大腸菌群も検出される。

解説

(2) COD_{Mn}は，酸化剤として過マンガン酸カリウムを用います。二酸化マンガンを用いるというのは誤りです。

このほかの肢は，すべて正しい記述です。

解答 (2)

問2　難　中　易

水質指標に関する記述として，誤っているものはどれか。

(1) 公共用水域の環境基準は，河川についてはBODを，湖沼及び海域についてはCODを有機汚濁指標としている。

(2) BODが10mg/Lの汚濁水では，新たな酸素の供給がないと，その中の酸素は5日間でほぼ完全に消費される。

(3) SSが多い汚濁水は，魚類のえらの閉塞死の原因となる。

(4) 植物プランクトンにとって三大栄養素は窒素，りん，カリウムであるが，通常，カリウムは水中に豊富に存在するため成長の制限因子とならない。

(5) 1gの植物プランクトンは，COD_{Mn}で約5gに相当する。

解説

(5) 1gの植物プランクトンはCOD_{Mn}で約0.5gに相当します。約5gに相当するというのは誤りです。

このほかの肢は，すべて正しい記述です。

解答 (5)

問3　難　中　易

富栄養化問題に係る植物プランクトンに関する記述として，誤っているものはどれか。

(1) 植物プランクトンの代謝産物には，人の健康に影響を及ぼすものがある。
(2) ミクロキスティス属が産生するミクロキスチンは，生体毒性物質である。
(3) ラン藻類には，アオコを形成するものがある。
(4) サキシトキシンは，代表的な異臭味物質である。
(5) ジェオスミンは，ラン藻類などが産生するかび臭物質である。

解説

(4) サキシトキシンは，生体毒性物質です。代表的な異臭味物質であるというのは誤りです。

このほかの肢は，すべて正しい記述です。

解答 (4)

水質汚濁の発生源

1 水質汚濁発生源の種類

汚濁物質の発生は，自然現象に伴うものもありますが，人の経済活動に由来するものが主体となります。流域からの水質汚濁発生源として，以下のものが挙げられます。

①生活系発生源

一般家庭における日常の生活から発生する排水です。台所・風呂・洗濯その他の生活雑排水と，トイレからのし尿に分けられます。

ア　下水道整備区域または高度合併処理浄化槽を設置する家庭

生活雑排水，し尿ともに処理した後，河川などに排出されます。

イ　単独処理浄化槽を設置する家庭またはし尿くみ取り家庭

し尿のみを処理して排出しています。生活雑排水は，ほとんど未処理のままで排水路や小河川を通じて公共水域まで達します。

②事業場系発生源

下水道整備区域においては，特定事業場からの排水はほとんどが下水道施設に取り込まれ，下水道の受け入れ基準まで処理が行われます。これに対し，下水道未整備区域では，各特定事業場において処理施設を設け，排水基準に応じた個別処理を行います。

③畜産系発生源

主にウシ，ブタ，ニワトリなどの排泄物に由来する負荷を発生します。畜産からの排泄物は，堆肥化して肥料として利用されることもありますが，排出や流出実態については不明な点が多く，面源系発生源としての要素もあります。

④農地系発生源

水田や田畑などの農地から発生し，主に雨天時に流出してくる負荷と，地下浸透によって徐々に流出してくる負荷があります。農地からの負荷には，化学肥料や有機質肥料の流出があります。

⑤市街地系発生源

市街地では，屋根や舗装道路などから主に雨天時に雨水によって洗い流されてくる負荷があります。

補足

面源系と点源系

「面源系」とは，農地，山林，市街地などから降雨などによって流入する汚濁負荷を指します。一方，「点源系」とは，生活排水や工場排水など特定の場所から排出される汚濁負荷を指します。

2 水質汚濁物質と製造業

①生活環境項目に関係するもの

工場・事業場から排出される排水の性状ごとに，排出する主な業種などをまとめてみましょう。

ア　BODの高い排水を排出する業種

肉製品やビールなどの食料品製造業，医薬品を製造する化学工業，ケミカルパルプなどを製造するパルプ製造業のほか，と畜場，へい獣取扱場などがあります。

イ　有機性で生活排水の水質程度の排水を排出する業種

繊維工業，紙製品製造業，石油精製業，染色整理業など。なお，染色整理業の排水はBODが比較的低いものの，排水に含まれる染料は生物学的に難分解性のものが多く，処理が不十分であると放流先の河川の水が着色する原因になります。

ウ　有機性で有害物質を含む排水を排出する業種

皮革業（クロムなめし工程），殺虫剤・殺菌剤の製造業，

補足

へい獣取扱場

死亡した獣畜を解体したり焼却したりするための施設をいいます。

染色整理業

主に綿状繊維，織物，糸，ニット等に，精錬，漂白，染色および整理仕上げその他の処理を行います。

コークス製造業など。コークス製造業の排水には，シアン化合物，フェノール，アンモニアなどが含まれます。

エ　主にpHやSSが問題となる排水を排出する業種

板ガラス製造業，コンクリート製品製造業，生コンクリート製造業などがあります。重金属などの有害物質を含む可能性は低く，通常は中和処理，沈殿処理を行えばよいとされています。

②健康項目に関係するもの

健康項目の代表的有害物質を含む排水を排出する業種を確認しておきましょう。

■有害物質を発生する業種の例

カドミウム 及びその化合物	鉱業，無機顔料製造業，電池製造業，人造黒鉛電極製造業，ガラス製造業，非鉄金属製造業，電気めっき業
シアン化合物	コークス製造業，電気めっき業，鉄鋼熱処理業
六価クロム化合物	電気めっき業，クロム酸塩を用いる金属表面処理業，機械部品製造業，ステンレス鋼製造業
ひ素 及びその化合物	鉱業，製錬業，無機工業薬品製造業，医薬品製造業，ガラスまたはガラス製品製造業，非鉄金属製造業
ジクロロメタン	有機化学工業薬品製造業，合成樹脂製造業，化学繊維製造業，金属製品製造業，電気めっき業，クリーニング業
トリクロロエチレン テトラクロロエチレン	電子部品製造業，機械部品製造業，金属製品製造業，紡績業，繊維製品製造業，クリーニング業
ベンゼン	合成樹脂製造業，合成染料製造業，繊維製品製造業，石油精製業
セレン 及びその化合物	鉱業，ガラスまたはガラス製品製造業，無機化学工業薬品製造業
ふっ素 及びその化合物	化学肥料製造業，無機顔料製造業，ガラスまたはガラス製品製造業，合成樹脂製造業，半導体製造業，非鉄金属精錬業
ほう素 及びその化合物	化学肥料製造業，無機顔料製造業，窯業原料精製業，医薬品製造業，農薬製造業，石油化学工業，電気めっき業

チャレンジ問題

問１　　難　中　易

水質汚濁と発生源に関する記述として，誤っているものはどれか。

(1) 一般家庭から発生する排水の単独処理浄化槽による処理では，主に生活雑排水の処理が行われる。

(2) 特定事業場からの排水は，基本的には各事業場で個別の処理施設を設けて処理される。
(3) 畜産からの排泄物は，堆肥化して肥料として利用されることがある。
(4) 水田，畑地などの農地からの負荷には，化学肥料や有機質肥料の流出がある。
(5) 市街地では，雨天時に雨水によって屋根や舗装道路などから洗い流されてくる負荷がある。

解説

(1) 単独処理浄化槽は，し尿のみ処理するものです。主に生活雑排水の処理を行うというのは誤りです。
このほかの肢は，すべて正しい記述です。

解答 (1)

問2 難　中　易

工場排水の性状，及びその処理が不十分な場合に排水に含まれる物質に関する記述として，誤っているものはどれか。

(1) BODの高い排水を排出する業種として，肉製品製造業などの食料品製造業が挙げられる。
(2) 有機性で有害物質を含む排水を排出する業種として，皮革業，殺虫剤の製造業などが挙げられる。
(3) 染色整理業の排水に含まれる染料は，生物学的に易分解性のものが多い。
(4) コークス製造業の排水には，シアン化合物，フェノールなどの有害物質が含まれる。
(5) pHやSSが問題となる業種として，板ガラス製造業，コンクリート製品製造業などが挙げられる。

解説

(3) 染色整理業の排水に含まれる染料は，生物学的に難分解性のものが多いとされています。易分解性のものが多いというのは誤りです。
このほかの肢は，すべて正しい記述です。

解答 (3)

3 水質汚濁の機構，影響と防止対策

まとめ＆丸暗記

● この節の学習内容のまとめ ●

□ 水質汚濁の機構

- 河川の植生…流れに対する抵抗の役割，河川の浄化作用
- 水質指標動物…水質階級の指標となる（例：サワガニはきれいな水）
- エスチャリー：半閉鎖性の沿岸水で，外洋と自由な接点を有しながら，陸から流入する淡水でかなり希釈されている水域
- 富栄養化

赤潮	植物プランクトンなどの**異常増殖**で水面が赤くなる状態
青潮	貧酸素状態の腐った底層水が海面に運ばれ，この水塊中の硫黄分子が光を反射して乳青色に見える現象
りん循環	りんはプランクトンに取り込まれて沈降し，堆積物の表面で分解され，再び海水中に**りん酸**として溶出する
窒素循環	**脱窒素**（嫌気的な条件下）と**硝化**（好気的な条件下）

□ 水質汚濁の影響

- 化学物質の人体影響は，**毒性の強さ**と**摂取量**の両方に依存する
- 閾値の存在，生体への侵入経路・化学種の違いによって異なる毒性
- 金属・有機化合物による中毒

メチル水銀	血液脳関門を通過，**ハンター・ラッセル症候群**
カドミウム	呼吸器症状，腎障害，**イタイイタイ病**
鉛	食欲不振，便秘，鉛疝痛，**手首の下垂**
ひ素	肝障害，角膜増殖，色素沈着，皮膚炎，**烏脚病**
クロム	クロム（Ⅵ）の吸入による**鼻中隔穿孔**
有機りん剤	コリンエステラーゼの活性を低下させる

□ 水質汚濁防止の施策

下水道の整備，合併処理浄化槽の設置義務化，水質の監視体制の整備

水質汚濁の機構

1 水質汚濁の計量

水に含まれている汚濁物質の量は，通常，水１ ℓ中に含まれる量（mg），すなわち濃度（C）として次の式で表されます。

$$C = \frac{m}{V}$$

C：水中の物質濃度（mg／ℓ）　m：試料中に含まれる物質の量（mg）

V：採取試料の水量（ℓ）　　（「試料」＝試験や分析のために供される物質）

また，工場・事業場から水系に流入する汚濁負荷量（L）は，通常，１日（d）当たりの量（kg）として次の式で表されます。

$$L = CQ \times 10^{-3}$$

L：汚濁負荷量（kg／d）　　C：水中の物質濃度（mg／ℓ）

Q：１日当たりの総水量（m³／d）

そこで，河川上流における汚染物質濃度をC_0，流量をQ_0として，下流のある地点において，濃度C_iの汚染物質が流量Q_iで定常的に流入してくる場合を考えてみましょう。この場合，一般には流入点より下流の地点で汚染物質が完全混合するものと仮定すると，そのときの汚染物質濃度C_sは次の式で表されます。

$$C_s = \frac{C_0 Q_0 + C_i Q_i}{Q_0 + Q_i}$$

〈例題〉 BOD 2.0mg／ℓ，流量10000m³／日の河川に，BOD 20mg／ℓの排水処理水が日量1000m³放流されている。放流地点直下流の河川水のBOD濃度（mg／ℓ）はおよそいくらか。ただし，放流された排水処理水は放流後直ちに河川水と完全混合するものとする。

$C_0 = 2.0$，$Q_0 = 10000$，$C_i = 20$，$Q_i = 1000$として，放流地点直下流の河川水のBOD濃度（C_s）が求められます。上の式にこれらの数値を代入すると，

$$C_s = \frac{2.0 \times 10000 + 20 \times 1000}{10000 + 1000}$$

$$= \frac{40000}{11000} = 3.636363\cdots$$

〈答〉 放流地点直下流の河川水のBOD濃度は，およそ3.6（mg／ℓ）

2 河川の環境

①河川の植生

河川に生育する植物は，流れに対する抵抗としての役割や河川の浄化作用などを果たしており，河川環境を考えるうえで非常に重要です。

植生は，群落に分けることで調査や解析が効率的になります。そこで，日本の河川中流域における典型的な横断面の植生配置をみると，河道内の植生群落は，冠水の頻度や流れから受ける力に応じて，流軸を中心として帯状にすみ分けていることがわかります。

■河川横断面と植生配置

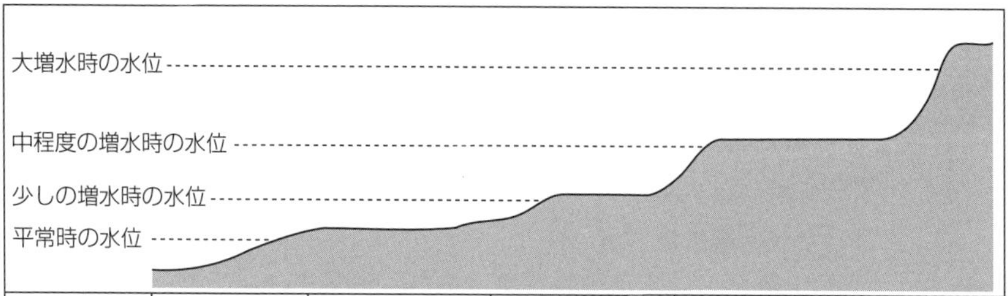

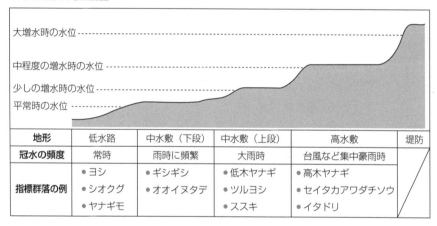

地形	低水路	中水敷（下段）	中水敷（上段）	高水敷	堤防
冠水の頻度	常時	雨時に頻繁	大雨時	台風など集中豪雨時	
指標群落の例	●ヨシ ●シオクグ ●ヤナギモ	●ギシギシ ●オオイヌタデ	●低木ヤナギ ●ツルヨシ ●ススキ	●高木ヤナギ ●セイタカアワダチソウ ●イタドリ	

植生による浄化作用には，次の３つの要素があります。

ア　懸濁物質の除去（植生域で流れが制御され，懸濁物質の堆積を促進する）

イ　植生に付着した微生物による有機物の分解

ウ　植生自身あるいは植生に付着した藻類による栄養塩（りん，窒素）の吸収

②水質の指標となる生物

■水質階級（Ⅰ～Ⅳ）と水質指標生物の例

Ⅰ	きれいな水（貧腐水性）	**ウズムシ類**，**サワガニ**，ブユ類，カワゲラ類，ナガレトビゲラ・ヤマトビゲラ類，ヒラタカゲロウ類，ヘビトンボ類
Ⅱ	少し汚れた水（β-中腐水性）	Ⅰ以外のトビゲラ類，Ⅰ・Ⅲ以外のカゲロウ類，ヒラタドロムシ
Ⅲ	汚い水（α-中腐水性）	サホコカゲロウ，**ヒル類**，ミズムシ
Ⅳ	大変汚い水（強腐水性）	サカマキガイ，**セスジユスリカ**，**イトミミズ類**

河川の水質は，前ページ下の表のように4つの**水質階級**（Ⅰ～Ⅳ）に分けられます。**水質指標生物**とは，区分された水域に狭域的に生息して水質階級の指標となる生物をいいます。ただし，区分はそれほど厳格ではありません。

3 湖沼・貯水池の環境

河川とは異なり，湖沼や貯水池など水が停滞する水域では，水は以下のように季節的な動きをみせます。

①春から夏

夏が近づくにつれ，水の上層は日射や気温で温められ，水温が上昇して軽くなります。一方，下層は冷たいままの状態で，だんだん上層と下層に分かれて層を成すようになります。これを**成層**といい，夏は水が循環しなくなります。

②夏から秋

気温が下がるにつれ，上層の水温が低下して密度が大きくなり，上層の水が下降しはじめると，層が不安定となって**循環**が生じます。

③秋から冬

さらに気温が低下し，上層の水温が4℃よりも下がると，水の密度は4℃のときが最大であるため，4℃の水を下層として層を形成するようになります（**冬の成層**）。

④冬から春

水温が高くなってくると，より高温の下層の水が上昇しはじめ，再び**循環**が起こります。

補足

水質指標生物

複数の水質階級にまたがって生息しているものも多く存在します。例えば，サカマキガイは水質階級Ⅲの水域でもみられます。

湖岸の植生

陸側から湖水の水際線に向かって植生が変化します。植生は以下のように分類されます。

(水辺林)
ヤナギ，カンボク等

(湿生植物)
アゼスゲ，カサスゲ等

(抽水植物)
ヨシ，マカモ，ガマ等

(浮葉植物)
ヒシ，ジュンサイ等

(沈水植物)
エビモ，コカナダモ等

(浮漂植物)
サンショウモ，ホテイアオイ等

特に，抽水植物以下は水質浄化の役割を担っています。

■湖沼・貯水池における水の動き

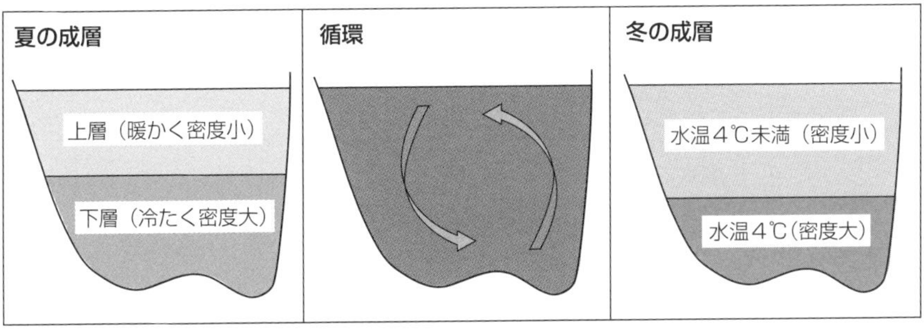

4 海域の環境

①エスチャリーとは

半閉鎖性の沿岸水で，外洋と自由な接点を有しながら，水塊は陸から流入する淡水でかなり希釈されている水域のことを，エスチャリーといいます。東京湾や伊勢湾などの内湾，感潮河川（潮の満ち引きの影響を受ける区間のある河川）もエスチャリーに当たります。エスチャリーは，次のように分類されます。

正のエスチャリー（淡水からの流入＞海面からの蒸発）

…世界中の温帯のエスチャリーの典型

強成層型，フィヨルド型，緩混合型，均質型の４つに区分されます。

潮流の流入量が淡水の流入量より大きいか等しい場合，**緩混合型**が発達します。日本のほとんどのエスチャリーが緩混合型であり，東京湾，伊勢湾，大阪湾などの代表的な閉鎖性内湾はこの型に属します。

中立のエスチャリー（淡水からの流入＝海面からの蒸発）

…まれにしか現れません。

負のエスチャリー（淡水からの流入＜海面からの蒸発）

…ペルシャ湾が典型的。熱帯域で多くみられます。

②エスチャリー循環

エスチャリー循環とは，河川（低塩分水）が内湾に合流することにより，湾の上層の水は河口から離れる方向に向かって流れ，湾の下層の水は逆に河口方向に向かって流れ，これらによって湾内の水が循環することをいいます。このような循環は，河川（エスチャリー奥部）と外洋部との間の**塩分差**（密度差）によって生じます。そのため，従来は「密度流」ともよばれていました。

■緩混合型エスチャリーにおけるエスチャリー循環

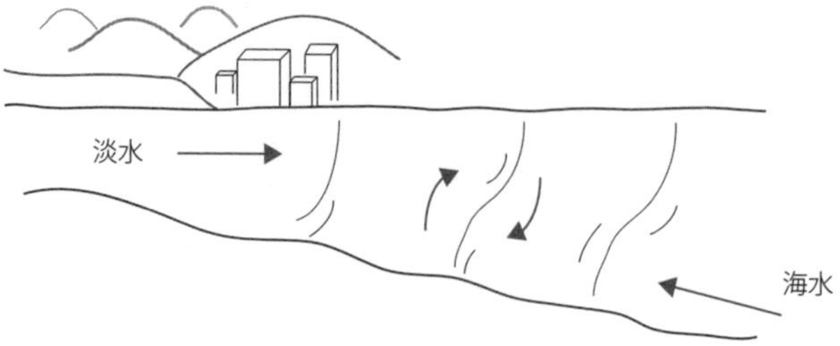

③エスチャリーの物理的循環過程

エスチャリー内の物理的循環は，エスチャリー循環のほか，潮流，吹送流などによって決定されます。

潮流は，エスチャリー内部に進入してくる**潮汐**によって生成されます。潮汐とは，月および太陽による多くの力の集まりによって生じる，海面の周期的な上下変化のことです。一般には，月齢が新月や満月のときに**大潮**となり，上弦や下弦の月に近いときに**小潮**となります。発生する潮流も，潮汐と同じサイクルで現れます。エスチャリー循環がエスチャリー内の平均的な流れを作り出すのに対して，潮汐によって生成される潮流には，潮汐に対応して半日や１日の周期をもつ成分が存在しています。

また，風によって引き起こされる**吹送流**も，エスチャリー内の流れを作り出す要素です。特に冬期，北西季節風が比較的長期間吹き続けているような場合には，吹送流による循環が卓越してきます。

5 富栄養化

①赤潮

人間活動の大規模化に伴い，栄養成分の水域への負荷が増大しました。栄養成分が過剰になると**植物プランクトン**などが異常増殖し，これによって水面の色が赤っぽくなる状態を**赤潮**といいます。湖沼やエスチャリーといった停滞性の強い水域では栄養成分が過剰になりやすく，東京湾でも，夏季には海水が茶褐色に濁った赤潮状態がしばしば観測されます。

■青潮が発生するメカニズム

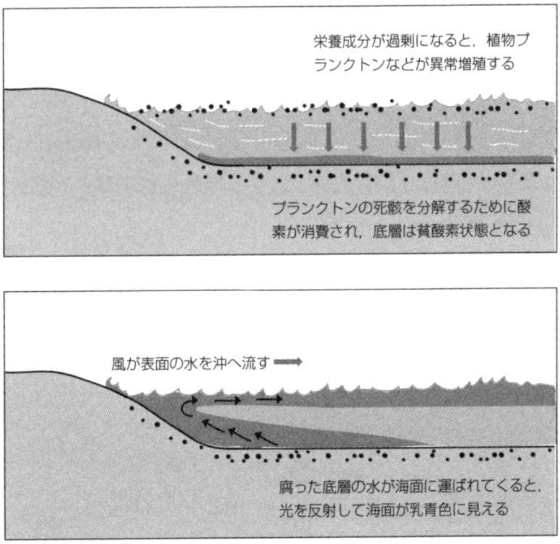

栄養成分が過剰になると，植物プランクトンなどが異常増殖する
プランクトンの死骸を分解するために酸素が消費され，底層は貧酸素状態となる
風が表面の水を沖へ流す
腐った底層の水が海面に運ばれてくると，光を反射して海面が乳青色に見える

②貧酸素状態と青潮

夏季には，海水表面が温かく軽い水で覆われ，底層の水とは混合しないため，**成層**が形成されます。プランクトンの死骸が底層に沈降し，海水中の**酸素**を消費しながら分解されるため，底層は**貧酸素状態**となります。

さらに酸素が枯渇すると，海水に多量に含まれる硫酸イオン中の酸素原子が消費されるようになり，有毒物質である**硫化水素**を生じます。これらの結果，底層の堆積物に生息するゴカイや貝類などは窒息死し，堆積物は卵の腐ったにおいのする**ヘドロ**となります。そして，この貧酸素状態の腐った底層の水が，風による吸送流循環によって海面に運ばれてくると，水塊中の硫黄分子が光を反射し，海面が乳青色に見えます。この現象を**青潮**といいます。

③りん循環

りんはプランクトンに取り込まれ，プランクトンの死骸として海底へと沈降します。その後，沈降物が海底の堆積物の表面で分解され，海水中に**りん酸**として溶出します。夏季は植物プランクトンの増殖が活発なため，冬季の数倍の速さでりんが消費され，海底に運ばれます。冬季には堆積物の表面に**酸化層**の膜ができて，りん酸を閉じ込めてしまいます。しかしこの酸化層は，夏季になって底層が貧酸素状態になると短期間で消失し，蓄積されたりん酸が大量に放出されます。

④窒素循環

硝酸塩として含まれている窒素のことを**硝酸性窒素**といい，水中では硝酸イオン（NO_3^-）として存在しています。窒素の最も酸化された形態であり，**嫌気的**な条件下では，これを酸素の代わりに最終的電子受容体として用いることがあります。第１段階は硝酸塩から亜硝酸塩（NO_2^-）への還元であり，順次NO，N_2Oを生じて，最後にN_2ガスへと還元されます。この過程を**脱窒素**といいます。

これとは逆に，**アンモニア性窒素**（NH_4^+として存在）は，**好気的**な条件下で，ニトロソモナスなどの細菌によって亜硝酸塩（NO_2^-）へと酸化され，続いて亜硝酸塩はニトロバクターなどの細菌によって硝酸塩（NO_3^-）へと酸化されます。この過程を**硝化**といいます。このほか，窒素循環には，N_2ガスがラン藻や細菌によって有機化合物へと固定される経路も含まれます。

■窒素循環の概略

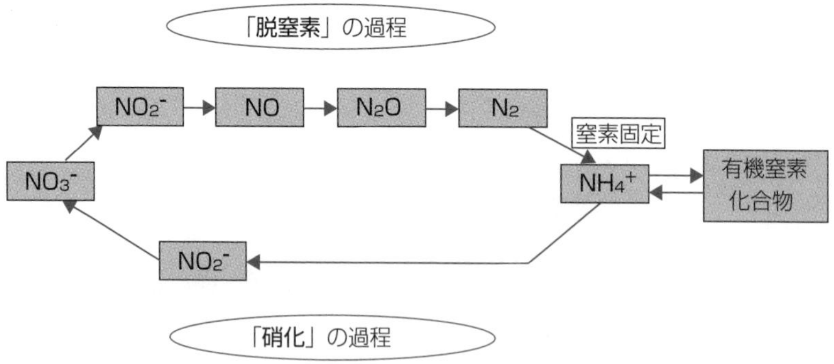

チャレンジ問題

問1 難 中 易

植生による自浄作用に関する記述として，誤っているものはどれか。

(1) 河道内の植物群落は，冠水の頻度などに応じて異なる。
(2) 植生域では流れが加速されるので，懸濁物質は堆積しない。
(3) 植生に付着した微生物によって有機物が分解される。
(4) 植生に付着した藻類による栄養塩の吸収がある。
(5) 植生自身による栄養塩の吸収がある。

解説

(2) 植生域では流れが制御され，懸濁物質の堆積が促進されます。流れが加速されて懸濁物質が堆積しないというのは誤りです。

解答 (2)

問2 難 中 易

閉鎖性海域（エスチャリー）の物理的循環過程に関する記述として，誤っているものはどれか。

(1) 物理的循環過程は，エスチャリー循環，潮流，吹送流などで決定される。
(2) 潮汐は，月及び太陽による多くの周期的な力の集まりによって生じる。
(3) 潮汐によって生成される潮流には，潮汐に対応して半日や1日の周期をもつ成分が存在している。
(4) エスチャリー循環は，主としてエスチャリー奥部と外洋部との間の温度差によって引き起こされる。
(5) 一般には，月齢が上弦や下弦の月に近いときに小潮となる。

解説

(4) エスチャリー循環は，河川（エスチャリー奥部）と外洋部との塩分差（密度差）によって生じます。温度差によって引き起こされるというのは誤りです。

解答 (4)

問3 難 中 易

海域の富栄養化に関する記述として，誤っているものはどれか。

(1) 東京湾などの閉鎖性水域では，海水が茶褐色に濁った赤潮状態がしばしば観測される。

(2) 夏季，成層によって，底層水には貧酸素水塊が発達する。
(3) 底層の貧酸素化によって，堆積物に存在していたりん酸が水中に放出される。
(4) 青潮は，赤潮と同様に，大量に増殖した植物プランクトンによって海面の色が青くなった状態のことである。
(5) 貧酸素水域の堆積物表層では，硝化活性は著しく低い。

解説

(4) 青潮とは，貧酸素状態の腐った底層水が海面に運ばれ，この水塊中の硫黄分子が光を反射して乳青色に見える現象です。大量に増殖した植物プランクトンが赤っぽく見える赤潮とは異なります。
(5) 硝化は窒素と酸素との反応（酸化）であり，貧酸素水域では硝化活性は著しく低いといえます。このほかの肢もすべて正しい記述です。

解答 (4)

問4　難 中 易

水域における窒素の循環に関する記述として，誤っているものはどれか。
(1) 窒素の最も酸化された形態は，硝酸性窒素である。
(2) 硝酸性窒素は，最終的な電子供与体として使われることがある。
(3) 硝酸性窒素は，電子受容体として用いられると，亜硝酸性窒素へと還元される。
(4) アンモニア性窒素は，好気的な環境でニトロソモナスなどの細菌により，亜硝酸性窒素へと酸化される。
(5) 好気的な環境では，亜硝酸性窒素はニトロバクターなどの細菌により，硝酸性窒素へと酸化される。

解説

(2) 硝酸性窒素は，電子を受け取ることによって亜硝酸性窒素になります。つまり電子受容体として使われています（肢（3））。還元とは，一般に酸素を失う変化をいいますが，電子を受け取る変化でもあります。逆に，酸化は一般に酸素と結びつく変化をいいますが，電子を失う変化でもあります。窒素の最も酸化された形態である硝酸性窒素が，電子供与体として使われることはありません。
このほかの肢は，すべて正しい記述です。

解答 (2)

水質汚濁の影響

1 有害物質の人体への影響

①毒性と摂取量

ある化学物質が有害であるか否かは，その物質の質と量に依存します。つまり，毒性が強くても摂取量が微量であれば毒性は現れませんし，逆に，毒性が弱くても多量に摂取すると毒性が現れます。

化学物質には安全量というものがあり，安全量が小さい物質ほど毒性が強いといえます。化学物質の毒性を表すものとして，動物の50％致死量（LD_{50}：単位mg/kg）が一般に使われています。

②閾値

例えば体内蓄積性の高い水銀の暴露を受けた場合，体内全蓄積量（または最も障害を受ける臓器内蓄積量）が一定の限界を超えたときに，はじめて中毒が現れます。このような限界量または濃度を**閾値**といいます。閾値を超えない限り，金属が長期間体内に存在しても，障害を与えることはありません。

③生体への侵入経路

金属は，経口摂取，経気道暴露，経皮吸収などの経路を通じて体内に取り込まれますが，こうした**侵入経路の違い**によって，現れる毒性の強さが異なる場合があります。

例えば，金属水銀が経口的に摂取されても消化管からはほとんど吸収されないため毒性は軽微です。これに対し，水銀蒸気が経気道的に侵入した場合はよく吸収され，非常に強い毒性が現れます。

④金属の化学種と毒性

同じ金属であっても，化合物の種類，すなわち**化学種**の違いによって毒性が異なります。例えば，無機水銀の場合は腎障害や肝障害が現れますが，メチル水銀（有機水銀）では特異的な脳神経障害が現れます。これは，無機水銀が

補足

微量必須元素
鉄や銅など，必要量は微量だが生命の維持に欠かせない元素のことを微量必須元素といいます。一般にミネラルとよばれます。ただし，多量に摂取すると有害作用を発現します。

LD_{50}
「毒物及び劇物取締法」では，毒性の強いものを「毒物」，これに準じるものを「劇物」としています。判定基準は経口投与の場合，以下のとおりです。

- **毒物**
  LD_{50} 50mg/kg以下
- **劇物**
  LD_{50} 50mg/kgを超え300mg/kg以下

閾値が存在しないもの
発がん物質など遺伝子を攻撃してがん細胞を作るような不可逆的な毒性を生じるものには，閾値は存在しないと考えられています。

血液脳関門を通過しないのに対し，メチル水銀は容易に通過して脳内に蓄積されるためです。

⑤生物学的半減期と毒性

生物に取り込まれた物質のおよそ半分の量が，代謝や排泄などによって体外に排出されるのに要する時間を**生物学的半減期**といいます。例えば，無機水銀である塩化水銀（Ⅱ）のラットにおける生物学的半減期は4～10日ですが，メチル水銀は15～20日と長くなります。生物学的半減期の長いものは，排泄されにくく，体内に残留する時間が長いため，毒性が現れやすくなります。

⑥金属間の相互作用

生体が実際に金属の暴露を受けたときは，金属の**複合汚染**を考慮する必要があります。有害性金属が複合して生体内で作用すると，それぞれの毒性が相加的あるいは相乗的に現れる場合はもちろん，逆に，**抑制的**に作用して毒性が弱められる場合もあります。例えば，無機水銀に対してはセレンが，カドミウムに対しては亜鉛が，それぞれ抑制的に作用します。

⑦メタロチオネイン（MT）

金属（metal）と低分子量のたんぱく質であるチオネイン（thionein）が結合したものを**メタロチオネイン**といいます。カドミウムや水銀などの金属イオンを投与すると，肝臓などでメタロチオネインが誘導生合成されます。メタロチオネインには，重金属を**解毒**する作用のあることが知られています。

2 各金属による中毒

①無機水銀

無機水銀中毒の大部分は，水銀を取り扱う作業者の職業病です。経気道暴露によるものが多いとされ，急性中毒では水銀蒸気の吸引による口内炎，歯肉炎などがみられます。慢性中毒では，神経症状としての震えが特徴的です。

②メチル水銀（有機水銀）

メチル水銀は血液－胎盤関門を通過するため，**胎児性水俣病**の原因となりました。メチル水銀の中毒症状は，**ハンター・ラッセル症候群**とよばれる特異な中枢神経症状（求心性視野狭窄，知覚・言語・歩行・聴覚の障害など）を主な特徴とします。

③カドミウム

大量の呼吸器系・消化器系暴露による急性中毒と，長期間にわたる微量の暴露によって起こる慢性中毒があります。慢性中毒の症状としては，鼻炎や臭覚消失などの鼻の異常，呼吸器症状のほか，主に近位尿細管機能の異常による腎障害がみられます。また，富山県神通川の流域で発生した**イタイイタイ病**は，更年期以降の女性を侵す骨軟化症で，カドミウムで汚染された米や飲料水などの摂取によるカドミウムの体内蓄積が原因とされています。

④鉛

急性中毒では，灼熱性腹痛や下痢（便は血性ないし鉛の硫化物のため黒色）のほか，虚脱，不眠などがみられます。慢性中毒では，食欲不振，便秘に続いて，**鉛疝痛**が起こることがあります。橈骨神経麻痺による**手首の下垂**も特徴的な症状の一つです。

⑤ひ素

急性中毒では，腹痛，嘔吐，下痢などの症状がみられ，呼吸不全を伴う**ショック死**を起こすこともあります。慢性中毒としては，肝障害，角膜潰瘍，**色素沈着**，皮膚炎などのほか，**烏脚病**が知られています。

⑥セレン

セレンは人体にとって必須元素であり，セレンの欠乏症として，心筋症を起こす**克山病**が知られています。一方，人に対する毒性としては，セレンの製錬・使用工場従業員に胃腸障害，神経過敏症，紫斑病様斑点など，付近住民には土色の顔色，低血圧症などの中毒症状がみられます。

⑦クロム

人に対する影響は，主にクロム（Ⅵ）（**六価クロム**）に起因しています。クロム（Ⅵ）を含む空気やダストを吸入すると，**鼻中隔穿孔**や呼吸器障害を起こし，慢性の皮膚暴露では，接触性皮膚炎や**皮膚潰瘍**を発症します。また，職場環境における吸入暴露では，**肺がん**を引き起こします。

⑧シアン化合物

人や動物は，**遊離シアン**を経気道，経口および皮膚経由で容易に吸収します。遊離シアンが吸収されると血液中でシアノヘモグロビンが生成され，ミトコンドリアの電子伝達系のチトクロムオキシダーゼの作用を阻害します。その結果，組織での酸素消費が阻害されて窒息が起こります。

補足

鉛疝痛
自律神経の障害による小腸の痙攣です。発作性の激しい腹痛として現れます。

烏脚病
ひ素中毒で四肢の動脈硬化が起こると，手足に壊疽が生じます。その色が烏の脚のように黒いことから烏脚病とよばれています。

克山病
1935（昭和10）年に中国の黒竜江省克山県で多発したためこの名称がつきました。セレンの欠乏を主とする栄養障害が原因と考えられています。

遊離シアン
遊離とは，化合物中の結合が切れて原子または原子団が分離することをいいます。遊離シアンは，シアン化水素とシアン化物イオンで存在するシアン化合物の合計として定義されています。

3 有機化合物による中毒

①有機りん剤

有機りん剤は，農作物などにつく害虫を防除する殺虫剤として用いられる農薬です。皮膚からの浸透力が強く，副交感神経の伝達因子である**アセチルコリン**を分解する機能を**阻害**します。このためアセチルコリンが異常に蓄積され，副交感神経が過度に刺激されることにより，さまざまな中毒症状が現れます。具体的には，アセチルコリンを分解する**コリンエステラーゼ**という酵素の活性を有機りん剤が**低下**させてしまいます。血清コリンエステラーゼ活性が20～10％に低下すると，歩行困難，筋線維性攣縮などをきたし，症状が進行すると死に至ります。

②有機塩素系農薬

HCH，DDTなど構造式の中に塩素を含む**有機塩素系農薬**は，殺虫・除草効果に優れ，世界各地で使用されてきましたが，人体に蓄積され，慢性中毒の可能性が問題となったため，1971（昭和46）年に全面使用禁止となっています。

■HCHおよびDDTの毒性等

HCH	急性中毒として，頭痛，めまい，痙攣などのほか，吸入によっては目や鼻，気管支に刺激症状が出る。慢性毒性についての報告は少ない
DDT	食物連鎖によって著しく**生物濃縮**される。環境，食品を汚染するほか，薬物代謝酵素の誘導形成を促進し，生体に必要なホルモンを破壊するのではないかといわれている

③その他の農薬

シマジン	除草剤として使用されている。中毒症状として，畜牛の食欲減退や呼吸困難などが報告されている
1,3-ジクロロプロペン	米国で砂状土壌中の線虫類防除に使用されている。国際がん研究機関（IARC）は，人に対する発がん性評価2Bに分類している
チウラム	殺虫剤として野菜や果物に使用されている。急性毒性は低いが，ビーグル犬の慢性毒性実験において重篤な毒性が発現している
チオベンカルブ	除草剤として，イネなどの穀類やイモ類，野菜などに使用されている。主に肝臓と腎臓に生体影響が認められる

④PCBs

PCBsとは**ポリ塩化ビフェニル化合物**の総称であり，数多くの異性体が存在しています。脂肪に溶けやすいため，慢性的な摂取によって体内に徐々に蓄積し，さまざまな症状を引き起こします。中毒症状としては，爪や口腔粘膜の**色素沈着**や，顔面や臀部などの痤瘡様皮疹（**塩素痤瘡**），顔面浮腫，眼瞼マイボーム腺からの過剰分泌物などが報告されています。食用油の製造過程でPCBが混入して健康被害を発生させた**カネミ油症事件**を契機として有毒性が社会問題となり，1972（昭和47）年に製造中止となりました。

⑤テトラクロロエチレンとトリクロロエチレン

テトラクロロエチレン（別名：PCE，パークレン）は，血液中に入ると脂肪に分布しやすく，作業中に暴露を受けると肝臓，腎臓，中枢神経系に影響のあることが報告されています。また，**トリクロロエチレン**（別名：TCE，トリクレン）は，発がん性が指摘されています。国際がん研究機関（IARC）の「人に対する発がん性評価」では，PCEはグループ2A，TCEはグループ1に分類されています。

補足

IARCによる「人に対する発がん性評価」

1「発がん性がある」
例）ひ素，カドミウム，クロム（Ⅵ），TCE

2A「おそらくある」
例）PCE，ジクロロメタンなど

2B「あるかもしれない」
例）メチル水銀，DDT，鉛，1,3-ジクロロプロペンなど

3「分類できない」

4「おそらくない」

チャレンジ問題

問1　難　中　**易**

有害物質の人体影響に関する記述として，正しいものはどれか。

(1) 化学物質の人体影響は，化学物質の毒性の強さで決まり，摂取量には依存しない。
(2) LD_{50}（動物の50%致死量）が大きいほど，毒性は強くなる。
(3) 金属は，生体への侵入経路の違いによって，毒性の強さが異なることがある。
(4) 金属の毒性は，同じ金属であれば化合物の種類によらない。
(5) 複数の金属の暴露を受けた場合，毒性は相乗的に現れるが，抑制的に現れることはない。

解説

(1) 化学物質の人体影響は，毒性の強さと摂取量の両方に依存します。
(2) LD_{50}の値（mg/kg）が小さいものほど，毒性は強いといえます。
(3) 正しい記述です。
(4) 同じ金属であっても，化合物の種類によって毒性が異なります。
(5) 毒性が相加的または相乗的に現れる場合だけでなく，逆に，抑制的に作用して毒性が弱められる場合もあります。

解答 (3)

問2　難　中　易

金属による人への影響に関する記述として，誤っているものはどれか。

(1) カドミウムの慢性中毒には，主に近位尿細管機能の異常による腎障害がある。

(2) 鉛の慢性中毒では，食欲不振，便秘に続いて，鉛疝痛が起こることがある。

(3) 無機水銀は，メチル水銀よりも血液脳関門を通過して脳に蓄積しやすい。

(4) セレンの欠乏症として，心筋症を起こす克山病が知られている。

(5) クロム（Ⅵ）の慢性中毒には，鼻中隔穿孔や呼吸器障害などがある。

解説

(3) メチル水銀は血液脳関門を容易に通過して脳内に蓄積されますが，無機水銀は血液脳関門を通過しません。無機水銀がメチル水銀よりも脳に蓄積しやすいというのは誤りです。

このほかの肢は，すべて正しい記述です。

解答 (3)

問3　難　中　易

有害物質による人への影響に関する記述として，誤っているものはどれか。

(1) メチル水銀の中毒症状は，ハンター・ラッセル症候群といわれる中枢神経症状を主な特徴とする。

(2) ひ素の慢性中毒では，色素沈着，皮膚炎や烏脚病が知られている。

(3) 遊離シアンは，ミトコンドリアの電子伝達系のチトクロムオキシダーゼの作用を阻害する。

(4) 有機りん系農薬中毒では，血清コリンエステラーゼ活性が上昇する。

(5) テトラクロロエチレンは，血液中に入ると脂肪に分布しやすい。

解説

(4) 有機りん系農薬は，アセチルコリンを分解するコリンエステラーゼという酵素の活性を低下させます。血清コリンエステラーゼ活性が上昇する，というのは誤りです。

このほかの肢は，すべて正しい記述です。

解答 (4)

水質汚濁防止の施策

1 生活排水対策の実施例

①下水道の整備

生活排水対策として，下水道の整備をはじめ，合併処理浄化槽，地域し尿処理施設（コミュニティプラント），農業集落排水施設，漁業集落排水施設などの整備が推進されています。

下水道の整備については，普及が遅れている市町村での整備促進，水質保全上重要な地域での高度処理施設の整備などが重点的に実施されています。2021（令和３）年度末における**下水道処理人口普及率**（下水道利用人口/総人口）は，80.6％（東日本大震災の影響により，福島県において調査不能な一部の町村を除いた値）となっています。

②合併処理浄化槽

単独浄化槽ではトイレのし尿のみを処理するのに対し，**合併処理浄化槽**は，し尿と生活雑排水（台所，風呂，洗濯等）を併せて処理することができます。2001（平成13）年４月から改正浄化槽法が施行され，下水道予定処理区域を除いて，浄化槽を設置する場合は合併処理浄化槽を設置することが義務付けられました。

> 補足
>
> **地域し尿処理施設**
> 自治体や民間事業者の開発による住宅団地等で，し尿・生活排水を合わせて処理する施設です。コミュニティプラントともよばれ，下水道の普及していない地区の団地で下水道の代替施設となります。

2 湖沼水質保全特別措置法

水質汚濁防止法に基づき，窒素規制対象317湖沼，りん規制対象1,463湖沼において，窒素・りんに係る排水規制が実施されています。

さらに，霞ヶ浦，琵琶湖など水質汚濁防止法による規制のみでは水質の保全が不十分とされる全国11湖沼については，**湖沼水質保全特別措置法**により，湖沼水質保全計画を策定し，下水道の整備，流入河川の直接浄化，底泥の浚渫などの対策が総合的に実施されています。

> 補足
>
> **湖沼水質保全特別措置法に基づく11指定湖沼**（令和５年度現在）
> 1　釜房ダム貯水池
> 2　八郎湖
> 3　霞ケ浦
> 4　印旛沼
> 5　手賀沼
> 6　諏訪湖
> 7　野尻湖
> 8　琵琶湖
> 9　中海
> 10　宍道湖
> 11　児島湖

3 監視体制の整備

水質汚濁防止法に基づき，国および地方公共団体によって公共用水域の水質の監視が行われており，環境省は，測定計画の作成費および水質調査に係る経費について助成を行っています。

また，都道府県知事（政令で定める市の長を含む）は，工場・事業場の排水基準の遵守状況を監視するため，必要に応じて工場・事業場に**報告**を求め，または**立入検査**を行います。そしてこれらに基づき，**改善命令等**の措置をとります。

チャレンジ問題

問1　　難｜中｜**易**

水質汚濁防止の施策に関する記述として，誤っているものはどれか。

(1) 水質に係る環境基準には，人の健康の保護に関する環境基準と生活環境の保全に関する環境基準がある。

(2) 下水道整備に関する令和３年度末の下水道処理人口普及率は，70％未満である。

(3) 浄化槽を新たに設置する場合には，合併処理浄化槽の設置が義務付けられている。

(4) 閉鎖性水域のうち水質悪化が著しい湖沼においては，底泥浚渫や流入河川における直接浄化施設の整備が実施されている。

(5) 公共用水域では，国及び地方公共団体による水質監視が行われている。

解説

(2) 2021（令和３）年度末における下水道処理人口普及率は80.6%となっています。70%未満というのは誤りです。

このほかの肢は，すべて正しい記述です。

解答 (2)

第3章

汚水処理特論

1 汚水等処理計画

まとめ&丸暗記

● この節の学習内容のまとめ ●

□ 工場内対策

- 排水の分別…製造排水，冷却排水，衛生排水を混合しない
- 用水の節約

  洗浄用水などは，向流洗浄の採用で排水量が著しく減少する

  〈向流多段洗浄の場合〉

$$\frac{a_n}{a_0} = \frac{r-1}{r^{n+1}-1}$$

  a_n：第n段の洗浄槽を出る製品中の不純物質の量

  a_0：単位時間当たりに供給される原料中に含まれる不純物質の量

  r：洗浄水量Vと製品が各段で持ち出す水量vとの比

- 排水濃度を低減させるポイント

①製造プロセスの変更	④排水の平均化
②製品の歩留りの向上	⑤副産物の回収
③排水系統の分別	⑥排水系統のモニタリング

□ 処理プロセスの選定

- 有機性排水の選定法…浮遊物質をろ過し，ろ液の水質を測定

  BOD，CODが目的値以下 ⇒ 物理・化学的方法

  BOD，CODが目的値より高い ⇒ 生物処理

- 無機性排水の選定法

  ①浮遊物質があれば沈降試験（静置沈殿）を行う

  数時間以内で目的の数値が得られた ⇒ 自然沈殿法

  目的の水質が得られない ⇒ 凝集沈殿を試みる

  ②浮遊物質を除去した後の排水が有害物質を含有しているとき

  pH調整，酸化，還元などの化学的方法を検討

工場内対策

1 排水量の減少

工場の生産工程の中で行われる汚濁負荷減少のための処置を**工場内対策**といいます。工場内では，排水の量および濃度を極力減らすよう努めなければなりません。

①排水の分別

工場内の排水は，**製造排水**，**冷却排水**，**衛生排水**の3つに大別できます。これら種類の異なる排水を混合して処理することは得策といえません。工場を新設する場合には，設計段階で排水を区別できるようにしておきます。

②用水の節約

用水の節約は排水量の減少に直結します。洗浄用水などは，**向流洗浄**を採用することで排水量を著しく減少させることができます。

■向流多段洗浄

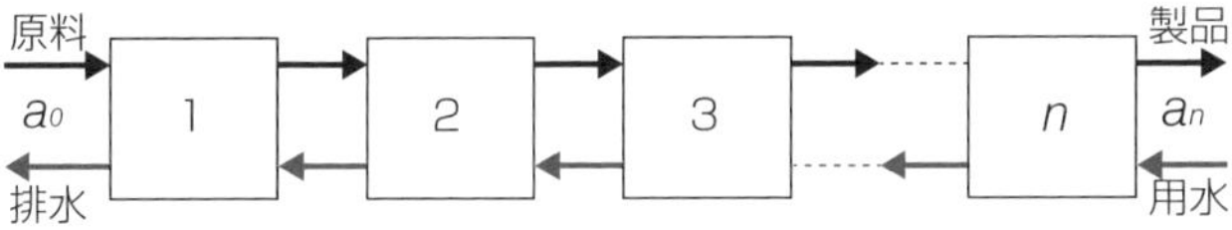

上に示すような**向流多段洗浄**において，単位時間当たりに供給される原料中に含まれる不純物質の量をa_0，第n段の洗浄槽を出る製品中の不純物質の量をa_nとすると，次の式が成り立ちます。

$$\frac{a_n}{a_0}=\frac{r-1}{r^{n+1}-1}$$

式中のrは，洗浄水量Vと製品が各段で持ち出す水量vとの比（$r=V/v$）です。洗浄槽の段数nが増すと，同じ洗浄効果を得るのに必要な**洗浄水の量**が飛躍的に**減少**することがわかります。

③生産工程の変更

排水量を減少させる有力な手段として，生産工程の変更

補足

工場内の排水の種類

- **製造排水**
  製造工程に用いられた水の総称。汚染度高い
- **冷却排水**
  冷却や空気調節に用いられた水。汚染度低い
- **衛生排水**
  工場内のトイレや食堂などからの排水

補足

向流洗浄と並流洗浄

製品の洗浄を行うときに，製品と洗浄水とが反対方向に移動するようにしている方式を向流洗浄といいます。多段階の場合は，最終の洗浄槽のみに最もきれいな新水が供給されます。これに対し，各洗浄槽に新水を使う方式を並流洗浄といいます。並流洗浄では排水量が多くなってしまいます。

があります。具体的には，プロセス制御の高度化，装置の改良，原材料の変更や改善，設備の点検などが挙げられます。このように，排出源において排水の量や濃度を減らすことは，生産技術の一部と考えていかなければなりません。

2 排水濃度の低減

一般的には，排水量を減少させると排水の濃度は高くなりますが，工夫次第では濃度を下げることも可能です。具体的なポイントをまとめておきましょう。

■排水濃度を低減させるポイント

①製造プロセスの変更	●なるべく汚濁物質を発生させないプロセスを採用する ●新しいプロセスを採用する場合は，使用する化学物質が環境に及ぼす影響について，BODだけでなく，毒性その他あらゆる角度から考察する
②製品の歩留りの向上	●排水中の汚濁物質に製品となるべき成分が含まれている場合は，設備を改良して**製品の歩留り**を向上させることにより，排水の汚濁負荷が比例的に減少する ●石油精製工場では，工程ごとにオイルトラップを設けて油の流出を防ぐことで，末端での排水処理の負荷が軽減できる
③排水系統の分別	●一般には，**濃厚で少量の排水**は，希薄で大量の排水との混合を避けて**個別に処理**したほうが経済的である ●重金属を水酸化物などの不溶解性の物質に変えて水と分離する場合は，濃厚排水のままのほうがよい ●めっき工場では，シアン系とクロム系の排水を分別する
④排水の平均化	●排水の濃度や水質が時間的に変動する場合は，調整槽を設けて**排水濃度を平均化**するとよい。濃度のピークが平滑化し，排水処理の設備や操作が容易になる ●平均化するだけで排水基準を満たすこともある
⑤副産物の回収	●無価値なものとして排水中に捨てられていた成分を回収したものが**副産物**であり，回収した分だけ汚濁物質量は少なくなる ●副産物を回収するかどうかは，排水処理のコストをも包含したシステム全体として評価したうえで行う
⑥排水系統のモニタリング	●主要な汚濁発生プロセスをモニターすることによって，事故を防止することができる ●排水の濃度がある設定値を超えたら，汚濁発生源のプロセスを直ちに止めたり警報を出したりできるようにしておく

チャレンジ問題

問1　難 **中** 易

向流多段洗浄において，原料中の不純物質量をa_0，第n段の洗浄槽を出る製品中の不純物質量をa_nとすると，次式が成り立つ。

$$\frac{a_n}{a_0}=\frac{r-1}{r^{n+1}-1}$$

ただし，rは洗浄水量Vと製品が各段で持ち出す水量vとの比（$r=V/v$）である。各段の洗浄水量が1㎥，持ち出し水量が100Lのとき，製品中の不純物質量を原料中の不純物質量の1/1000以下にするのに必要な最小洗浄段数n（整数値）はいくらか。

(1) 1　(2) 2　(3) 3　(4) 4　(5) 5

解説

洗浄水量Vが1㎥（＝1000ℓ），各段の持ち出し水量vが100ℓなので，

$$r=V/v=\frac{1\,\mathrm{m^3}}{100\,\ell}=\frac{1000\,\ell}{100\,\ell}=10$$

製品中の不純物質量を原料中の不純物質量の1/1000以下にするのだから，

$$\frac{a_n}{a_0}=\frac{r-1}{r^{n+1}-1}\leqq\frac{1}{1000}$$

この式に，$r=10$を代入して，

$$\frac{10-1}{10^{n+1}-1}\leqq\frac{1}{1000}$$

これを変形していくと，

$$9000\leqq 10^{n+1}-1$$
$$10^{n+1}\geqq 9001$$
$$10^n\times 10\geqq 9001$$
$$10^n\geqq 900.1$$

∴ この不等式を満たす最小の整数値nは3であることがわかります。

解答 (3)

問2　難 中 **易**

工場の汚水処理計画に関する記述として，誤っているものはどれか。

(1) 向流多段洗浄を採用すると，採用しない場合に比べて，同じ洗浄効果を得るのに必要な洗浄水の量は増加する。

(2) 生産工程の変更は，排水量を減少させる有力な手段の一つである。
(3) 設備を改良して製品の歩留りを向上させることにより，排水の汚濁負荷を減少できる。
(4) 一般には，濃厚で少量の排水は，希薄で大量の排水との混合を避けて個別に処理した方が経済的である。
(5) 副産物の回収は，排水処理のコストも包含した全体のシステムとして評価した上でなされるべきである。

解説

(1) 向流多段洗浄を採用すると，同じ洗浄効果を得るのに必要な洗浄水の量が飛躍的に減少します。洗浄水の量が増加するというのは誤りです。
このほかの肢は，すべて正しい記述です。

解答 (1)

処理プロセスの選定

1 有機性排水の選定法

排水の処理にはさまざまなプロセスがありますが，排水の種類や処理の目的に応じて最適といえるプロセスを選ぶことが大切です。**有機性排水**の場合の選定法は，以下のとおりです。

浮遊物質があれば，ろ紙でろ過し，ろ液の水質（BOD，COD）を測定する

⬇

- ろ液のBOD，CODが**目的値以下**のとき
  …浮遊物質が除去できる**物理・化学的方法**を選定する
- ろ液のBOD，CODが**目的値より高い**とき
  …**生物処理**の必要があると判断する

2 無機性排水の選定法

無機性排水の場合の選定法は，以下のとおりです。

①**浮遊物質**があれば，沈降試験（静置沈殿）を行う

⬇

- 数時間以内で目的の数値が得られたとき
  …この排水は**自然沈殿法**で処理できると考える
- 静置沈殿で目的の水質が得られないとき
  …**凝集沈殿**を試みる

②浮遊物質を除去した後の排水が**有害物質**を含有しているときは，**pH調整**，**酸化**，**還元**といった化学的方法を検討する

⬇

上記の方法でも除去できない溶解性物質を除去するためには，**吸着**，**イオン交換**などを検討する

③排水が**油分**を含むときは，まず静置浮上試験で遊離油を分離し，油分が目的値以下にならない場合は凝集試験を行う

補足

静置沈殿
排水をそのままの状態で静置して浮遊物質を沈降させる方法です。自然沈殿，普通沈殿ともいいます。

凝集沈殿
凝集剤を添加して各粒子を凝集させ，沈殿の速度を速めて浮遊物質を沈降させる方法です。

チャレンジ問題

問1　難　中　**易**

処理プロセスの検討及び選定に関する記述として，誤っているものはどれか。

(1) 浮遊物質があるので，ろ紙でろ過し，ろ液の水質を測定してみる。

(2) 有機性の排水をろ紙でろ過するとBOD，CODが目的値以下になることから，浮遊物質が除去できる物理化学的方法を選定する。

(3) 浮遊物質を含む無機性の排水が，数時間の沈降で目的値以下の水質となることから，自然沈殿法を選択する。

(4) 浮遊物質を除去した後の無機性排水が有害物質を含有していることから，pH調節，酸化，還元などの化学的方法を検討する。

(5) 静置浮上試験で油分を含む排水から遊離油を分離しても，油分が目的値以下にならないので，イオン交換を検討する。

解説

(5) イオン交換は，イオンとして存在する物質の処理方法であって，油分の分離には適しません。イオン交換を検討するというのは誤りです。

このほかの肢は，すべて正しい記述です。

解答 (5)

2 物理・化学的処理法

まとめ&丸暗記

● この節の学習内容のまとめ ●

□ 沈降分離，凝集分離，浮上分離，清澄ろ過

- 沈降分離…粒子の沈降速度を表すのは，ストークスの式
  - 上昇流式沈殿池：沈降速度が表面積負荷より小さい粒子はすべて流出
  - 横流式沈殿池：沈降速度が表面積負荷より小さい粒子でも一部除去
- 凝集分離…0.001 ～ 1μmの粒子（コロイド）は凝集処理の対象
  - 無機凝集剤：硫酸アルミニウム，塩化鉄（Ⅲ）等
  - 高分子凝集剤：ポリエチレンイミン等
- 浮上分離…加圧浮上分離法は，水中に微細な気泡を発生させて懸濁物質を浮上させる。浮上速度を表すのもストークスの式
- 清澄ろ過…ろ過抵抗が設定値に達したらろ材の洗浄を行う
  ろ過抵抗を表すのは，コゼニー-カルマンの式

□ pH調節操作，酸化と還元

- pH調節操作…金属イオンを含む排水の処理などに用いる
- 酸化と還元…標準酸化還元電位の高い系は，低い系を酸化できる

□ 活性炭吸着，イオン交換，膜分離法

- 活性炭吸着…疎水性が強く分子量が大きい物質ほど吸着されやすい
  吸着等温線を表すのは，フロイントリッヒの式
- イオン交換…イオン交換体の大部分は，有機質のイオン交換樹脂
- 膜分離法…精密ろ過，限外ろ過，逆浸透法，ナノろ過法，電気透析法

□ 汚泥の処理

汚泥の前処理	→	汚泥の脱水	→	汚泥の焼却
●ろ過助剤添加 ●凝集剤添加 ●水洗　等	→	●フィルタープレス ●ベルトプレス ●遠心脱水　等	→	●流動焼却炉 ●階段式ストーカー炉 ●横形回転炉　等

沈降分離

1 粒子の沈降速度

沈降分離は，普通沈殿と凝集沈殿に大きく分けられます。凝集操作を施さず，そのままの状態で静置して浮遊物質を沈降させる方法が**普通沈殿**（静置沈殿，自然沈殿）です。

水中で単一の粒子が重力を受けて沈降するとき，反対の方向に速度の２乗に比例する抵抗力がはたらくため，この抵抗力と重力とがつり合った時点からは一定速度で沈降するようになります。この速度を**沈降速度**（終末速度）といいます。

粒子の沈降速度を表す式として，次の**ストークスの式**が重要です。

$$v = \frac{g\,(\rho_s - \rho)\,d^2}{18\mu}$$

v：粒子の沈降速度（cm/s）　g：重力加速度（cm/s^2）
ρ_s：粒子の密度（g/cm^3）　ρ：水の密度（g/cm^3）
d：粒子の直径（cm）　μ：水の粘度（g・cm^{-1}・s^{-1}）

この式より，粒子の沈降速度は重力加速度gに比例するほか，**粒子の直径dの２乗に比例し**，**水の粘度μに反比例**することがわかります。

粒子の沈降速度がより大きくなる領域では，ストークスの式に代わってアレンの式やニュートンの式が適用されますが，排水処理で取り扱う粒子は，一般に粒径も沈降速度も小さいことから，ほとんどストークスの式に従ってよいと考えられます。

2 沈殿池の分離効率

普通沈殿における固形物の分離効率は，装置内の水の流れが理想状態（乱れや短絡がない）にある場合，固形物の**沈降速度分布**と装置の**表面積負荷**によって決まります。

補足

沈降速度を表す式

粒子の周囲の水の挙動を指標とするレイノルズ数（Re）によって，次の３つの式に分けられます。

$Re \leqq 1$
…ストークスの式
$1 < Re \leqq 500$
…アレンの式
$500 < Re \leqq 10^5$
…ニュートンの式

沈降速度分布

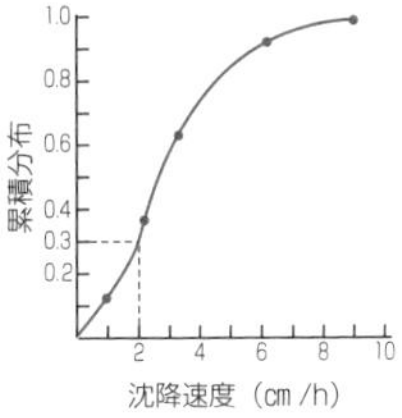

沈降速度2cm/h以下の粒子が全体の約30%を占めていることがわかります。

①上昇流式沈殿池

図1のような**上昇流式沈殿池**では，上昇流速をu_0とすると，粒子の**沈降速度**がu_0**より大きい粒子**はすべて**沈降分離**されますが，u_0より小さい粒子はすべて沈殿池から流出して分離することができません。このとき，沈降速度がu_0より小さい粒子の割合をPm (%) とすると，分離効率$\eta = 100 - Pm$ (%) となります。

■上昇流式沈殿池（図1）

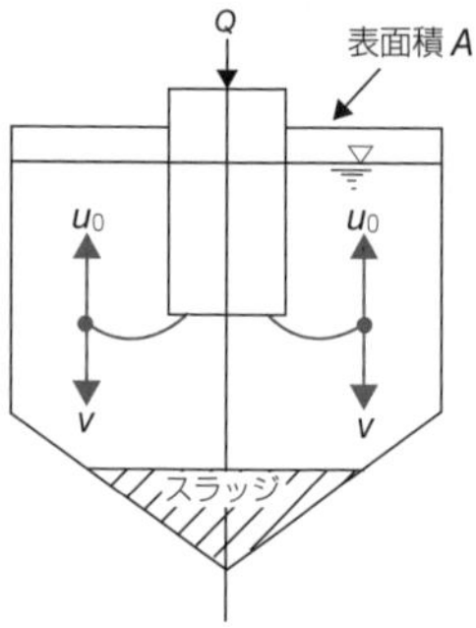

また，上昇流速u_0は，水量Qと表面積（水面の面積）Aを用いて，次のように表されます。

$$u_0 = Q / A$$

このQ/Aを，**表面積負荷**（または**水面積負荷**）といいます。

②横流式沈殿池

■横流式沈殿池（図2）

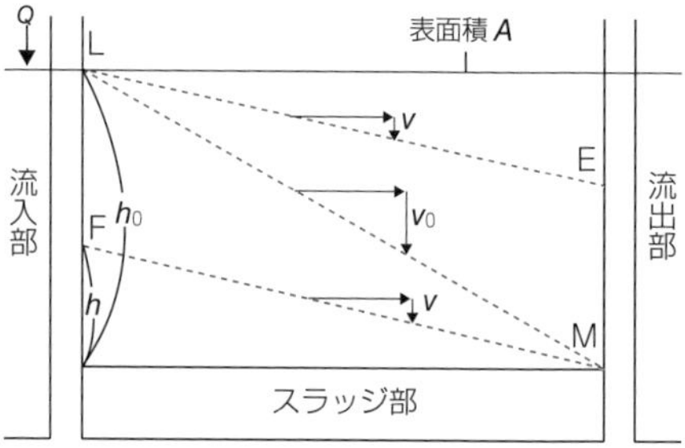

図2のような**横流式沈殿池**では，水の滞留時間をt_0として，L点から流入してt_0時間にM点に到達する粒子の沈降速度をv_0とすると，粒子の**沈降速度**がv_0**より大きい粒子**はすべて**沈降分離**されます。

水量をQ，表面積（水面の面積）をA，容積をV，水深h_0とすると，$h_0 = V/A$，$t_0 = V/Q$と表せます。

$$したがって，v_0 = \frac{h_0}{t_0} = \frac{V/A}{V/Q} = \frac{1/A}{1/Q} = Q/A$$

これにより，L点から流入してt_0時間にM点に到達する粒子の沈降速度v_0はQ/A（表面積負荷または水面積負荷）と等しいことがわかります。

沈降速度が表面積負荷（水面積負荷）より小さい粒子は，上昇流式沈殿池では沈降分離できませんが，横流式沈殿池ではどうでしょう。図をみると，沈降速度がv_0（$= Q/A$）より小さく，L点→E点の経路をたどるような粒子でも，**F点より下の位置から流入**した場合には**除去**（分離）されることがわかります。

この粒子の沈降速度をv，F点の池底からの高さ（=E点の水深）をhとすると，その除去率η_vは，次の式で表されます。

$$\eta_v = \frac{h}{h_0} = \frac{v}{v_0}$$

3 傾斜板等による沈降促進

分離効率を上げるため，沈殿池内に**水平板**（図①）または**傾斜板**（図②）を設けることが考えられます。

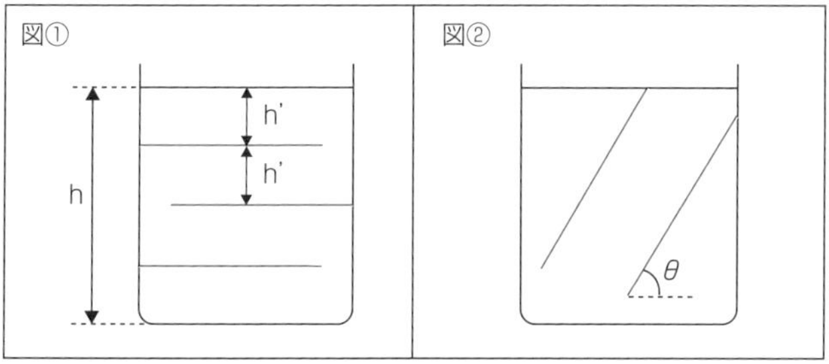

水平板を設けることで粒子の沈降距離が短くなり，清澄になる時間が短縮され，分離効率が上がります。挿入した水平板の面積分だけ**分離面積**が**増加**したといえます。

傾斜板にすると，板上に沈積した汚泥が滑り落ちて**排泥**が**容易**になります。面積Aの傾斜板をn枚，傾斜角θにして挿入すると，増加する有効分離面積は$nA\cos\theta$となります。例えば，1枚の面積が4㎡の板を5枚，傾斜角60°になるように挿入すると，$\cos 60° = 1/2$より，$5 \times 4 \times 1/2 = 10$（㎡）の増加となります。

4 沈降濃縮

沈殿池の多くは，水の浄化だけでなく，沈殿汚泥の濃縮も兼ねています。特に，汚泥の濃縮だけを目的としたものをシックナー（汚泥濃縮槽）といいます。汚泥濃縮の最も安価な方法が**沈降濃縮**（重力濃縮）です。沈降の状態は，懸濁粒子の濃度等によって異なります。

- 濃度が希薄…個々の粒子が固有の速度で沈降（**自由沈降**）
- 濃度が高い…明瞭な界面を形成して沈降（**界面沈降**）。粒子同士が集合し，干渉しながら沈降するため，**干渉沈降**ともいう

汚泥の沈降濃縮の特性を示すものとして，**回分沈降曲線**

補足

沈殿池の形状

沈殿池の形状には円形と長方形があります。円形の沈殿池は汚泥のかき寄せや排出の機構が簡単ですが，池内の水の流れを均一に保つことがやや困難です。一般に，大きな水量を扱う下水処理場では，長方形の沈殿池が好まれています。

があります。これをみると，沈降初期は界面の沈降速度がほぼ一定（定速沈降区間）ですが，ある時間を過ぎると急に減速することがわかります。また，汚泥の初期濃度が高いほど，初期の界面沈降速度は小さくなります。

汚泥濃度をC（kg/㎥），その沈降速度をR（m/h）としたとき，CR=G（$kg \cdot m^{-2} \cdot h^{-1}$）を**質量沈降速度**といいます。シックナー内部では，汚泥濃度が連続的に変化しており，それに伴って質量沈降速度も連続的に変化しています。

■回分沈降曲線

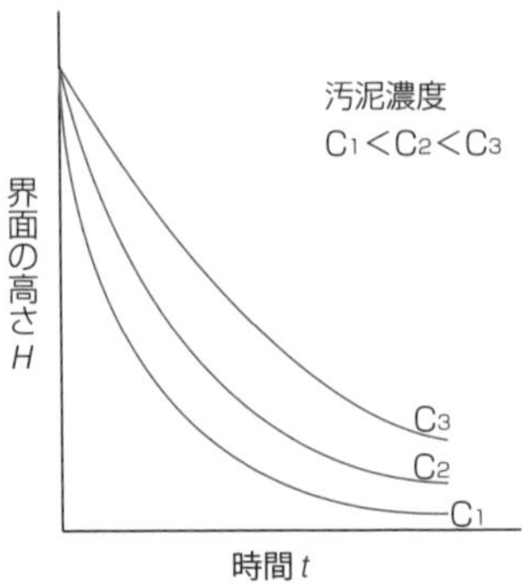

チャレンジ問題

問1　難　中　易

沈降分離に関する記述として，誤っているものはどれか。

(1) 排水処理において取り扱う粒子の沈降速度は，粒子の直径に比例すると考えてよい。

(2) 理想的な上昇流式沈殿池では，沈降速度が水面積負荷より小さい粒子は，全て流出する。

(3) 横流式沈殿池では，沈降速度が水面積負荷より小さい粒子でも部分的に除去される。

(4) 傾斜板を沈殿池に挿入すると，有効分離面積が増大し，分離効率が増す。

(5) 円形沈殿池では長方形沈殿池に比べて，池内の水の流れを均一に保つことがやや困難である。

解説

(1) 粒子の沈降速度を表すストークスの式は以下のとおりです。

$$v = \frac{g(\rho_s - \rho)d^2}{18\mu}$$

v：粒子の沈降速度（㎝/s）　d：粒子の直径（㎝）

これをみると，粒子の沈降速度は，粒子の直径の２乗に比例することがわかります。したがって，直径に比例するというのは誤りです。

解答 (1)

凝集分離

1 凝集分離とは

大きさが10μmくらいまでの粒子ならば普通沈殿で分離することができますが，1μm以下になると，凝集法を用いなければ機械的な分離ができません。特に，0.001～1μmの粒子は**コロイド**とよばれ，凝集処理の対象となります。

一般に，コロイド粒子は水中でブラウン運動をしており，粒子表面が**負に帯電**して互いに反発し合うことから，安定した分散状態を保っています。水中の安定なコロイド粒子のゼータ電位は通常－20～－30mVの範囲にありますが，これに反対電荷を持ったコロイドやイオンを添加して荷電を中和し，ゼータ電位を±10mV以下にすると，表面荷電による反発力よりも粒子間の引力（ファンデルワールス力）のほうが強くなって**凝集**が起こります。このような目的で用いる薬品を**凝集剤**といいます。

2 凝集剤

①無機凝集剤

一般に凝集剤としては，水に溶けて加水分解し，正電荷の金属水酸化物のコロイドを生じる金属塩であればよく，実際には**アルミニウム**または**鉄**の金属塩が専ら用いられています。これら無機凝集剤による懸濁粒子の凝集効果については，粒子の表面荷電の中和だけでなく，金属水酸化物がゲル状の沈殿で表面積が大きいことから，物理化学的な吸着による効果もあると考えられています。

最も代表的な無機凝集剤は**硫酸アルミニウム**です。これを水に溶かすと，加水分解して水酸化アルミニウムのコロイド状沈殿を生じます。このような凝集剤の加水分解により，水中のアルカリが消費されるため，**水のpHが低下**します。排水および凝集剤の種類によって，凝集に最適な

補足

ブラウン運動
気体や液体中に浮遊する微粒子が行う不規則な運動のこと。熱運動をするまわりの気体・液体の分子が微粒子に衝突することによって起こります。

ゼータ電位
コロイド粒子は水中を移動するとき，粒子表面に水分子の層を付着させた状態で動くものと考えられており，この水和層の剪断面における電位をゼータ電位といいます。

ファンデルワールス力
電荷を持たない中性の分子間などではたらく引力をいいます。

pH範囲が存在するため，酸またはアルカリを併用してpHを調整することもあります。代表的な無機凝集剤とその最適なpH範囲を確認しておきましょう。

■無機凝集剤の種類と凝集に適したpH範囲

凝集剤		凝集に適したpH範囲
アルミニウムの金属塩	●**硫酸アルミニウム** ●アルミン酸ナトリウム ●**塩基性塩化アルミニウム**	6～8
鉄の金属塩	●**塩化鉄（Ⅲ）** ●**硫酸鉄（Ⅱ）** ●硫酸鉄（Ⅲ） ●塩素化コッパラス ●ポリシリカ鉄	9～11

なお，塩化鉄（Ⅲ）などの鉄の金属塩は使用条件が悪いと処理水に鉄分が残り，処理水が着色することがあります。

②高分子凝集剤

凝集によって生じる粗大粒子をフロック（floc）といいますが，無機凝集剤によってできるフロックは機械的強度があまり大きくありません。これに対して，長い鎖状の分子構造を持った**高分子凝集剤**であれば，少量の添加量でフロックの結合力が強められ，そのため粒子径が大きくなって，沈降速度が増大します。

高分子凝集剤は，水に溶かしたときの荷電によって**陽イオン性**，**陰イオン性**，**非イオン性**の３種類に分類されます。代表的な高分子凝集剤を確認しましょう。

■高分子凝集剤の種類および特徴

凝集剤		特　徴
陽イオン性ポリマー	●**ポリエチレンイミン** ●水溶性アニリン樹脂 ●ポリチオ尿素 ●第四級アンモニウム塩 ●ポリビニルピリジン類	陽イオン性ポリマーの凝集効果は，主として負に荷電している懸濁粒子の表面荷電の中和と架橋作用による
陰イオン性ポリマー	●**アルギン酸ナトリウム** ●CMCナトリウム塩 ●ポリアクリル酸ナトリウム ●ポリアクリルアミドの部分加水分解塩 ●マレイン酸共重合物	陰イオン性・非イオン性のポリマーは，無機凝集剤と併用されることが多く，粒子間に吸着架橋してフロックの粗大化に効果がある
非イオン性ポリマー	●ポリアクリルアミド ●ポリオキシエチレン ●カセイ化デンプン	

3 ジャーテスト（凝集試験法）

どの凝集剤を選ぶかは，以下に示す手順で行われる実験によって決定します。これをジャーテスト（凝集試験法）といいます。

①ビーカーに一定量（500mℓ）の試料を採水する
②ビーカーをジャーテスター（凝集試験機）に並べ，撹拌軸を下ろして撹拌羽根を水中にセットする
③撹拌羽根を回転させながら，使用する薬品を所定の濃度になるよう添加する
④最初は微小フロックを形成させるため**急速**に撹拌し，次いでフロックの成長を図るために**緩速**で撹拌する
⑤緩速撹拌を10～20分間続けたら停止し，撹拌羽根を引き抜き，直ちにフロックの状態や沈降の様子を観察し記録する

4 接触凝集沈殿装置

フロック形成の場に，径の大きい既成フロックを懸濁させておくと，**粒子の接触**によって凝集反応の速度を上げることができます。**接触凝集沈殿装置**とはこのような原理に基づいて設計されたもので，フロック形成に要する時間を大幅に短縮し，高速で沈降分離を行います。接触凝集沈殿装置の性能を表す凝集速度式は以下のとおりです。

$$\frac{dn}{dt} \fallingdotseq -3\pi\sqrt{\frac{\varepsilon_0}{\mu}}\ D^3Nn$$

n：凝集剤を注入してできた微小フロックの単位体積中の個数（個・cm^{-3}）
N：既成フロックの単位体積中の個数（個・cm^{-3}）
D：既成フロックの直径（cm）
ε_0：水の撹拌エネルギー（$erg \cdot cm^{-3} \cdot s^{-1}$）
μ：水の粘性係数（$g \cdot cm^{-1} \cdot s^{-1}$）

ただし，接触凝集沈殿装置では，原水の水温に変動があると高濃度のスラリーが流出することがあるため，注意しなければなりません。

補足

陽イオン性ポリマー
高分子は一般に，モノマー（単量体）が多数繰り返して結合してできたポリマー（重合体）を指すことから，例えば，陽イオン性の高分子凝集剤のことを陽イオン性ポリマーなどとよびます。

架橋
ポリマー同士を連結して物理化学的な性質を変化させる反応をいいます。

適正な撹拌
撹拌が強すぎると凝集したフロックを破壊してしまいます。フロックの形成速度は撹拌の強さを表す「G値」（流体の平均速度勾配）に関係しており，G値は単位体積当たりの動力量から計算されます。

補足

スラリー
固体粒子が液体と混じって泥状になった流動体をいいます。

チャレンジ問題

問1　難　中　易

凝集分離に関する記述として，正しいものはどれか。

(1) 水に懸濁している10μm以上の粒子は，凝集法を用いないと機械的な分離ができない。

(2) 通常の水の中の安定なコロイド粒子のゼータ電位は，－20～－30mVの範囲にある。

(3) 最も代表的な高分子凝集剤は，塩化鉄（Ⅲ）である。

(4) 凝集試験機（ジャーテスター）では，曝気を10～20分間継続させる。

(5) フロック形成の速度は，既存フロックの存在とは無関係に決定される。

解説

(1) 凝集法を用いないと機械的な分離ができないのは，1μm以下の粒子です。

(2) 正しい記述です。

(3) 塩化鉄（Ⅲ）は無機凝集剤であり，高分子凝集剤ではありません。

(4) 曝気（水を空気にさらすこと）ではなく，緩速攪拌を10～20分間継続します。

(5) 既成フロックが存在すると，粒子の接触により凝集反応の速度が上がります。

解答 (2)

問2　難　中　易

凝集剤に関する記述として，誤っているものはどれか。

(1) 無機凝集剤による懸濁粒子の凝集効果は，粒子の表面荷電の中和と，ゲル状の金属水酸化物への吸着の両方の効果による。

(2) 硫酸アルミニウムを水に溶かすと，加水分解によって水のpHは低下する。

(3) 塩化鉄（Ⅲ）は，使用条件が悪いと処理水が着色することがある。

(4) 非イオン性ポリマーによる凝集効果は，主として負に帯電している懸濁粒子の表面荷電の中和による。

(5) 陰イオン性ポリマーは無機凝集剤と併用されることが多く，粒子間に吸着架橋してフロックの粗大化に効果がある。

解説

(4) これは，非イオン性ポリマーではなく，陽イオン性ポリマーによる凝集効果の説明です。

このほかの肢は，すべて正しい記述です。

解答 (4)

浮上分離

1 浮上分離とは

懸濁物質の密度が水の密度より小さい場合は，水よりも軽いため，浮上させることによって分離することができます。これを**浮上分離**といいます。水よりも密度が小さい物質としては，油類が挙げられます。

また，密度が水より大きくてもその差が小さい場合は，空気の泡（気泡）を水中に発生させてその懸濁物質に付着させると，付着した気泡によって見かけ密度が小さくなるため，速やかに浮上させることができます。水中に気泡を発生させるには，加圧した空気を水に溶解してから大気圧に解放する方法が用いられており，これを**加圧浮上分離法**（または**加圧浮上法**）といいます。

2 油水分離装置

油水分離装置（オイルセパレーター）の代表的なものとして**APIオイルセパレーター**があります。自然に放置しておけば浮いてくるような遊離油を浮上させ，かき取るようにして取り除く装置で，横流式沈殿池と同様の原理によるものです。また，APIの槽内に傾斜板を取り付けた構造になっている**PPIオイルセパレーター**などもあります。

水中における微細な油滴の浮上速度は，沈降分離で学習した**ストークスの式**によって算出できます。

$$u_t = \frac{g(\rho - \rho_0)\,d^2}{18\mu}$$

u_t：油滴の浮上速度（cm/s）　g：重力加速度（cm/s^2）

ρ：水の密度（g/cm^3）　ρ_0：油の密度（g/cm^3）

d：油滴の直径（cm）　μ：水の粘度（g·cm^{-1}・s^{-1}）

沈降速度を求める場合（➲P.127参照）と異なっている点に注意しておきましょう。

補足

ストークスの式

粒子の沈降速度の場合は，粒子の密度ρ_sのほうが水の密度ρよりも大きいため，($\rho_s - \rho$)としています。一方，油滴の浮上速度の場合は，水の密度ρのほうが油の密度ρ_0よりも大きいため，($\rho - \rho_0$)としています。

3 加圧浮上分離装置

加圧浮上分離装置は一般に，原水に空気を圧入する加圧ポンプ，空気を溶解するための溶解槽，減圧弁，浮上分離槽によって構成されます。溶解層の常用圧力はゲージ圧（大気圧を０として測った圧力）で200 ～ 500kPa程度です。溶解層で空気を溶解した水は，減圧弁を通って浮上分解層に入ります。凝集剤を加える必要のある場合は，加圧ポンプの吸入側または減圧弁の下流で添加します。

加圧浮上法では，水中に微細な気泡を発生させて懸濁物質を浮上させますが，一般に浮上によって得られる処理水の清澄度は，凝集沈殿法と比べるとやや劣ります。しかし，凝集沈殿法が１～２時間の滞留時間を要するのに対し，加圧浮上法での滞留時間は15 ～ 30分程度で足ります。

加圧浮上法の適用例としては，石油精製・自動車・機械加工などの**含油排水**，カーボン粒子を含む排水，製紙工場などの排水が挙げられます。

チャレンジ問題

問１ 難 中 易

浮上分離に関する記述として，誤っているものはどれか。

(1) 水中の懸濁物質の密度が水より大きくても，加圧浮上分離できる場合がある。
(2) 加圧浮上法では，水中に微細な気泡を発生させる。
(3) 水中における油滴の浮上速度には通常，ストークスの式が適用される。
(4) PPIオイルセパレーターは，槽内に傾斜板を取り付けた構造のものである。
(5) 加圧浮上法は，凝集沈殿法と比べて，長い滞留時間を要することが難点である。

解説

(5) 凝集沈殿法での滞留時間は１～２時間ですが，加圧浮上法では15 ～ 30分程度です。凝集沈殿法と比べて長い滞留時間を要するというのは誤りです。

このほかの肢は，すべて正しい記述です。

解答 (5)

清澄ろ過

1 清澄ろ過とは

清澄ろ過とは，沈降分離や浮上分離といった重力式分離では除去できなかった微量の懸濁物質を除去し，より清澄な水を得るために行う処理をいいます。ろ材として一般に砂を用いることから，**砂ろ過**ともよばれます。

砂ろ過において懸濁物質は，ろ床内部のろ材間の空隙に捕捉され，抑留されますが，空隙の大きさと比べてはるかに小さな粒子でも捕捉されます。これは，機械的なふるい分け作用のほかに，**凝集作用**がはたらくためと考えられています。そのため，凝集性のないコロイドはほとんど除去されません。

2 砂ろ過機

砂ろ過機には，重力式のものや圧力式のものがありますが，圧力のかけ方が異なるだけで，ろ過のメカニズム自体は全く同じです。重要なのはろ過材としての砂です。上水道では砂の**有効径**0.5～0.7㎜，**均等係数**1.7以下が望ましいとされます。砂の粒度が不ぞろいなものほど均等係数が大きくなり，ろ材としては好ましくありません。

■有効径と均等係数

有効径	ろ材試料をふるい分けして，全質量の10%が通過するふるい目の大きさに相当する粒子径
均等係数	全質量の60%が通過するふるい目の大きさに相当する粒子径と有効径との比

3 ろ過抵抗とろ材の洗浄

①ろ過抵抗

ろ過を続けていると，抑留された懸濁物によってろ層の

補足

砂ろ過
アンスラサイトやザクロ石なども用いられることから，粒状層ろ過または深層ろ過などともよばれます。

工場内の水循環再使用システムへの応用
清澄ろ過は，工場内の水循環再使用システムの一環としても採用されています。懸濁物質（SS）の除去によって再使用できるような水が対象とされます。

マイクロフロック法
ろ過においてフロックは大径である必要はなく，小さいほうが望ましいといえます。この考え方に基づく方法がマイクロフロック法です。急速攪拌槽を出た直後の小さなフロック（マイクロフロック）を含む凝集水を，直接ろ過池に通して処理します。

空隙が閉塞され，**ろ過抵抗**が上昇してきます。一般に，粒状層を通って水が流れるときのろ過抵抗を表すものとして，次の**コゼニー -カルマンの式**があります。

$$h_0 = k\frac{\mu uL}{d^2}\frac{(1-\varepsilon)^2}{\varepsilon^3}$$

h_0：清浄ろ層のろ過抵抗（Pa）　k：定数（−）
μ：水の粘性係数（$kg \cdot cm^{-1} \cdot s^{-1}$）　u：ろ過速度（m/s）
L：ろ材層の厚さ（m）　d：ろ材の粒子径（m）
ε：ろ層の空隙率（−）

空隙率εは通常の砂で0.40～0.50の範囲にありますが，ろ過の継続とともに，懸濁物質がろ層に抑留されて次第に**空隙率εが減少**すると，ろ過抵抗が増大することが上の式からもわかります。なお，ろ層にまだ懸濁物を抑留していない段階のろ過抵抗を**初期損失水頭**といい，ろ過装置設計の際の基礎となります（「水頭」とは水の持つエネルギーを水柱の高さに置き換えたもの）。

②ろ材の洗浄

ろ過抵抗が設定値（通常は15～20kPa）に達したら，ろ材の洗浄を行います。一般には，ろ層の下部から圧力水を上向きに流して洗浄する**逆流洗浄**（逆洗）に表面洗浄や空気洗浄を併用します。逆流洗浄の効果は，ろ材粒子同士の衝突回数が最も多いときに最大となるため，最適な逆洗速度は，ろ材単一粒子の沈降速度の**10分の1**といわれています。砂ろ過機としては，1サイクルのろ過水収量が大きく，洗浄水量の少ないものが望まれます。

4 多層ろ過と上向流ろ過

砂層の粒子径は必ずしも均一でないため，逆流洗浄を繰り返すと，上層に細かい粒子層ができてしまい，この層に懸濁物質の大部分が捕捉・抑留され，中層や下層が機能を発揮しないまま，ろ過抵抗の設定値に達してしまいます。理想的なろ層構成は，上層に粗粒，下層に行くほど細粒となり，これが逆洗によって逆転しないことです。このため，比重が小さく粒径の大きいアンスラサイトを上層とするなど，密度と粒径の異なるろ材を組み合わせた**多層ろ過**が用いられます。

■多層ろ過におけるろ材の組み合わせ

単位：有効径（㎜），密度（g/㎤）

	二層ろ過	有効径	密度	三層ろ過	有効径	密度
上層	アンスラサイト	1.0	1.5	アンスラサイト	1.0	1.5
中層	−	−	−	砂	0.35	2.7
下層	砂	0.45	2.7	ザクロ石の細砂	0.18	3.5

複数のろ材ではなく砂だけを使用してろ層を形成し，その代わり上向きにろ過を行う**上向流ろ過**も実用化されています。ただし，上向流のため，一定の流速を超えると，ろ材が流動化してろ過能力を失うことから，流動化をいかに抑えるかが問題となります。

チャレンジ問題

問1 難 中 易

清澄ろ過に関する記述として，誤っているものはどれか。

(1) ろ材空隙に比べて小さい懸濁粒子も捕捉される。
(2) 砂ろ過機としては，1サイクルのろ過水収量が大きく，洗浄水量の少ないものがよい。
(3) 重力式分離で除去し得なかった懸濁物質を除去する。
(4) ろ過砂の粒度が不ぞろいなものほど均等係数が大きくなり，ろ材として好ましい。
(5) 多層ろ過では，密度と粒径の異なる数種のろ材を使用する。

解説

(4) ろ過砂の粒度が不ぞろいなものほど均等係数は大きくなりますが，ろ材としては好ましくありません。

解答 (4)

問2 難 中 易

清澄ろ過に関する記述として，誤っているものはどれか。

(1) 初期損失水頭とは，ろ層に懸濁物を抑留しないときのろ過抵抗のことである。
(2) 空隙率は，通常の砂では0.40～0.50の範囲にある。
(3) ろ過の継続とともに，次第に空隙率が減少し，ろ過抵抗が増大する。
(4) ろ過抵抗が設定値に達したときは，ろ材の洗浄を行う。
(5) 最適逆洗速度は，ろ材単一粒子の沈降速度の1/2である。

解説

(5) 最適逆洗速度は，ろ材単一粒子の沈降速度の1/10とされています。1/2というのは誤りです。

解答 (5)

pH調節操作

1 pH調節

pH（水素イオン濃度指数）は，水溶液の酸性・アルカリ性の度合いを表す指標であり，常温（25℃）では$pH<7.0$で酸性，$pH>7.0$でアルカリ性，$pH=7.0$で中性です。**pH調節**の目的としては，排水基準への適合，金属イオンを含む排水の処理，凝集沈殿や生物処理等の予備処理などがあります。

2 金属イオンを含む排水の処理

金属イオンを含む排水は，一般に**酸性**であり，これに**アルカリ**を加えてpHを上げていくと，水酸化物イオン（OH^-）と反応して**水酸化物の沈殿**を生じます。n価の金属イオンをM^{n+}と表すと，次のようになります。

$M^{n+}+n\,OH^- \rightleftarrows M(OH)_n$（金属の水酸化物）

$[M^{n+}][OH^-]^n = K_{sp}$（溶解度積）…①

溶解度積K_{sp}は，金属イオンのモル濃度［M^{n+}］と水酸化物イオンのモル濃度［OH^-］のn乗との積であり，水酸化物の種類によって一定値になります。

一方，水素イオンのモル濃度を［H^+］とすると，

$[H^+][OH^-] = K_w\ (=1\times10^{-14})$ …②

これも温度が同じであればpHと関係なく一定値です。そこで，①および②の式の対数をとって整理すると，次の式が得られます。

$\log[M^{n+}] = \log K_{sp} - n\log K_w - n(pH)$　　$\because\ pH = -\log[H^+]$

この式より，pHと$\log[M^{n+}]$の間には直線関係が成立することがわかります。

■金属イオンの溶解度とpHの関係

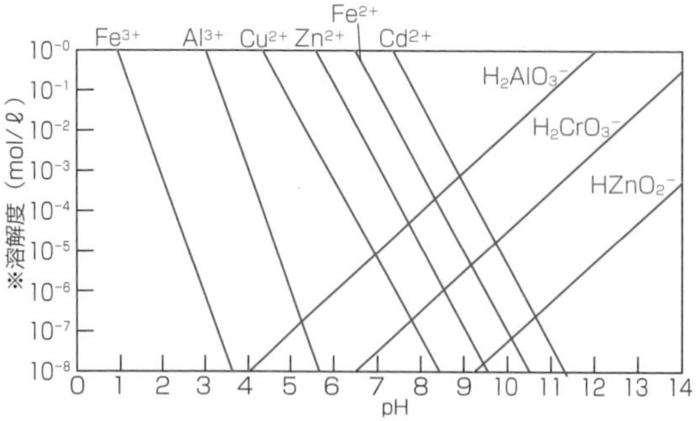

※このグラフの縦軸は，log[M^{n+}]を対数目盛りにとって溶解度として表示しています。仮に溶解度［M^{n+}］そのものを通常目盛りで表示した場合，グラフは直線にはなりません。

グラフからわかるように，金属イオンはpHが上がるほど溶解度が小さくなり，水酸化物の沈殿となって除去されます。Fe^{2+}はpH9～10まで上げないと十分に除去されませんが，酸化してFe^{3+}とするとpH4程度で処理できます。

なお，アルミニウム，鉛，亜鉛，クロムなどの水酸化物は**両性化合物**であり，高いpHでは過剰の水酸化物イオンと反応し，金属錯イオンとなって再溶解してくるため注意しなければなりません。

補足

両性化合物
酸性と塩基（アルカリ）性の両方の性質を有する化合物をいいます。

金属錯イオン
金属イオンに，非共有電子対を持つ極性分子やイオンが配位結合してできたイオンです。

チャレンジ問題

問１　難　中　易

pH調節に関する記述として，誤っているものはどれか。

(1) 水中の水素イオンのモル濃度と水酸化物イオンのモル濃度の積は，温度が同じであれば，pHに関係なく一定の値になる。

(2) 金属水酸化物$M(OH)_n$の溶解度積は，水酸化物イオンのモル濃度のn乗と金属イオンのモル濃度の積である。

(3) Fe^{2+}は，そのまま水酸化物として沈殿させるよりも，酸化してFe^{3+}とした後に水酸化物とすると，低いpHで処理できる。

(4) 両性化合物の金属水酸化物は，高pHで過剰の水酸化物イオンと反応して金属錯イオンとなり，再溶解する。

(5) アルミニウム，鉛，亜鉛の水酸化物は両性化合物であるが，クロムの水酸化物は両性化合物ではない。

解説

(5) アルミニウム，鉛，亜鉛と同様，クロムの水酸化物も両性化合物です。
このほかの肢は，すべて正しい記述です。

解答 (5)

酸化と還元

1 酸化剤と還元剤

電子のやり取りに着目すると，**電子を失う変化を酸化**，**電子を受け取る変化を還元**と定義することができます。**酸化剤**とは他の物質を酸化させる物質をいい，**還元剤**とは他の物質を還元させる物質をいいます。

■酸化剤（Oxidant）と還元剤（Reductant）

酸化剤	他の物質を酸化させる ＝ 他の物質から電子を奪う ＝ 自らは還元される
還元剤	他の物質を還元させる ＝ 他の物質に電子を与える ＝ 自らは酸化される

ある反応系で酸化が行われる場合は，必ず還元も同時に起こっています。この関係は，1個の電子をeとして次のように表されます（nは正の整数)。

酸化剤（Ox）＋ n e $\rightleftarrows$ 還元剤（Red）

このような式で関係づけられる一対のOxとRedを，**酸化還元対**といいます。

酸化還元対を含んだ溶液に白金電極と水素電極を入れると，両極間に電位差を生じます。これを**酸化還元電位（ORP）**といい，次のように表されます。

$$E = E_0 + \frac{RT}{nF} \ln \frac{[\mathrm{Ox}]}{[\mathrm{Red}]}$$ （lnは自然対数を表す記号）

E：酸化還元電位（V）　E_0：標準酸化還元電位（V）　R：気体定数

T：絶対温度　n：移動する電子のモル数　F：ファラデー定数

[Ox]：酸化剤濃度（mol/ℓ）　[Red]：還元剤濃度（mol/ℓ）

標準酸化還元電位E_0とは，[Ox]＝[Red] のときの酸化還元電位Eのことです。

■代表的な酸化還元系とその標準酸化還元電位E_0

（25℃　pH＝0）

酸化還元反応	E_0	酸化還元反応	E_0
$O_3+2H^++2e \rightleftarrows O_2+H_2O$	2.07	$2H^++2e \rightleftarrows H_2$	0.00
$MnO_4^-+8H^++5e \rightleftarrows Mn^{2+}+4H_2O$（酸性）	1.51	$Sn^{2+}+2e \rightleftarrows Sn$	−0.14
$Cl_2+2e \rightleftarrows 2Cl^-$	1.36	$Cd^{2+}+2e \rightleftarrows Cd$	−0.41
$Cr_2O_7^{2-}+14H^++6e \rightleftarrows 2Cr^{3+}+7H_2O$	1.33	$SO_4^{2-}+H_2O+2e \rightleftarrows SO_3^{2-}+2OH^-$	−0.93
$Fe^{3+}+e \rightleftarrows Fe^{2+}$	0.75	$CNO^-+H_2O+2e \rightleftarrows CN^-+2OH^-$	−0.97
$NO_3^-+H_2O+2e \rightleftarrows NO_2^-+2OH^-$	0.01	$Na^++e \rightleftarrows Na$	−2.71

上の表で標準酸化還元電位E_0の高い系は，より低い系を**酸化**することができます。表の中の上位にあるものほど強い酸化剤であり，下位にあるものほど強い還元剤です。オゾン（O_3）は塩素（Cl_2）より酸化力が強いといえます。

2 塩素による酸化

塩素は水処理に不可欠な酸化剤であり，殺菌剤として，あるいは水中の有機物やシアンの酸化分解などに用いられます。塩素を水に溶かすと次のように変化します。

$Cl_2 + H_2O \rightleftharpoons HClO + H^+ + Cl^-$ …①

$HClO \rightleftharpoons H^+ + ClO^-$ …②

Cl_2，**HClO**（次亜塩素酸），**ClO^-**（次亜塩素酸イオン）を**遊離塩素**といいます。水中でのこれらの存在割合はpHに依存しており，pHが上昇すると①の反応が右へ進むため，Cl_2が減少してHClOが増加します。塩素の殺菌力は，主にHClOによるものと考えられています。

また，水中にアンモニアやアミン類が存在すると，塩素と結合して**クロロアミン**（**結合塩素**）を生じます。クロロアミンには，モノクロロアミン（NH_2Cl），ジクロロアミン（$NHCl_2$），トリクロロアミン（NCl_3）があります。

■アンモニアと塩素の反応

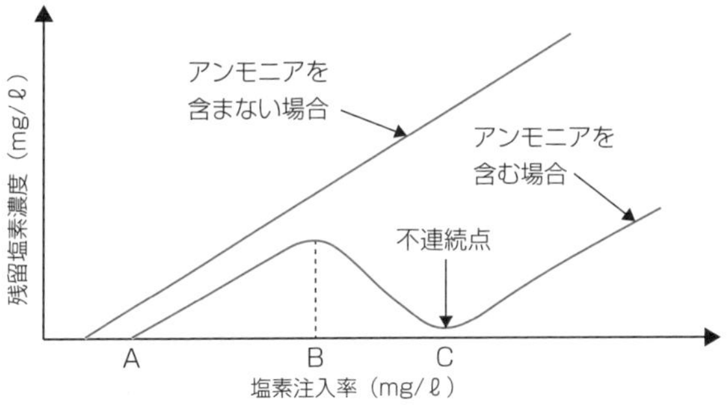

アンモニアを含む水に塩素を注入していくと，**残留塩素**が次第に増加します（アンモニアと比べ塩素が少ない範囲ではモノクロロアミン，さらに塩素を注入するとジクロロアミン）。極大点（図のB点）を過ぎると結合塩素が消費されて残留塩素は減少します。極小点（図のC点：**不連続点**とよぶ）を過ぎると還元性物質が存在しなくなるため再び残留塩素が増加します。このとき，不連続点までに添加する塩素量のことを**塩素要求量**といいます。

補足

遊離塩素の存在割合

②の反応もpHが上昇すると右へ進みます。pH≦5.6ではClO^-はほとんど存在せず，逆にpH≧9.5ではHClOはほとんど存在しなくなります。

補足

残留塩素と有効塩素

殺菌効力のある塩素系薬剤を有効塩素といいます。HClOやClO^-，クロロアミンも有効塩素です。残留塩素とはこの有効塩素が水中で殺菌作用を起こしたり汚染物と反応したりした後に残留したものをいいます。不連続点以前では主にクロロアミン，不連続点以後では主に遊離塩素が残留塩素として存在します。

チャレンジ問題

問1 　難　中　**易**

水溶液中における酸化と還元に関する記述として，誤っているものはどれか。

(1) ある反応系で酸化が行われる場合は，必ず還元が同時に起こっている。

(2) 酸化還元対を含む溶液に白金電極と水素電極とを入れると，両極間に電位差を生じ，これを酸化還元電位という。

(3) 標準酸化還元電位の高い系は，より低い系を還元することができる。

(4) 塩素を溶かした水溶液の酸化力は，pHにより変化する。

(5) オゾンは塩素より酸化力が強い。

解説

(3) より低い系を還元するのではなく，酸化することができます。
このほかの肢は，すべて正しい記述です。

解答 (3)

活性炭吸着

1 活性炭とは

活性炭吸着は，微量の有機物などを除去するために用いられます。活性炭は，原料によって**木質系**（ヤシ殻，木材，おがくず）と**石炭系**に分けられます。これらを炭化および賦活化（900℃前後の水蒸気による活性化）することによって，**マクロ孔**（100nm ～ 10μm）および**ミクロ孔**（0.1 ～ 10nm）からなる多孔質構造が形成されます。比表面積（単位質量当たりの表面積）は700 ～ 1400m²/g程度であり，高い吸着能力を有します。活性炭の表面は**疎水性**（水にぬれにくい性質）が強いため，**疎水性が強く分子量が大きい物質ほど吸着されやすく**，逆に親水性が強く分子量が小さい物質は吸着されにくくなります。

また活性炭は，粒子径によって**粉末炭**および**粒状炭**に分けられます。

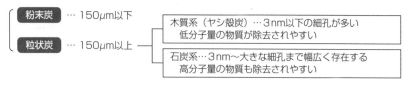

- **粉末炭** … 150μm以下
- **粒状炭** … 150μm以上
  - 木質系（ヤシ殻炭）…3nm以下の細孔が多い
    低分子量の物質が除去されやすい
  - 石炭系…3nm～大きな細孔まで幅広く存在する
    高分子量の物質も除去されやすい

2 フロイントリッヒの式

一定温度において，活性炭を排水に接触させて平衡状態に達したときの溶質濃度（平衡濃度）と，そのとき活性炭に吸着された溶質量（吸着量）との関係を示したものを，**吸着等温線**といいます。この吸着等温線を表すものとしてよく用いられるのが，以下の**フロイントリッヒの式**です。

$X = kC^n$

X：活性炭の単位質量当たりの吸着量（g/g）

C：平衡濃度（g/cm³）　k，n：定数

このとき，nが小さく，kが大きいほうが良好な吸着材であるとされています。

3 吸着速度

吸着速度は，活性炭近傍の液境膜における物質移動速度および活性炭粒内の拡散速度に支配されます。これを式にして表すと，次のようになります。

$$\rho_b \frac{\mathrm{d}X}{\mathrm{d}t} = k_f a_v (C - C^*)$$（dX/dtは微分を表す）

ρ_b：活性炭の充填密度（g/cm³）

X：活性炭の単位質量当たりの吸着量（g/g）

k_f：液境膜の総括物質移動係数（cm /h）

a_v：活性炭充填層単位容積当たりの外部表面積（cm² /cm³）

C：濃度（g/cm³）　C^*：平衡濃度（g/cm³）

吸着速度は，活性炭充填層単位容積当たりの外部表面積a_vに比例します。粉末活性炭はa_vが大きいため，吸着速度が大きくなります。

4 活性炭吸着装置

活性炭吸着装置の選定に際しては，活性炭の種類，銘柄，吸着方式，前後の処理方式などを考慮します。多量の活性炭を常時使用する場合は粒状炭を用い，**再生**して反復利用

補足

活性炭の再生法

活性炭は高価なので，再生して反復利用されます。①の乾式加熱法が最も広く利用されています。

①乾式加熱法
流動炉などを用いて，700～1000℃の高温で賦活する

②湿式酸化法
活性炭スラリーを加圧下で200℃以上に加熱し，吸着した有機物を酸化分解する

③薬品再生法
酸・アルカリ・有機溶媒等で化学的に溶離する

④電気化学的再生法
活性炭を電極として電気分解するとき発生する酸素によって有機物を酸化分解する

⑤生物的再生法
微生物の作用を利用する

すると有利です。**吸着方式**は，撹拌槽吸着，固定層吸着，移動層吸着などの種類に分けられます。それぞれの特徴をまとめておきましょう。

■活性炭吸着方式の種類とその特徴

吸着方式	特　徴
撹拌槽吸着	●主として**粉末活性炭**に用いられ，反応槽内の被処理水に活性炭を添加し，機械的な**撹拌**を与えることによって固液を接触させる ●活性炭使用量を節減し，処理水濃度を低くするため**向流多段吸着**が用いられる
固定層吸着	●**粒状活性炭**による吸着で，現在最も広く用いられている ●処理水の有機物濃度が許容値に達する「**破過点**」を超えて通水を続けると，有機物濃度が急増し，**原水濃度**に近づいてしまう ●破過点に達したら，活性炭を全量取り出し，新炭などと交換する
移動層吸着	●固定層の状態で吸着処理した後，槽内の活性炭を通水と逆の方向に移動させ，老廃炭を槽外へ抜き出し，同量の再生炭を補給する ●固定層吸着のような充塡炭量を必要としない ●装置が**小型**で設置面積も小さいが，活性炭の性能劣化が早い

チャレンジ問題

問１　　難　中　**易**

活性炭吸着に関する記述として，誤っているものはどれか。

(1) 原料を炭化及び賦活化することにより，マクロ孔とミクロ孔が形成される。

(2) 疎水性が強く分子量が大きい物質ほど，吸着されにくい。

(3) フロイントリッヒの式 $X = kC^n$（ただし，X：活性炭の単位質量当たりの吸着量（g/g），C：平衡濃度（g/cm³），k，n：定数）において，nが小さくkが大きい方が，良好な吸着材であるといえる。

(4) 破過点を超えて通水すると，処理水濃度は原水濃度に近づく。

(5) 再生法として，乾式加熱法や湿式酸化法などが用いられる。

解説

(2) 疎水性が強く分子量が大きい物質ほど，吸着されやすい傾向にあります。なお，吸着されにくいのは，親水性が強く分子量が小さい物質です。

このほかの肢は，すべて正しい記述です。

解答 (2)

イオン交換

1 イオン交換とは

物質がイオン成分を取り込み，代わりにその物質の持っている他のイオン成分を放出する現象を**イオン交換**といいます。電気的に同種かつ等量のイオンの間で生じる現象であり，陽イオンを交換する場合を**陽イオン交換**，陰イオンを交換する場合を**陰イオン交換**といいます。イオン交換は純水の製造，排水からの有価物の回収，微量の重金属イオンの除去などに用いられます。

2 イオン交換体

イオン交換作用を持つ物質を**イオン交換体**といいます。有機質のものと無機質のものとに分けられますが，処理に用いられるのは，大部分が有機質の**イオン交換樹脂**です。樹脂母体に結合している活性基（イオン交換基）の種類によって強酸性・弱酸性，強塩基性・弱塩基性に分かれます。

■イオン交換樹脂と活性基の種類

イオン交換樹脂		活性基
陽イオン交換樹脂	強酸性	スルホン酸基
	弱酸性	カルボキシル基
陰イオン交換樹脂	強塩基性	第四級アンモニウム基
	弱塩基性	第三級・第二級アミン

このほか，有機質のイオン交換体には，微量の重金属を選択的に吸着する目的で開発された**キレート樹脂**があります。樹脂と金属とがキレートを形成し，強く結合します。

3 イオン交換容量

イオン交換体は，それぞれ特有の活性基（イオン交換基）を一定量持っており，水中に溶存するイオンはこれに反応

補足

イオン交換樹脂
有効径0.4～0.6㎜の球形粒子です。懸濁物質や鉄分，油分等を多量に含む原水を直接通すと，これらが付着して樹脂の性能が劣化するため，前処理を行います。またイオン交換樹脂は高価なので，特殊な場合を除いて，再生して繰り返し利用されます。

キレート（Chelate）
ギリシャ語で「カニのはさみ」という意味。キレート樹脂は普通のイオン交換と異なり，キレート結合によって金属イオンを選択的に捕捉します。

して化学的に吸着されます。**イオン交換容量**とは，イオン交換可能な全活性基の量を表したものです。一般に，当量に換算してkeq/m³-樹脂，eq/kg-樹脂あるいはkg$CaCO_3$/m³-樹脂のように表示します（eqは当量を表す単位）。

4 イオン交換装置

工業的に最も多く用いられているイオン交換装置は**固定層式**で，通水と再生液の流れが同じ方向の並流式のものです。イオン交換の対象となる原水は，イオン濃度が**1000mg／ℓ以下**のものであり，イオン濃度が2000mg／ℓを超えるものについては，処理コストの面から，電気透析法や逆浸透法などを検討します。

また，イオン交換処理において**通水速度**は，通常，次のような**空間速度**（SV）によって表示されます。

$$SV = \frac{流量（m^3/h）}{充塡樹脂量（m^3）}$$

チャレンジ問題

問1　難　中　**易**

イオン交換に関する記述として，誤っているものはどれか。

(1) 陽イオン交換樹脂の活性基には，スルホン酸基やカルボキシル基などがある。
(2) キレート樹脂と金属は，キレートを形成して強く結合する。
(3) イオン交換容量は，一般にkeq/m³-樹脂，eq/kg-樹脂あるいはkg$CaCO_3$/m³-樹脂のように表示される。
(4) 処理コストの面から，電気透析法や逆浸透法に比べて，イオン濃度の高い原水に適している。
(5) イオン交換処理における通水速度は，通常，流量（m³/h）を充塡樹脂量（m³）で除した空間速度で表現する。

解説

(4) イオン交換の対象となる原水はイオン濃度が1000mg／ℓ以下のものとされています。電気透析法や逆浸透法と比べてイオン濃度の高い原水に適している，というのは誤りです。

解答 (4)

膜分離法

1 膜分離法とは

膜分離法とは，微細な穴のあいた膜を通して水をろ過することによって不純物を除去する技術です。駆動力として**圧力差**を用いるものには精密ろ過，限外ろ過，逆浸透法，ナノろ過法があり，**直流電圧**を用いるものには電気透析法があります。

2 精密ろ過と限外ろ過

精密ろ過（MF）と**限外ろ過**（UF）は，膜の孔径の大きさや除去対象物質の違いによって区別されます。

■精密ろ過と限外ろ過の区別

	精密ろ過 （Microfiltration）	限外ろ過 （Ultrafiltration）
孔径	0.01 ～ 1μm程度	0.01μm以下
対象物質	微細な懸濁物質，細菌	多糖類，タンパク質等の水溶性の高分子物質

3 逆浸透法とナノろ過法

①逆浸透法

「**浸透**」とは，濃厚溶液と希薄溶液の間を**半透膜**（水は透過するが溶質はほとんど透過しない膜）で仕切ったとき，水だけが希薄溶液側から濃厚溶液側へと移動する現象をいいます。濃厚溶液側の水面は上昇し，ある高さで平衡に達します。この水位差を**浸透圧**といいます。

■浸透

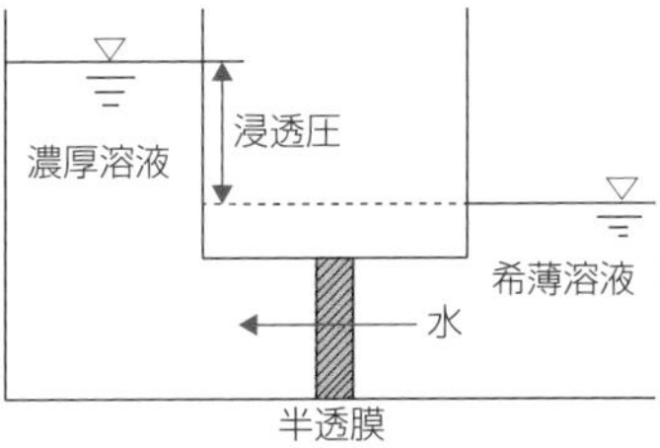

補足

膜モジュール
膜を要素として装置化したものを膜モジュールといいます。実用化されているものは次の4種類です。

①平膜形
透水性の多孔板の表と裏に膜を装着し，多数重ね合わせたもの

②スパイラル形
多孔性支持材を内蔵した封筒状の膜をのり巻き状に巻き込んだもの

③チューブラー形
管状の膜の内から外，または外から内へ水を透過させるもの

④中空形
管状膜の外径の細いものを多数束ねたもの

膜分離のプロセス
全量ろ過式，多段式，クロスフロー式等があります。多段式は，海水の淡水化などに用いられています。

「逆浸透」というのは，濃厚溶液側に浸透圧以上の圧力をかけることによって，濃厚溶液側の水だけを希薄溶液側へ移動させることをいい，濃厚溶液から水を分離します。

②ナノろ過法

ナノろ過法は，逆浸透法と基本原理は同じですが，逆浸透法と比べて操作圧力が低く，塩化ナトリウムなどの除去率も低くなります。硬度成分や低分子有機物の除去に用いられます。

■逆浸透

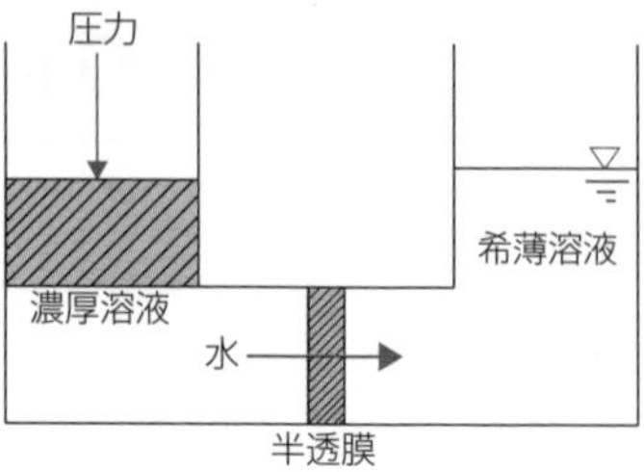

4 電気透析法

陽イオンまたは陰イオンのどちらかだけを透過させる膜を交互に多数配列し，その両端に直流電圧をかけると，イオンがそれぞれ膜を透過して移動し，濃縮液と脱塩水とが一つおきに生成されます。この方法を**電気透析法**といい，**溶解塩類**の除去に用いられます。水溶性電解質でない懸濁物質は除去できません。

■電気透析法

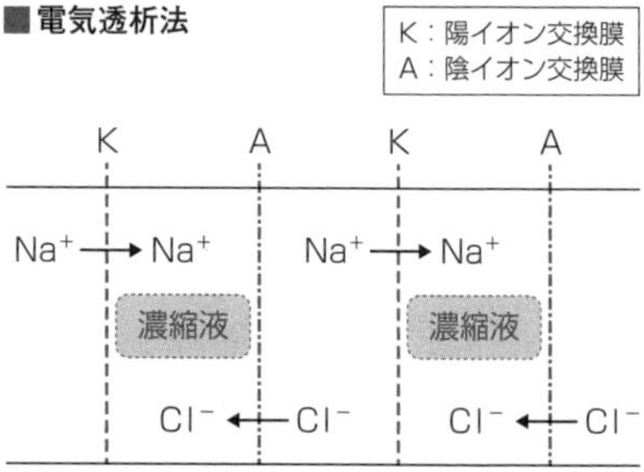

チャレンジ問題

問1　難　中　易

膜分離法に関する記述として，誤っているものはどれか。

(1) 精密ろ過は，懸濁粒子や細菌などの除去に用いられる。
(2) 限外ろ過は，水溶性の高分子物質の除去に用いられる。
(3) ナノろ過法は，逆浸透法に比べ，塩化ナトリウムの除去率が高い。
(4) 海水淡水化には，多段式プロセスが用いられることがある。
(5) 電気透析法は，溶解塩類の除去に用いられる。

解説

(3) ナノろ過法では，逆浸透法よりも塩化ナトリウムの除去率が低くなります。このほかの肢は，すべて正しい記述です。

解答 (3)

汚泥の処理

1 汚泥の脱水と前処理

①脱水の必要性

排水処理には汚泥の発生を伴います。沈降分離によって生じる汚泥の固形物濃度は2wt%以下のものが多く，固体として取り扱うことが困難です。このため，汚泥を最終的に処分するには，まず，ろ過脱水などを施しておく必要があります。脱水される水量当たりのコストは，沈降濃縮による場合が最も安価で，次いで機械脱水（ろ過，遠心分離など），最も高価なのが熱による脱水（蒸発，乾燥）です。

②ケーキ比抵抗

ろ過脱水のしやすさの目安として，**ケーキ比抵抗**というものがあります。**ろ過時間**（s）をθ，**ろ液量**（㎥）をVとすると，次の式が成り立ちます。

$$\frac{\theta}{V} = \frac{V}{K} + \frac{2C}{K} \quad \cdots (1)$$

K，Cはどちらも**ルースのろ過定数**といい，次の式で表されます。

$$K = \frac{2pA^2k}{\alpha\mu},\ C = \frac{AkK_m}{\alpha} \quad \cdots (2)$$

α：ケーキ比抵抗（m/kg）

p：ろ過圧力（Pa）　A：ろ過面積（㎡）

k：乾ケーキ単位質量当たりのろ液量（㎥/kg）

μ：ろ液粘度（$kg \cdot m^{-1} \cdot s^{-1}$）　K_m：ろ材のろ過抵抗（m^{-1}）

ヌッチェ試験によって，ろ過時間θとろ液量Vを調べておきます。(1) の式をみると，θ/VとVとが直線関係にあることがわかるので，その直線の勾配から$1/K$，縦軸との交点から$2C/K$を得れば，(2) の式からケーキ比抵抗αを計算で求めることができます。

ケーキ比抵抗の値が**大きい**汚泥は，連続ろ過ができないため，この値を引き下げる工夫が必要となります。

補足

ケーキ
汚泥を脱水した後に残る固形の物質のことです。

ケーキ比抵抗
ケーキ固定分1kgが加わることによって生じるろ過抵抗のことをいいます。

補足

ヌッチェ試験
ヌッチェという器具を用いて行う試験です。ヌッチェとは磁器またはガラス製のろうとのことで，ろ過面に多数の孔があり，ポンプで空気を抜きながら吸引ろ過を行います。

③汚泥の前処理（conditioning）

水処理から発生する汚泥の大部分はケーキ比抵抗が大きいため，これを低下させるよう，機械脱水の前に次のような**前処理**を行います。

■汚泥の前処理の種類

ろ過助剤添加	ろ過の能率をよくするのに役立つものとして，**ケイ藻土**，**おがくず**，**フライアッシュ**（石炭灰の微粉末）などを添加する
凝集剤添加	汚泥中の微粒子を凝集させ，粗大粒子とすることによってケーキ比抵抗を下げる。塩化鉄（Ⅲ）や水酸化カルシウムなどの無機凝集剤と有機系の高分子凝集剤（有機凝集剤）に分けられる ● **無機凝集剤**…真空ろ過，加圧ろ過などに用いる ● **有機凝集剤**…スクリュープレス，遠心脱水などに用いる
水洗	汚泥を3～4倍の水で**水洗**することにより，アルカリ度が低下したりコロイド性微粒子が除去されたりして，ケーキ比抵抗が下がる
熱処理	汚泥を**加圧下**で**加熱**し，170℃以上で約60分間保つことにより，汚泥が変質して，沈降濃縮やろ過脱水が容易になる
凍結・融解	汚泥を**凍結**してから**融解**することにより，コロイド的な性質が一変し，濃縮と脱水が容易になる

2 いろいろな脱水方法

代表的な機械脱水の方法あるいは脱水機について，みていきましょう。

①真空ろ過

真空ろ過機の多孔ドラムにろ材を巻きつけ，これを回転させて**内部を減圧**すると，ドラム下部の汚泥に浸漬された部分で汚泥が真空によってろ布面に吸引されます。さらに回転して汚泥を離れると，空気が吸引されてケーキの脱水が進み，次いでドラム内部から圧縮空気を吹かしてケーキを浮かせ，これをスクレーパーによって剥離させます。

②加圧ろ過（フィルタープレス）

加圧ろ過脱水機の代表的なものが**フィルタープレス**です。ろ布を張ったろ過室に汚泥を加圧ポンプで押し込んで脱水し，一定時間が経過したら停止して，ろ過板を外してケーキを排出し，再び組み立て直してからろ過を開始します。このように**間欠的な運転**であるため，汚泥を連続的に供給することはできません。フィルタープレスの1サイクル時間は，実際にろ過している時間と，ケーキの排出やろ枠の組み立てなどに要する時間との和として求められます。

③加圧ロール脱水（ベルトプレス）

加圧ロール脱水はベルトプレスともよばれ，目の粗いベルト状のろ布の上で，汚泥をある程度自然脱水してからろ布の間に挟み，ロールを介して圧搾して脱水します。液状の汚泥をいきなりロールで圧搾してもベルトの間からはみ出てしまうため，**重力による予備濃縮**によって汚泥の流動性をなくしておく必要があります。高分子凝集剤も使用されます。

■ベルトプレスの例

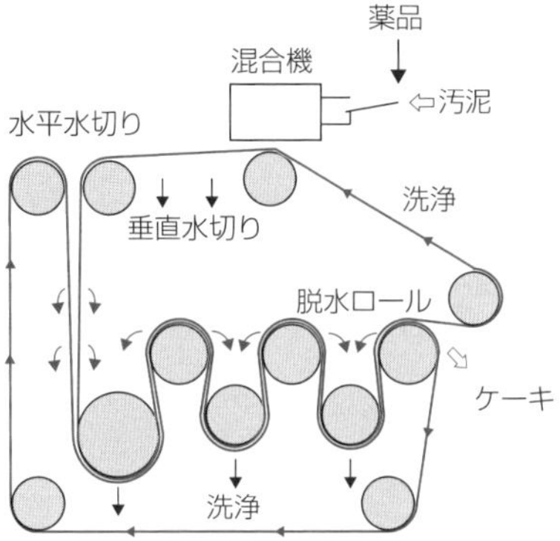

④スクリュープレス

スクリュープレスは，外側の固定されたケージとその中で回転するウォーム軸（らせん状の溝がついている）から構成されています。ウォーム軸を回転させ，汚泥をらせん溝に沿って次第にケージ内の狭隙部へと送り込み，そこで発生する圧搾圧力によって連続的に圧縮脱水を行います。ケージは，多数の細孔を有するステンレス鋼製の円筒からなっており，この細孔からろ液が流出します。

⑤多重円盤形脱水機

多重円盤形脱水機では，右図のようにろ体（円盤）が上段と下段に配置され，出口に向かってろ体の間隔が狭くなっています。ろ体面に捕捉された汚泥は濃縮されながら搬送されていきます。出口に近づくにつれてろ体の回転速度を**遅くする**ことにより，ケーキ内部に**圧縮力**が生じ，脱水させることができます。

■多重円盤形脱水機の例

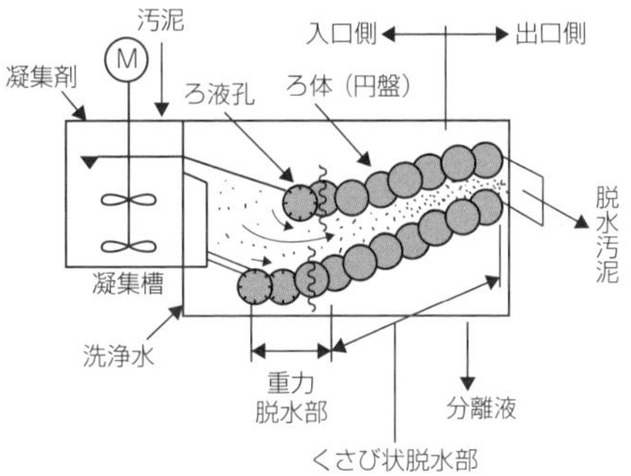

⑥遠心脱水

遠心分離機では，高速回転による**遠心力**を利用して汚泥の脱水（遠心脱水）を行います。遠心沈降と遠心ろ過がありますが，ほとんどの場合，連続運転の容易な遠心沈降が用いられています。**水平形デカンター**は，大量の汚泥を連続的に脱水処理できる遠心分離機であり，脱水したケーキを機外に排出するための**スクリュー**を内蔵しています。

3 汚泥の焼却

汚泥は焼却すると著しく減量するため，取り扱いが容易になりますが，焼却時の排ガスや，灰の処分に注意することが大切です。

また，ケーキの水分が焼却の際の燃料消費量に影響するため，脱水機の選定がとても重要です。汚泥の発熱量は**有機物**の含有量によって異なり，下水汚泥では10.5MJ/kg程度のものが多いといわれます。この下水汚泥を補助燃料なしで自燃させるには，水分を**40%以下**まで脱水する必要があります。

ダイオキシン類の発生を抑制するために，適正な燃焼温度管理（850℃程度）などにも留意しなければなりません。主な**焼却炉**をみておきましょう。

■主な焼却炉の種類とその特徴

流動焼却炉	●炉の中に**砂**などの**流動媒体**を入れ，下方から高温ガスを送入して流動化させ，そこに汚泥を供給し，燃焼させる ●炉内における空塔速度は，流動媒体の流動化開始速度の2～8倍が適当である
立形多段炉	●6～10段の耐火性のろ床からなり，ろ頂から投入された脱水ケーキは，下方からの燃焼ガスと向流接触して乾燥された後，燃焼される
階段式ストーカー炉	●脱水汚泥が階段状の**ストーカー**（火格子）上を下降移動しながら乾燥，焼却され，炉の下段から灰が排出される ●脱水汚泥の撹拌作用がないため，高含水率の汚泥については**予備乾燥**が必要となる
横形回転炉	●**ロータリーキルン**ともいう ●汚泥は燃焼用空気と向流に移動しながら乾燥され，着火して燃焼する

4 汚泥の処分・有効利用

脱水汚泥や焼却灰の最終処分方法は，**埋立処分**だけではありません。有効利用する方法として，**緑農地利用**（コンポスト化）や**建設資材利用**（セメント原料，路盤剤，タイル，れんが等）のほか，汚泥を炭化してボイラーや発電用の**燃料**として利用する場合もあります。また，汚泥からりんを回収して**肥料**とする技術も進んでいます。汚泥を肥料として扱う場合は，肥料取締法に基づく登録をして，成分表示することが義務づけられています。

チャレンジ問題

問1　難　中　易

汚泥の脱水に関する記述として，誤っているものはどれか。

(1) ヌッチェ試験によってろ液量とろ過時間の関係を調べ，ケーキの比抵抗を求めることができる。

(2) 下水汚泥を加圧下で加熱すると，変質してろ過脱水が容易になる。

(3) 多重円盤形脱水機では，遠心力によって汚泥を圧縮脱水する。

(4) 水平形デカンターの遠心脱水機では，脱水したケーキを機外に排出するためのスクリューが内蔵されている。

(5) ベルトプレスでは，重力による予備濃縮によって汚泥の流動性をなくしておく必要がある。

解説

(3) 多重円盤形脱水機では，上段・下段に配置されたろ体（円盤）上に捕捉された汚泥が濃縮されつつ出口に向かって搬送され，ろ体間隔の狭くなった出口付近では圧縮力によって脱水されます。遠心力によってというのは誤りです。

このほかの肢は，すべて正しい記述です。

解答 (3)

問2　難　中　易

汚泥焼却に関する記述として，誤っているものはどれか。

(1) ダイオキシン類の発生を抑制するためには，適正な燃焼温度管理が必要である。

(2) 下水汚泥は，高含水率でも補助燃料なしに自燃させることができる。

(3) 流動焼却炉における流動媒体としては砂などが用いられる。

(4) ロータリーキルンでは，汚泥は燃焼用空気とは向流に移動しながら乾燥され，着火し燃焼する。

(5) 階段式ストーカ炉では，高含水率汚泥に対しては，予備乾燥が必要となる。

解説

(2) 下水汚泥を補助燃料なしで自燃させるには，水分を40%以下に脱水する必要があります。高含水率でも自燃させられるというのは誤りです。

このほかの肢は，すべて正しい記述です。

解答 (2)

3 生物処理法

まとめ&丸暗記

● この節の学習内容のまとめ ●

□ 活性汚泥法

- 好気性微生物のフロックによる排水処理方法

BOD負荷	「容積負荷」と「汚泥負荷」
汚泥容量指標（SVI）	活性汚泥の**沈降性**を把握し管理するための指標
返送汚泥率	曝気槽へ返送される返送汚泥量／流入排水量
余剰汚泥の生成量	余剰汚泥は系外に抜き出してMLSS濃度を一定に保つ
汚泥滞留時間	活性汚泥が系内に滞留している平均**日数**（SRT）
水理学的滞留時間	流入水が系内に滞留している平均時間（HRT）
必要酸素量	曝気槽内で活性汚泥が消費する必要酸素量

- 膜分離活性汚泥法…最終沈殿池の代わりに膜によって固液分離を行う
- 回分式活性汚泥法…1つの槽に生物反応槽と沈殿槽の機能を持たせる

□ 生物膜法

支持体の表面に形成される生物膜によって，汚濁物質を摂取・分解する

□ 嫌気処理法

- 嫌気細菌の作用によって有機物をメタン等に分解する（メタン発酵法）
- 中温発酵法（36～38℃）と高温発酵法（53～55℃）
- 上向流式嫌気汚泥床（UASB）では，グラニュール汚泥を用いる

□ 生物的硝化脱窒素法

- 硝化工程…好気状態，独立栄養細菌が関与，処理槽内のpH低下
- 脱窒素工程…嫌気状態，従属栄養細菌が関与，処理槽内のpH上昇

□ りんの除去

- 生物的脱りん法…活性汚泥微生物によるりんの過剰摂取現象を利用
- HAP法（カルシウム添加）とMAP法（マグネシウム剤添加）

活性汚泥法

1 活性汚泥法の概要

①活性汚泥法とは

生物処理は，自然界に存在する各種の**微生物**を利用した排水処理技術であり，現在，有機性工場排水において最も普及しているのが**活性汚泥法**です。

「活性汚泥」とは，簡単にいうと，排水の浄化（有機物の分解）を行う機能を持った微生物のことです。多種類の好気性微生物に空気を送り，酸素を供給すること（**曝気**という）によって活性化させ，排水中の有機物を分解させます。こうして繁殖した好気性微生物は，凝集して細かい綿のようなフロックを作り，排水中の有機物をさらに吸着し，分解していきます。このフロックを**活性汚泥**とよんでいます。

②活性汚泥法の処理プロセス

下水道で広く使われている**標準活性汚泥法**を例として，活性汚泥法の処理プロセスをみておきましょう。

補足

生物処理の分類

①有機物の分解（代謝）の経路による分類

- 好気性微生物の代謝反応による好気処理
  例：活性汚泥法
- 嫌気性微生物の代謝反応による嫌気処理
  例：嫌気処理法

②処理槽内での処理に関与する微生物の存在状態による分類

- 水中で浮遊した状態
  例：活性汚泥法
- 担体等の表面に付着固定化された状態
  例：生物膜法

■ 標準活性汚泥法のフロー

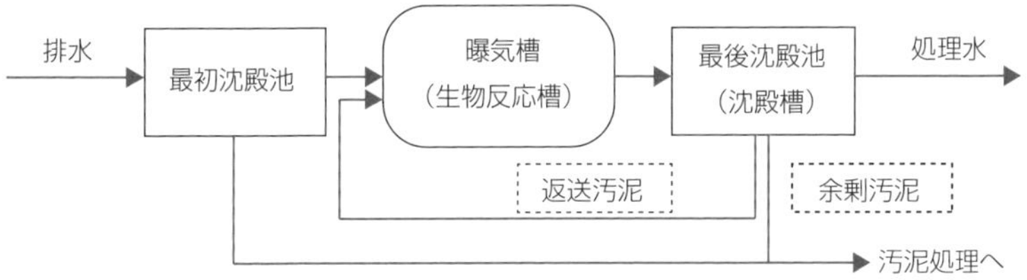

- **最初沈殿池**…土砂，粗大な浮遊物質，油分等を除去する（一次処理）
- **曝気槽**（生物反応槽）…最初沈殿池から出た排水が流入して**活性汚泥**と接触し，排水中の有機物が活性汚泥に吸着・酸化される
- **最後沈殿池**（沈殿槽）…活性汚泥混合液が，重力沈降で活性汚泥と処理水に固液分離され，活性汚泥の一部は**返送汚泥**として曝気槽に戻され，一部は**余剰汚泥**として処理される

2 BOD負荷

BOD負荷は，排水中の有機物（食物：F）と活性汚泥（微生物：M）の比（F/M比）の概念に基づいたもので，**容積負荷**および**汚泥負荷**の２つの表し方があります。有機物の濃度にはBOD，活性汚泥の濃度には**MLSS**（Mixed Liquor SS。SS［suspended solids］は「浮遊物質」➲P.94参照）を用います。

ア　容積負荷（L_v）…曝気槽容積１㎥当たり１日に流入するBODのkg数

$$L_v = \frac{L_f Q}{V} \quad \cdots (1)$$

L_v：BOD容積負荷（kg BOD·m^{-3}·d^{-1}＝kg BOD/(㎥・日)）　＊(d＝1日)

L_f：流入排水のBOD濃度（kg/㎥）　Q：流入排水量（㎥/d）

V：曝気槽の容積（㎥）

イ　汚泥負荷（L_s）…MLSS １kg当たり１日に流入するBODのkg数

$$L_s = \frac{L_f Q}{VS} \quad \cdots (2)$$

L_s：BOD汚泥負荷（kg BOD·kg MLSS^{-1}·d^{-1}＝kg BOD/(kg MLSS·日)）

S：MLSS濃度（kg/㎥）

〈例題〉BOD濃度250㎎/ℓの排水1200㎥/日を，容積500㎥の曝気槽を持つ活性汚泥法で処理している。曝気槽のMLSS濃度を3000㎎/ℓで運転するときのBOD容積負荷（kg BOD/(㎥・日)）とBOD汚泥負荷（kg BOD/(kg MLSS·日)）はいくらか。

まず，BOD容積負荷（L_v）を（1）式によって求めます。

流入排水のBOD濃度（L_f）の単位を（kg/㎥）に直します。

BOD濃度250㎎/ℓ＝0.25kg/㎥

$$\therefore \quad L_v = \frac{0.25 \times 1200}{500} = 0.6$$

〈答〉BOD容積負荷は，0.6kg BOD/(㎥・日)

次に，BOD汚泥負荷（L_s）を（2）式によって求めます。

曝気槽のMLSS濃度（S）の単位を（kg/㎥）に直します。

MLSS濃度3000㎎/ℓ＝3kg/㎥

また，（1）式と（2）式をみると，$L_s = L_v / S$の関係にあることがわかるので，

$$\therefore \quad L_s = \frac{0.6}{3} = 0.2$$

〈答〉BOD汚泥負荷は，0.2kg BOD/(kg MLSS·日)

一般に，BOD除去率90％以上を得るには，産業排水の場合，容積負荷（L_v）

として0.5～1，汚泥負荷（L_s）として0.2～0.4程度が採用されています。

3 汚泥容量指標（SVI）

活性汚泥法では，最終沈殿池において活性汚泥と処理水を効率よく分離することが重要です。**汚泥容量指標（SVI）**は，活性汚泥の**沈降性**を把握し管理するための指標として用いられており，曝気槽内の汚泥混合液を**1 ℓのメスシリンダー**に入れて，**30分間静置**して活性汚泥を沈降させたときに1g当たりの活性汚泥が占める容積（mℓ）として表します。次の式によって求められます。

$$\mathrm{SVI} = \frac{S_v}{S}$$

SVI：汚泥容量指標（mℓ/g）

S_v：30分間静置後の汚泥容積（mℓ/ℓ）　S：MLSS濃度（g/ℓ）

〈例題〉活性汚泥法の曝気槽において，30分間静置後の汚泥容積が32%，MLSS濃度が1600mg/ℓであるとき，SVI（mℓ/g）はいくらか。

まず，30分間静置後の汚泥容積が32%というのは，1ℓ（=1000mℓ）のメスシリンダーの32%という意味なので，S_v=1000×32%=320（mℓ/ℓ）

また，MLSS濃度（S）の単位を（g/ℓ）に直して，1600mg/ℓ=1.6g/ℓ

$$\therefore \quad \mathrm{SVI} = \frac{320}{1.6} = 200$$

〈答〉SVIは，200mℓ/g

なお，正常な活性汚泥のSVIは**50～150の範囲**であり，200を超えると汚泥の界面が水面近くまで上昇し，処理水中に流出してしまうおそれが生じます。この現象を，汚泥の**バルキング**（膨化）といいます。

4 返送汚泥率

返送汚泥率とは，最終沈殿池から曝気槽へ返送される返送汚泥量／流入排水量のことです。返送汚泥率（R）と曝気槽のMLSS濃度（S）には，次のような関係が成り立ちます。

$$S = S_r \frac{R}{1+R}$$

S：MLSS濃度（mg/ℓ）　S_r：返送汚泥のSS濃度（mg/ℓ）

R：返送汚泥量／流入排水量

〈例題〉 流入排水量をQとし，最終沈殿池から曝気槽へ0.3Qが返送される活性汚泥法の処理プロセスにおいて，曝気槽のMLSS濃度が1500㎎/ℓの場合の返送汚泥のSS濃度（㎎/ℓ）はいくらか。

流入排水量Q，返送汚泥量0.3Qより，返送汚泥率（R）= $\dfrac{0.3\mathrm{Q}}{\mathrm{Q}}$ = 0.3

したがって，前ページの式に値を代入すると，

$$1500 = S_r \times \frac{0.3}{1+0.3} \qquad \therefore \quad S_r = 1500 \times \frac{1.3}{0.3} = 6500$$

〈答〉 返送汚泥のSS濃度は，6500㎎/ℓ

5 余剰汚泥の生成量（汚泥生成量）

曝気槽のMLSS濃度を一定に保つためには，**余剰汚泥**を系外に抜き出す必要があります。余剰汚泥の生成量（単に「**汚泥生成量**」ともいう）（$\varDelta S$）は，次の式から求めることができます。

$$\varDelta S = a L_r - b S_a$$

$\varDelta S$：余剰汚泥の生成量（kg/d）　＊（d＝1日）

L_r：除去BOD量（kg/d）　a：除去BODの汚泥への転換率

S_a：曝気槽内汚泥量（kg）　b：内生呼吸による汚泥の自己酸化率（1/d）

〈例題〉 BOD200㎎/ℓの排水100㎥/日を，容積負荷1.0kg BOD/(㎥・日)，MLSS濃度4000㎎/ℓ，BOD除去率90％で処理している活性汚泥装置がある。この装置の汚泥生成量（kg/日）はいくらか。ただし，aの値は0.5，bの値は0.05とする。

除去BOD量（L_r）は，**流入BOD量×BOD除去率**によって求められます。

流入BOD量（kg/日）は，**流入排水量**（㎥/日）と**流入排水BOD濃度**（kg/㎥）（それぞれP.158に出てきたQとL_f）の積です。

そこで，流入排水BOD濃度（L_f）の単位を（kg/㎥）に直します。

設問中「BOD200㎎/ℓ」というのがL_fであり，200㎎/ℓ＝0.2kg/㎥

$$\therefore \quad \text{除去BOD量}(L_r) = Q \times L_f \times \text{BOD除去率}$$
$$= 100 \times 0.2 \times 90\% = 18\ (\text{kg/日})$$

次に，**曝気槽内汚泥量**（S_a）とは**曝気槽内の活性汚泥量**のことなので，これは**曝気槽のMLSS濃度**（kg/㎥）と**曝気槽の容積**（㎥）（それぞれP.158に出てきたSとV）の積で求められます。曝気槽の容積（V）はP.158の（1）式より求めます。

$$\therefore \quad \text{容積負荷}\ L_v = \frac{L_f Q}{V}\ \text{より，}\ 1.0 = \frac{0.2\times 100}{V} \qquad \therefore \quad V = 20\ (\text{㎥})$$

MLSS濃度4000㎎/ℓ = 4kg/㎥ なので，

∴　曝気槽内汚泥量（S_a）= $S \times V = 4 \times 20 = 80$（kg）

したがって，これらの値を代入すると，

汚泥生成量$\varDelta S = a L_r - b S_a = 0.5 \times 18 - 0.05 \times 80 = 5$

〈答〉この装置の（余剰）汚泥生成量は，5kg/日

6 汚泥滞留時間

①汚泥滞留時間（SRT）

活性汚泥が系内に滞留している平均日数のことを，**汚泥滞留時間（SRT）**といいます。SRTの単位は日（=d）で表され，次の式で求められます。

$$\mathrm{SRT} = \frac{S_a + S_x}{S_s + S_e}$$

S_a：曝気槽内汚泥量（kg）

S_x：最終沈殿池および返送汚泥管などに存在する汚泥量（kg）

S_s：余剰汚泥量（kg/d）　　S_e：処理水中のSS量（kg/d）

〈例題〉曝気槽の容積100㎥，MLSS濃度2000㎎/ℓ，余剰汚泥の引き抜き量が2㎥/日で，引き抜き汚泥のSS濃度8000㎎/ℓのとき，汚泥滞留時間SRT（日）を求めよ。ただし，最終沈殿池内，返送汚泥管内および処理水中に存在する汚泥は考慮しないものとする。

曝気槽内汚泥量（S_a）は，曝気槽のMLSS濃度（kg/㎥）と曝気槽容積（㎥）の積で求められます（前ページの例題参照）。

MLSS濃度2000㎎/ℓ = 2kg/㎥ なので，

∴　曝気槽内汚泥量（S_a）= $2 \times 100 = 200$（kg）

余剰汚泥量（S_s）は，余剰汚泥の引き抜き量（㎥/日）とそのSS濃度（kg/㎥）の積で求められます。引き抜き汚泥のSS濃度8000㎎/ℓ = 8kg/㎥ なので，

∴　余剰汚泥量（S_s）= $2 \times 8 = 16$（kg/日）

また，「最終沈殿池内，返送汚泥管内および処理水中に存在する汚泥は考慮しない」ことから，$S_x = 0$，$S_e = 0$

したがって，$\mathrm{SRT} = \dfrac{200+0}{16+0} = 12.5$

〈答〉汚泥滞留時間SRTは，12.5日

なお，一般的にはSRTは**5～10日**とされています。

②水理学的滞留時間（HRT）

流入水が系内に滞留している平均時間のことを，**水理学的滞留時間**（HRT）といいます。HRTの単位は時間（＝h）で，次の式で求められます。

$$\mathrm{HRT} = \frac{V}{Q}$$

V：容量（㎥）　Q：流入水量（㎥/h）

7 必要酸素量

曝気槽内で活性汚泥が消費する**必要酸素量**は，次の式で表されます。

$X = a' L_r + b' S_a$

X：必要酸素量（kg/d）　＊（d＝1日）

L_r：除去BOD量（kg/d）　S_a：曝気槽内汚泥量（kg）

a'：除去BODのうち，エネルギー獲得のために利用される酸素の割合

b'：汚泥の内生呼吸に利用される酸素の割合（1/d）

〈例題〉 容積30㎥，MLSS濃度2000㎎/ℓ，除去BOD量20kg/日で運転されている曝気槽内で活性汚泥が消費する酸素量（kg/日）はいくらか。ただし，除去BODのうちエネルギー獲得に利用される酸素の割合を0.5，汚泥の内生呼吸に利用される酸素の割合を0.1（1/日）とする。

曝気槽内汚泥量（S_a）は，曝気槽のMLSS濃度（kg/㎥）と曝気槽容積（㎥）の積で求められます（P.160，161の例題参照）。

MLSS濃度2000㎎/ℓ＝2kg/㎥なので，

∴　曝気槽内汚泥量（S_a）＝2×30＝60（kg）

したがって，上の式に値を代入すると，

必要酸素量X＝0.5×20＋0.1×60＝16

〈答〉 この曝気槽内で活性汚泥が消費する酸素量は，16kg/日

8 各種の活性汚泥法

①膜分離活性汚泥法

膜分離活性汚泥法は，最終沈殿池（沈殿槽）の代わりに**膜**によって固液分離を行う新しい活性汚泥法です。近年，小規模施設や高濃度有機排水で実用化されています。多く採用されているのは，膜エレメントを浸漬し，吸引ポンプでろ過す

る方式です。膜には**精密ろ過膜**（MF）や**限外ろ過膜**（UF）が多く用いられており，膜の素材としては，各種の有機膜やセラミックなどの無機膜が用いられます。

最終沈殿池がなく，沈殿処理を行わないためバルキング（➡P.159参照）の心配がないばかりか，従来の活性汚泥法よりも**高いMLSS濃度**（8000～12000㎎／ℓ）で運転することができます。

②回分式活性汚泥法

1つの槽に生物反応槽と沈殿槽の両方の機能を持たせ，排水の流入，反応，沈殿，処理水の排出を1サイクルとして繰り返し行う方法です。通常の連続式と比べて固液分離の安定性が高く，嫌気･好気の条件を自由に設定できます。中小規模の工場排水向けに多く採用されています。

③その他の活性汚泥法

活性汚泥法にはいろいろなバリエーションがあります。代表的なものをまとめておきましょう。

■活性汚泥法のバリエーションの例

ステップエアレーション法
曝気槽への排水の導入方法に特徴があり，分注法ともよばれる。排水を分割して曝気槽の数か所から導入する
酸素活性汚泥法
高濃度有機性排水処理において酸素供給能力を高め，高濃度に維持した反応槽内微生物に対応する方法の一つ。通常の空気の代わりに酸素を使用する
長時間エアレーション法
曝気槽での処理時間を長くすることで，余剰汚泥の発生量をできる限り少なくしようとする方法。微生物の内生呼吸期に対応した処理法である
オキシデーションディッチ法
最初沈殿池がなく，曝気槽は環状になっており，汚泥混合液が槽内を循環し，最終沈澱池で汚泥と処理水とが分離される。維持管理が簡単で，小規模処理場で採用例が多い

補足

主な連続式活性汚泥法のBOD-SS負荷
（㎏ BOD/(㎏ SS･d)）

- **標準活性汚泥法**
  …0.2～0.4
- **ステップエアレーション法**
  …0.2～0.4
- **酸素活性汚泥法**
  …0.3～0.6
- **長時間エアレーション法**
  …0.05～0.10
- **オキシデーションディッチ法**
  …0.03～0.05

微生物の増殖期

次の①～③の増殖期に分けられます。

①対数増殖期
活性汚泥のエネルギーレベルが高く，フロックを形成せず分散して増殖する

②定常期
活性汚泥の増殖が次第に減衰し，フロックを形成する

③内生呼吸期
活性汚泥が汚泥内蓄積物質を消耗し，自己分解する。汚泥は解体し，分散する傾向を示す

チャレンジ問題

問1　難　中　易

活性汚泥法に関する記述として，正しいものはどれか。

(1) BOD汚泥負荷は，曝気槽容積1 m³当たり1日に流入するBODのkg数である。

(2) BOD容積負荷は，活性汚泥1 kg当たり1日に流入するBODのkg数である。

(3) BOD容積負荷として0.2～0.4 kg BOD/(m³・日)，BOD汚泥負荷として0.5～1 kg BOD/(kg MLSS・日) 程度の値が採用される。

(4) SVIとは，曝気槽内汚泥混合液を1 Lメスシリンダーに入れ，10分間静置沈降したときに，1 gの活性汚泥が占める容積 (mL) である。

(5) 正常な活性汚泥のSVIは通常，50～150 (mL/g) の範囲にある。

解説

(1) これはBOD汚泥負荷ではなく，BOD容積負荷に関する記述です。

(2) これはBOD容積負荷ではなく，BOD汚泥負荷に関する記述です。

(3) BOD容積負荷の値とBOD汚泥負荷の値が入れ替わっています。

(4) SVIは，曝気槽内の汚泥混合液を1 ℓのメスシリンダーに入れ，30分間静置沈降したときに1 gの活性汚泥が占める容積 (mℓ) です。10分間の静置沈降というのは誤りです。

(5) 正しい記述です。

解答 (5)

問2　難　中　易

水量500 m³ /日，BOD濃度400 mg /Lの排水を活性汚泥法により，BOD容積負荷0.8 kg BOD/(m³・日)，BOD汚泥負荷0.25 kg BOD/(kg MLSS・日) で処理するとき，必要な曝気槽の容積 (m³) と曝気槽活性汚泥量 (kg MLSS) との組合せとして，正しいものはどれか。

	(曝気槽容積)	(曝気槽活性汚泥量)
(1)	250	400
(2)	250	800
(3)	320	400
(4)	320	800
(5)	640	1280

解説

曝気槽容積（V）は，$L_v = \frac{L_f Q}{V}$ …①の式より求めます。

設問より，L_v：BOD容積負荷＝0.8（kg BOD/(m³・日)）

L_f：流入排水のBOD濃度＝400（mg/ℓ）＝0.4（kg/m³）

Q：流入排水量＝500（m³/日）

∴ ①式に値を代入すると，$0.8 = \frac{0.4 \times 500}{V}$ これを解いて，V=250（m³）

次に，曝気槽活性汚泥量は，曝気槽のMLSS濃度（S）と曝気槽容積（V）の積で求められます。

また，MLSS濃度（S）は，$L_s = \frac{L_f Q}{VS}$ …②の式より求められます。

ところが①式と②式をみると，$L_s = L_v/S$ …③の関係であることがわかります。
設問より，L_s：BOD汚泥負荷＝0.25kg BOD/（kg MLSS・日））

∴ ③式に値を代入すると，$0.25 = \frac{0.8}{S}$ これを解いて，S=3.2（kg/m³）

∴ 曝気槽活性汚泥量 ＝ $S \times V = 3.2 \times 250 = 800$（kg MLSS）
したがって，曝気槽容積＝250，曝気槽活性汚泥量＝800となります。

解答 (2)

問3 　難 **中** 易

活性汚泥法の曝気槽において，SVIが150mL/g，MLSS濃度が2000mg/Lであるとき，30分間静置後の汚泥容積（mL/L）として正しいものはどれか。

(1) 100　　(2) 150　　(3) 200　　(4) 250　　(5) 300

解説

30分間静置後の汚泥容積（S_v）は，次の式によって求められます。

$$\mathrm{SVI} = \frac{S_v}{S}$$

設問より，SVI：汚泥容量指標＝150（mℓ/g）

S：MLSS濃度＝2000（mg/ℓ）＝2（g/ℓ）

∴ 式に値を代入すると，$150 = \frac{S_v}{2}$

これを解いて，S_v=300（mℓ/ℓ）

解答 (5)

問４ 難 中 易

BOD200mg／L，流量300㎥／日の汚水を曝気槽容量150㎥，MLSS濃度2000 mg／L，BOD除去率95％で処理している活性汚泥処理施設がある。この施設の１日当たりの余剰汚泥生成量（kg／日）を次式より求めよ。ただし，aは0.5，bは0.05とする。

$$\varDelta S = a L_r - b S_a$$

ここに，$\varDelta S$：余剰汚泥生成量（kg／日）　L_r：除去BOD量（kg／日）
S_a：曝気槽内汚泥量（kg）　a：除去BODの汚泥への転換率
b：内生呼吸による汚泥の自己酸化率（１／日）

(1) 12.0　(2) 13.5　(3) 15.0　(4) 16.5　(5) 18.0

解説

まず，除去BOD量（L_r）は，流入BOD量×BOD除去率で求められます。
流入BOD量（kg／日）は，流入排水量（㎥／日）と流入排水BOD濃度（kg／㎥）の積です。設問より，流入排水量＝300（㎥／日）
流入排水BOD濃度（「BOD200mg／ℓ」）＝0.2（kg／㎥）
∴ 流入BOD量＝300×0.2＝60（kg／日）
∴ 除去BOD量（L_r）＝流入BOD量×BOD除去率=60×95％＝57（kg／日）
次に，曝気槽内汚泥量（S_a）は，MLSS濃度（kg／㎥）と曝気槽の容積（㎥）の積で求められます。設問より，MLSS濃度2000（mg／ℓ）＝2（kg／㎥）
曝気槽の容積（曝気槽容量）＝150（㎥）
∴ 曝気槽内汚泥量（S_a）＝2×150＝300（kg）
したがって，これらの値を代入すると，

余剰汚泥生成量 $\varDelta S = a L_r - b S_a$
$= 0.5 \times 57 - 0.05 \times 300 = 13.5$（kg／日）

解答 (2)

問５ 難 中 易

曝気槽内で活性汚泥が消費する酸素量は，次式で表される。

$$X = a' L_r + b' S_a$$

ここに，X：必要酸素量（kg／日）
L_r：除去BOD量（kg／日）　S_a：曝気槽内汚泥量（kg）
a'：除去BODのうち，エネルギー獲得のために利用される酸素の割合
b'：汚泥の内生呼吸に利用される酸素の割合（1/日）

流入BOD量50kg／日，BOD除去率90%，曝気槽内汚泥量200kgとすると，必要酸素量（kg／日）はいくらか。なお，a' を0.5，b' を0.1として計算せよ。

(1) 32.5　(2) 42.5　(3) 52.5　(4) 62.5　(5) 72.5

解説

まず，除去BOD量（L_r）を，流入BOD量×BOD除去率で求めます。

除去BOD量（L_r）＝50（kg／日）×90%＝45（kg／日）

また，設問より，曝気槽内汚泥量（S_a）＝200（kg）

したがって，これらの値を式に代入すると，

必要酸素量 $X = 0.5 \times 45 + 0.1 \times 200 = 42.5$（kg／日）

解答 (2)

問6　難　中　**易**

膜分離活性汚泥法に関する記述として，誤っているものはどれか。

(1) 沈殿槽の代わりに、膜により固液分離する活性汚泥法である。

(2) 使用されている膜は、精密ろ過膜や限外ろ過膜が多い。

(3) 分離膜には各種の有機膜や無機膜がある。

(4) 曝気層の汚泥濃度を30000～50000mg/Lに制御し運転する。

(5) 膜エレメントを浸漬し、吸引ポンプでろ過する方式が多く採用されている。

解説

(4) 膜分離活性汚泥法では，曝気層の汚泥濃度を8000～12000mg／ℓに制御し運転します。30000～50000mg／ℓというのは誤りです。

このほかの肢は，すべて正しい記述です。

解答 (4)

生物膜法

1 生物膜法の特徴

活性汚泥法では，微生物を水中に浮遊させた状態で排水と接触させ，汚濁物質の分解を図ります。これに対し，**生物膜法**とは，砕石やプラスチック担体などの「**支持体**」とよばれる固体表面に微生物を付着・固定化させて**生物膜**を形成し，ここで汚濁物質を摂取し，分解する方法をいいます。

■生物膜と酸素濃度の変化

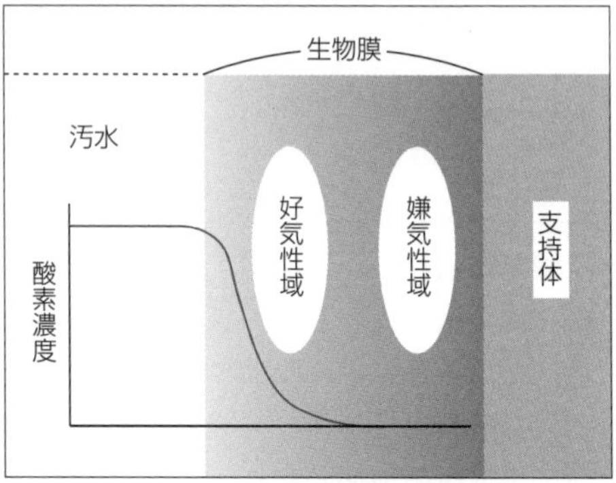

微生物は有機物の分解により増殖し，生物膜の表層には**好気性域**が，支持体付近には**嫌気性域**が形成されます。BOD除去と窒素除去を目的にした生物処理では，BOD酸化，硝化，脱窒素等各機能に合った微生物を保持し，処理効率を向上することも行われています。

汚泥活性法と比べて，阻害性物質の流入や負荷変動に対する抵抗力が強い反面，**SSの除去能力が低く**，処理水の透視度が悪いなどの欠点があります。

2 各種の生物膜法

生物膜法の代表的な種類をまとめておきましょう。

■各種の生物膜法とその特徴

散水ろ床法	ろ床の上部から排水を散水する方式。除去効率が低く，ハエの発生や臭気の問題があるため，採用されなくなっている
好気ろ床法 （生物ろ過法）	支持体を充塡したろ床の上部から排水を，下部から空気を吹き込み，微生物による酸化分解とSSの補足を同時に行う方式。 下向流式のほか，浮上ろ材を用いた上向流式のものもある
回転接触体法 （回転円板法）	円板（支持体）を汚水に40%程度浸漬させ，緩やかに横軸回転させて生物膜に汚水と空気を交互に供給する方式。ユスリカの発生や悪臭対策として，覆いをかけるのが一般的である
接触曝気法	曝気槽に支持体（充塡材）を完全に浸漬させ，曝気によって，排水と支持体上の生物膜を接触させ，酸化分解する方式

チャレンジ問題

問 1　　難　中　易

生物膜法に関する記述として，正しいものはどれか。

(1) 活性汚泥法に比べて，阻害性物質の流入や負荷変動に対して抵抗力が弱い。
(2) 活性汚泥法に比べて，SSの除去能力が高い。
(3) 散水ろ床法には，ハエの発生と臭気の問題や，除去率が低いといった欠点がある。
(4) 回転接触体法では，衛生害虫や臭気問題は発生しないので，覆いは不要である。
(5) 好気ろ床法には上向流式のものはない。

解説

(1) 阻害性物質の流入や負荷変動に対する抵抗力は，強いとされています。
(2) SSの除去能力は，低いといわれています。
(3) 正しい記述です。
(4) ユスリカの発生や悪臭対策として，覆いをかけるのが一般的です。
(5) 浮上ろ材を用いた上向流式のものもあります。

解答 (3)

嫌気処理法

1 嫌気処理法の概要

嫌気処理法とは，酸素が存在しない条件下で，嫌気細菌の作用によって，有機物をメタンや二酸化炭素などに分解する方法をいいます。活性汚泥法などの好気処理と比べ，酸素供給のための曝気を要しないため所要動力が少なく，また，発生するメタンがエネルギーとして利用できることから，省エネルギー型の水処理であるといわれます。

嫌気処理法は，メタンという有用物が回収できることから，**メタン発酵法**ともよばれます。有機物を脂肪酸，酢酸，水素などに分解する**酸生成過程**と，さらにメタン，二酸化

補足

嫌気細菌
- **偏性嫌気性菌**
  嫌気条件のみで生存
- **通性嫌気性菌**
  好気・嫌気それぞれの条件で生存

なお，ガス生成過程に関与する偏性嫌気性菌は，酸生成過程に関与する通性嫌気性菌よりも環境条件や阻害物質の影響を受けやすいとされています。

炭素などに還元的に分解する**ガス生成過程**からなり，この両過程は通常，同一の槽内で行われます。メタン発酵による有機物からのガス生成量は，次の式から求められます（メタン：CH_4，二酸化炭素：CO_2）。

$$C_nH_aO_b + (n - a/4 - b/2)\ H_2O \quad (n,\ a,\ b\text{はそれぞれC，H，Oの原子数})$$
$$\longrightarrow (n/2 + a/8 - b/4)\ CH_4 + (n/2 - a/8 + b/4)\ CO_2$$

■CODを基準にしたメタン発酵過程における有機物の持つエネルギーの流れ

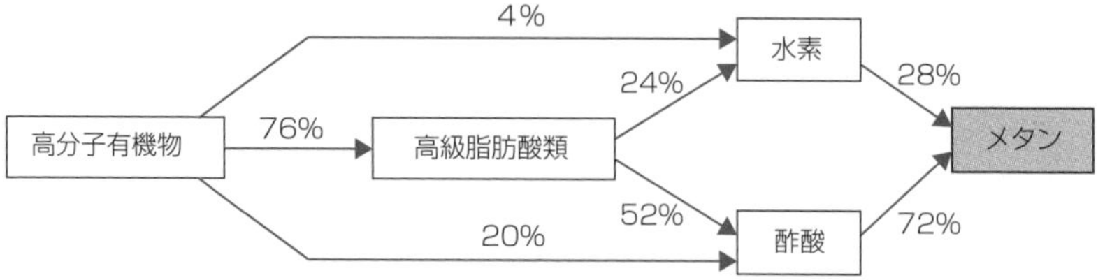

■処理プロセスの構成

前処理	排水に混入している土砂などの除去，温度，pH，濃度，流量等の調節制御などの操作を行う
メタン発酵槽	プロセスの中心であり，発酵槽には温度管理，撹拌，消化汚泥濃度の調節に必要な設備が付設される。発酵槽の撹拌には**機械撹拌**のほか，生成ガスの一部を液中に吹き込む**ガス撹拌**がある
後処理	生成ガス，処理液，消化汚泥の３系統について，処理・利用設備が設置される

2 嫌気処理法の基本的な操作条件

①温度

メタン発酵法には，**中温発酵法**と**高温発酵法**があり，高温発酵法は中温発酵法の約2.5倍の処理能力があるといわれます。最適温度は中温発酵法が36～38℃，高温発酵法が53～55℃です。

②pH

メタン生成菌は中性領域を好むため，pHは6.8～7.5が最適とされています。

③有機物負荷

メタン発酵法の処理能力は，COD負荷量として中温発酵で２～３$\mathrm{kg \cdot m^{-3} \cdot d^{-1}}$，高温発酵で５～６$\mathrm{kg \cdot m^{-3} \cdot d^{-1}}$とされています。

④有機酸

メタン発酵の中間生成物である酢酸，プロピオン酸，酪酸等の低級脂肪酸は，その濃度が高いとメタン生成菌の作用を阻害します（特に，**プロピオン酸**による阻害の程度が大きい)。こうした有機酸による阻害に対しては，pHを上昇させることが有効です。

⑤アンモニア

メタン発酵槽に流入する原水中にたんぱく質が含まれていると，分解してアンモニアを生じ，過剰のアンモニアは毒性のより強い遊離のアンモニアを発生します。これに対しては，pHを低下させることで遊離のアンモニアを減少させます。

3 代表的な発酵槽

①嫌気ろ床（AF）

付着汚泥および充塡材間隙に捕捉された汚泥を用いる，押し出し流れ形の発酵槽です。懸濁性有機物の流入に対しては比較的強いものの，上向流式の場合，高負荷時に目詰まりや偏流を生じるという難点があります。

②嫌気流動床（AFB）

粒状坦体に付着した汚泥を用いる，完全混合形の発酵槽です。比較的低濃度の溶解性有機排水の高速処理に適しています。

③上向流式嫌気汚泥床（UASB）

担体は投入せず，自己造粒した粒状（直径1～2㎜）の汚泥（グラニュール汚泥という）を用います。この汚泥の沈降速度は20～40m/hと大きく，汚泥床部分の汚泥濃度は50000㎎/ℓ以上となるため，溶解性有機排水の高負荷処理に適します。撹拌方式は，発生ガス上昇による無動力撹拌です。高濃度有機排水の処理では，アルカリ補給の意味から処理水の循環を行う場合もあります。

④二相発酵槽システム

加水分解，酸生成反応，ガス生成反応を分離して別の槽で行うことにより，処理の高速化を図ろうとするシステムです。阻害物質や高濃度の懸濁性有機物を含む排水の処理に効果的です。

補足

1gの有機質から発生するガス量の例

- エタノール
  (C_2H_6O)
  …971mℓ/g
- プロピオン酸
  ($C_3H_6O_2$)
  …906mℓ/g
- デンプン
  ($(C_6H_{10}O_5)_n$)
  …826mℓ/g
- 酢酸
  ($C_2H_4O_2$)
  …744mℓ/g
- グリセリン
  ($C_3H_8O_3$)
  …725mℓ/g

補足

メタン発酵法の歴史

メタン発酵法は100年にも及ぶ歴史を有しています。初期のメタン発酵槽（腐敗槽，トラビス槽，イムホフ槽）は，下水処理場からの余剰汚泥の減量化を目的として開発されたもので，消化と沈殿を兼ねた単槽式の発酵槽でした。

チャレンジ問題

問1　難｜中｜**易**

メタン発酵に関する記述として，誤っているものはどれか。

(1) 発酵槽の攪拌方式として，生成ガスの一部を液中に吹き込むガス攪拌がある。

(2) 中温発酵よりも高温発酵のほうが，有機物の処理能力が高い。

(3) メタン発酵の中間生成物である酢酸は，プロピオン酸に比べてメタン発酵の阻害の程度が大きい。

(4) アンモニアの阻害は，発酵槽のpHを下げれば低減される。

(5) 有機物1gから発生する理論上のメタン生成量は，酢酸（$C_2H_4O_2$）よりもエタノール（C_2H_6O）のほうが多い。

解説

(3) メタン発酵の阻害の程度は，プロピオン酸によるものが特に大きいといわれています。酢酸による阻害のほうが大きいというのは誤りです。

このほかの肢は，すべて正しい記述です。

解答 (3)

問2　難｜中｜**易**

嫌気処理法に関する記述として，誤っているものはどれか。

(1) メタン発酵法は，活性汚泥法に比べて所要動力が少なく，発生するメタンガスがエネルギーとして利用できる省エネルギー型の水処理である。

(2) 嫌気ろ床（AF）では，上向流式の場合，高負荷時に目詰まりや偏流を生じることがある。

(3) 嫌気流動床（AFB）は，比較的低濃度の溶解性有機排水の高速処理に適している。

(4) 上向流式嫌気汚泥床（UASB）は，懸濁性有機物の高負荷処理に適している。

(5) 二相発酵槽システムは，阻害物質や高濃度の懸濁性有機物を含む排水の処理に効果的である。

解説

(4) 上向流式嫌気汚泥床（UASB）は，溶解性有機排水の高負荷処理に適します。懸濁性の有機物というのは誤りです。

このほかの肢は，すべて正しい記述です。

解答 (4)

生物的硝化脱窒素法

1 硝化脱窒素法の原理

硝化脱窒素法は，①**硝化工程**（アンモニア性窒素を**好気条件下**で微生物処理し，亜硝酸性あるいは硝酸性窒素まで酸化する工程）と，②**脱窒素工程**（亜硝酸性・硝酸性窒素を**嫌気条件下**で窒素ガスに還元し除去する工程）からなります（➲P.108参照）。

①硝化工程

アンモニア性窒素（NH_4-N）や亜硝酸性窒素（NO_2-N）の酸化によりエネルギーを得て，無機炭素化合物を利用して増殖する**独立栄養細菌**が関与します。反応式にすると，次のようになります。

$$NH_4^+ + 3/2O_2 \longrightarrow NO_2^- + H_2O + 2H^+$$
$$NO_2^- + 1/2O_2 \longrightarrow NO_3^-$$
$$\overline{NH_4^+ + 2O_2 \longrightarrow NO_3^- + H_2O + 2H^+}$$

このように，NH_4-NをNO_2-Nに酸化すると**H^+**が生じることから，処理槽内の**pHが低下**します。これを防ぐため，アルカリを添加する場合もあります。また，この酸化にはNH$_4$-N 1kg当たり約**4.6kgの酸素**を必要とします。

②脱窒素工程

増殖に有機物を必要とする**従属栄養細菌**が関与します。この微生物は，好気条件下では酸素呼吸を行い，嫌気条件下では硝酸や亜硝酸を電子受容体として硝酸呼吸することのできる**通性嫌気性菌**です（➲P.169補足参照）。反応式にすると，次のようになります。

$$NO_3^- + 5H\ (\text{水素供与体}) \longrightarrow 1/2N_2\uparrow + 2H_2O + OH^-$$
$$NO_2^- + 3H\ (\text{水素供与体}) \longrightarrow 1/2N_2\uparrow + H_2O + OH^-$$

このように，NO_3-NやNO_2-Nが窒素（N_2）に還元される際は**OH^-**を生じることから，処理槽内の**pHが上昇**します。また，還元のための**水素供与体**が必要であり，通常，メタノール，酢酸塩あるいは排水中のBOD成分が水素供

補足

硝化工程で必要とされる酸素（O_2）の量

まずNとOの原子量はN＝14，O＝16です。

$NH_4^+ + 2O_2$ → …の反応式より，

N：$2O_2$ = 14：64

（∵2×(16×2)=64）

したがって，

NH$_4$-N 1kg当たりx kgの酸素が必要であるとすると，

1：x = 14：64

これを解いて，

x = 4.57 ≒ 4.6

∴NH$_4$-N 1kgを硝化するのに必要な酸素量は約4.6kgとなります。

与体として利用されます。

2 生物的硝化脱窒素法のプロセス構成

①プロセスの構成

生物的硝化脱窒素法は，最初はBOD酸化，硝化，脱窒素の各機能別に構成された三相システムに始まり，次にBOD酸化・硝化の好気状態と脱窒素の無酸素状態に分ける二相システムを経て，その後，BOD酸化・硝化・脱窒素を混合系で行う単相システムとなりました。活性汚泥法に修正を加え，BODと窒素を同時に除去する**循環式硝化脱窒素法**が単相システムの代表例であり，最も合理的で経済的な処理方法として現在の主流となっています。そのフローをみてみましょう。

■循環式硝化脱窒素法のフロー

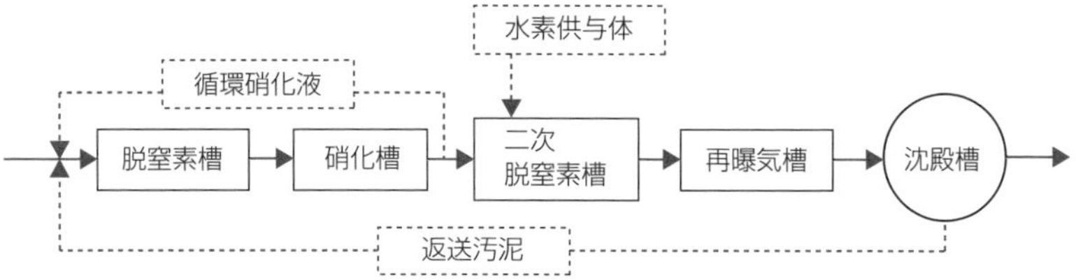

②基本的な操作条件

■硝化工程における基本的操作条件

汚泥滞留時間（SRT）	硝化菌は増殖速度が遅いため，これを処理系内に維持するためには**SRTを大きくとる**必要がある（一般に7～10日）。また，SRTが大きいと，内生呼吸の進行により余剰汚泥の発生量が減少する
pH	硝化菌の増殖に大きく影響するほか，アルカリ度，亜硝酸濃度，毒性物質の遊離アンモニアにも影響するため，硝化槽内のpHは**中性付近**に保つようにする
温度	硝化菌の増殖速度は，BOD酸化菌に比べて水温の影響が大きい。特に，**15℃以下**では硝化速度が著しく低下する
毒性物質	硝化菌は一般に，BOD酸化菌より毒性物質に対する感受性が高い
溶存酸素	硝化菌は，BOD酸化菌より溶存酸素の影響を受けやすい

■脱窒素工程における基本的操作条件

無酸素条件	脱窒素処理は通常，密閉槽内で行う。酸素（O_2）が存在すると，酸素呼吸が硝酸呼吸に優先してしまう
水素供与体	還元のための水素供与体（メタノール等）が必要である

チャレンジ問題

問1　難　中　易

生物的硝化脱窒素法に関する記述として，誤っているものはどれか。

(1) 硝化工程に関与する微生物は従属栄養細菌であり，脱窒素に関与する微生物は独立栄養細菌である。

(2) NH_4-NをNO_3-Nに酸化する際，理論的には，NH_4-N 1kg当たり4.6kgのO_2が必要である。

(3) NH_4-NをNO_2-Nに酸化する際にはH^+が生成する。

(4) NO_2-N，NO_3-Nが窒素に還元される際には，水素供与体が必要になる。

(5) 水素供与体としては通常，メタノール，酢酸塩あるいは排水中のBOD成分が利用される。

解説

(1) 硝化工程に関与するのが独立栄養細菌であり，脱窒素に関与するのが従属栄養細菌です。設問ではこれが逆になっています。

このほかの肢は，すべて正しい記述です。

解答 (1)

問2　難　中　易

生物的窒素除去に関する記述として，誤っているものはどれか。

(1) 窒素は，生物的酸化反応と生物的還元反応により除去される。

(2) 硝化工程は水温の影響を受け，特に15℃以下では，硝化速度は著しく低下する。

(3) SRTを小さくすれば，増殖速度の遅い硝化菌を処理系内に維持できる。

(4) 硝化工程でアルカリ度が不足すると，pHが低下し，処理機能に影響を与える。

(5) 硝化工程では溶存酸素が必要であり，脱窒素工程では無酸素条件で運転する。

解説

(3) 増殖速度の遅い硝化菌を処理系内に維持するためには，SRT（汚泥滞留時間）を大きくとる必要があります。SRTを小さくするというのは誤りです。

このほかの肢は，すべて正しい記述です。

解答 (3)

りんの除去

1 りん除去の概要

通常の生物処理で除去可能なりんの量は，除去BODの100分の1程度といわれています。このため，生物処理水からの**りん除去**については，COD除去も兼ねた無機凝集剤の添加による**凝集分離処理**が主流となっています。

生物的脱りん法は，活性汚泥微生物による**りんの過剰摂取現象**を利用したものです。ある種の環境条件下で，生物の細胞合成に必要とされる以上のりんが細胞に取り込まれ，りん含有量の高い余剰汚泥として系外に排出されます。嫌気状態におくと，細胞中に蓄積したポリりん酸が加水分解され，正りん酸として液中に放出されると考えられています。なお，近年では資源回収の必要性の高まりからHAP法，MAP法といったりん酸肥料回収技術も進められています。

■HAP法とMAP法の概要

HAP法	原水に**カルシウム**を添加し，アルカリ剤によるpH調整を行って，りん酸カルシウム化合物である**ヒドロキシアパタイト**（HAP）として晶析させ，回収する
MAP法	アンモニアの存在下で**マグネシウム剤**を添加し，アルカリ剤によるpH調整を行って，**りん酸マグネシウムアンモニウム**（MAP）として晶析させ，回収する

2 生物的脱りん法のプロセス構成

生物的脱りん法として，**嫌気・好気活性汚泥法**（りんのみを除去する）のほか，**嫌気・無酸素・好気法**（窒素除去とりん除去の機能を持つ）などが開発されています。ここでは嫌気・無酸素・好気法のフローを確認しておきましょう。

■嫌気・無酸素・好気法のフロー

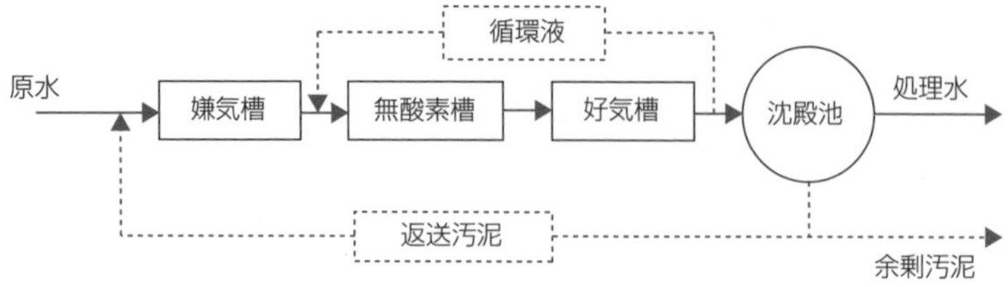

チャレンジ問題

問1　難 中 易

りんの除去に関する記述として，誤っているものはどれか。

(1) 凝集分離法は，無機凝集剤を添加する方法である。
(2) 生物的脱りん法は，活性汚泥微生物によるりんの過剰摂取現象を利用する方法である。
(3) MAP法は，りん酸マグネシウムアンモニウムとしてりんを回収する方法である。
(4) HAP法は，ヒドロキシアパタイトとしてりんを晶析する方法である。
(5) 嫌気・好気活性汚泥法は，同時に窒素も除去する方法である。

解説

(5) 嫌気・好気活性汚泥法は，りんのみを除去する方法です。同時に窒素も除去するというのは誤りです。
このほかの肢は，すべて正しい記述です。

解答 (5)

問2　難 中 易

下図は窒素とりんを同時に除去するプロセスのフローである。A，B，Cの組合せとして，最も適当なものはどれか。

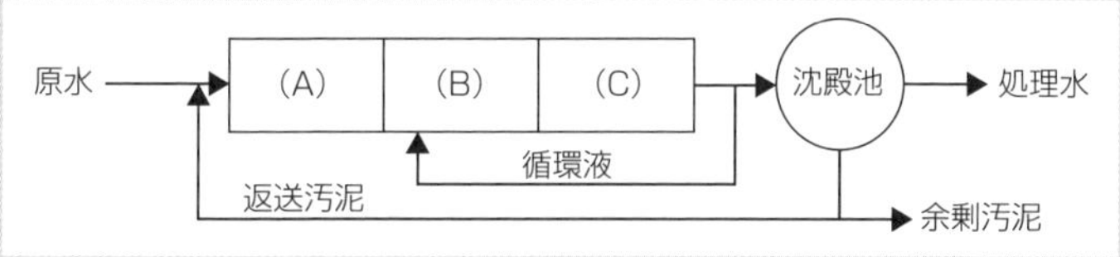

	(A)	(B)	(C)
(1)	好気槽	嫌気槽	無酸素槽
(2)	無酸素槽	嫌気槽	好気槽
(3)	無酸素槽	好気槽	嫌気槽
(4)	嫌気槽	無酸素槽	好気槽
(5)	嫌気槽	好気槽	無酸素槽

解説

嫌気・無酸素・好気法のプロセスを問う出題です。

解答 (4)

4 汚水等処理装置の維持管理

まとめ＆丸暗記

● この節の学習内容のまとめ ●

□ 物理化学処理装置の維持管理

- 前処理装置，pH調整槽

  貯留槽用ブロワーは専用のもの，pH計の校正は２週間に１回程度

- 各種装置における維持管理

凝集沈殿装置	●最適な凝集条件を**ジャーテスト**によって決定する ●**傾斜板**に汚泥が堆積しないよう，適宜洗浄する
浮上分離装置	油膜はある程度**厚くなった状態**で槽外に取り出す
清澄ろ過装置	**マッドボール**の生成を防ぐため，洗浄を十分に行う
酸化還元装置	ORP制御によって薬品注入を行う
活性炭吸着装置	活性炭を**新たに充填**した槽では，**換気**を十分に行う
膜処理装置	膜の細孔の目詰まりには**薬液洗浄**で対応する

□ 生物処理装置の維持管理

- 活性汚泥処理装置の維持管理

流入水の管理	排水に窒素，りんなど微生物の栄養塩が含まれていないときは，BOD：N：P＝100：5：1を目安に添加する
曝気槽への酸素供給	●曝気槽内の溶存酸素濃度は**1㎎/ℓ程度**以上に保つ ●**溶存酸素濃度の急上昇**は，**生物活動の低下**が予想される
BOD負荷	BOD負荷が**低い** → SVIが**小さい** → 汚泥が**沈降しやすい**
窒素除去	**硝化**：**汚泥滞留時間**は**7～10日以上**，曝気槽溶存酸素濃度はBOD除去の場合よりも高め **脱窒素**：硝酸性窒素（NO_3-N）の**3倍量**のBODが必要

- 生物膜処理装置の維持管理…生物膜の表面積のみで負荷を設定
- 嫌気処理装置の維持管理

  処理水中の汚泥量と処理槽内部の汚泥界面高さを監視し，汚泥の流出がないことを確認する。pH低下で有機酸の蓄積を予測する

物理化学処理装置の維持管理

1 前処理装置，pH調整槽

①前処理装置

前処理装置では可動部分が未処理の汚水と接触し，腐食が激しいため，注油，部品交換等の維持管理が大切です。

貯留槽で最も多い障害は，汚泥の堆積と**スカム**の発生です。防止策として曝気による撹拌が有効ですが，貯留槽用のブロワー（空気を送り込む装置）は**専用のもの**とします。

②pH調整槽

pH計の管理と中和剤の調節が重要です。**pH計**は定期的な標準液による**校正**（**2週間程度の間隔で行う**）と電解液の補給，電極の洗浄作業が必要です。**中和剤**は，濃度が希薄なほどpHの制御が容易になるため，中和剤の希釈槽や注入ポンプ容量の許す範囲で低濃度とします。

2 各種装置における維持管理

①凝集沈殿装置

凝集沈殿装置では，最適な凝集条件（凝集剤の添加量，pH値）の保持が最も重要です。最適条件は，ジャーテスト（➲P.133参照）によって決定します。凝集剤では硫酸アルミニウムが代表的ですが（➲P.131参照），原水のアルカリ度が低い場合は，中和に必要なアルカリの量が硫酸アルミニウムの場合よりも少ない**ポリ塩化アルミニウム**が使用されています。

沈殿池では，偏流が起こらないよう，蓄積したスカムや藻類などを除去します。沈殿池に沈降した汚泥は，できるだけ高濃度で，かつ過度の堆積がないように引き抜きます。また，**傾斜板**（➲P.129参照）を入れた沈殿池では，傾斜板の上に汚泥が堆積して閉塞しないよう，適宜洗浄する必要があります。

補足

スカム
固形物がほかの溶解物質や気体と混合して見かけ上の比重が小さくなり，水面に浮いたものをいいます。つまり，浮上した汚泥です。これに対し，沈殿したり水中で浮遊したりしている汚泥は「スラッジ」といいます。

貯留槽用のブロワーは専用のものに
前処理装置の貯留槽は水位の変動が激しいため，曝気槽とブロワーを兼用すると，貯留槽が低水位になったとき曝気槽に空気が送られなくなることがあるからです。

pH計の校正
標準液のpHを指すように調整するゼロ校正と，そのほかの標準液を用いてpHに対する電位の傾きを調整するスパン校正とがあります（➲P.195参照）。

ポリ塩化アルミニウム
PACと略します。化学名は「塩基性塩化アルミニウム」です。

②浮上分離装置

浮上分離装置では，浮上した油が油膜となって水面に集まります。分離した油ができるだけ水と混合しないよう，ある程度**油膜が厚くなった状態**で槽外に取り出します。また，加圧浮上分離装置（➲P.136参照）では，加圧下で空気を十分に溶解させた**加圧水**が順調に作られるように，加圧水ポンプの流量や圧力，溶解させる空気の流量，微細気泡の発生状況などに留意する必要があります。

③清澄ろ過装置

高濃度の浮遊物質を含んだ排水をそのままろ過すると，短時間でろ層が閉塞してしまうため，清澄ろ過装置にかける前に凝集沈殿などの前処理を行い，浮遊物質の濃度を下げておきます。また，ろ材相互が固着して**マッドボール**（泥溜まり）を生成し，ろ過操作が不可能となる場合があるため，洗浄を十分に行ってマッドボールの生成を防ぎます。特に，高分子凝集剤の過剰な添加はマッドボール生成の原因となるため注意が必要です。

④酸化還元装置

酸化還元反応には水素イオンが関与するため，厳密に制御されたpHの条件下において，ORP（酸化還元電位 ➲P.142参照）制御による薬品注入を行います。

⑤活性炭吸着装置

充塡塔型活性炭吸着装置では，浮遊物質による目詰まりを避けるため，できる限り**清澄な水**を通水する必要があります。粒状活性炭を**上向流**で通水する場合には，活性炭層の上下が混合するような流速では吸着帯を乱してしまうため，活性炭層がわずかに膨張する程度の通水速度にします。また，活性炭を**新たに充塡**した槽では，活性炭が酸素を吸収して内部が**酸欠**となる場合があります。そのため作業で内部に入るときは，**換気**を十分に行う必要があります。

⑥膜処理装置

膜処理装置で使用される膜の孔径は，精密ろ過膜（MF），限外ろ過膜（UF），ナノろ過膜（NF），逆浸透膜（RO）の順に小さくなっていきます（➲P.149参照）。逆浸透膜装置では，前処理で浮遊物質をできる限り除去しておくようにします。

膜の透過水量に限りがあるため，**量的な過負荷**に対してシステムとして対策を考えておく必要があります。浮遊物質濃度の高い排水の固液分離装置として使用する場合には，圧力損失をできるだけ抑えた**低負荷運転**も重要です。

膜処理装置の一般的な物理洗浄には，逆流洗浄，バブリングなどがあります。膜の細孔の目詰まりには**薬液洗浄**で対応します。よく用いられる薬品としては，水酸化ナトリウム，次亜塩素酸ナトリウム，クエン酸，シュウ酸などが挙げられます。

チャレンジ問題

問1　難　中　易

物理化学処理装置の維持管理に関する記述として，誤っているものはどれか。

(1) 傾斜板を入れた沈殿池では，傾斜板を適宜洗浄する必要がある。
(2) 浮上分離装置では，油膜はある程度厚い状態で槽外に取り出す。
(3) ろ過装置では，ろ材相互が固着し，マッドボールを生成することがあるので，洗浄を十分に行う必要がある。
(4) 粒状活性炭を上向流で通水する場合，上下が混合するように通水速度を大きくする。
(5) 膜処理装置に使われる膜の薬液洗浄に用いる薬品としては，水酸化ナトリウム，次亜塩素酸ナトリウム，くえん酸，しゅう酸などがある。

解説

(4) 上下が混合するような流速では吸着帯を乱すため，活性炭層がわずかに膨張する程度の通水速度にします。

このほかの肢は，すべて正しい記述です。

解答 (4)

生物処理装置の維持管理

1 活性汚泥処理装置の維持管理

①流入水の管理

曝気槽内のpHが**中性付近**となるように，事前または曝気槽内において中和します。処理対象となる有機物そのものが高濃度で微生物に毒性を示す場合は，**完全混合法**が望ましいとされています。

排水に窒素，りんなど微生物の栄養塩が含まれていないときは，BOD：N：P＝100：5：1を目安として，これらを添加します。

②曝気槽への酸素供給

活性汚泥処理装置では，酸素供給量が不足しないよう，

補足

完全混合法
曝気槽に流入した有機物を速やかに混合希釈する方法です。貯留槽から少量ずつ注入し，速やかに曝気槽全体に均一に混合させます。

曝気槽内の溶存酸素濃度を1mg/ℓ程度以上に保つようにします。ただし，溶存酸素濃度が急に高くなっている場合には注意が必要です。なぜなら，**溶存酸素濃度の急上昇**は，**生物活動の低下**を予想させ，pHの異常や毒性物質の流入などが考えられるからです。溶存酸素濃度を維持管理するため，曝気槽中に**溶存酸素計**を設置します。溶存酸素は，原水の流入場所で最も低く，曝気層出口で最も高くなるため，溶存酸素計は曝気槽中央から出口寄りに設置するようにします。

③BOD負荷

BOD負荷（➲P.158参照）が**低い**ほうが，一般にSVI（➲P.159参照）が**小さく**なり，汚泥は**沈降しやすく**なります。ただし，BOD負荷が低過ぎると，硝化によるpHの低下や活性汚泥の分解といった障害が起こるため，注意が必要です。

④窒素除去

活性汚泥処理装置で**硝化**を行う場合，硝化菌は増殖速度が遅いため，水温20℃では，安全をみて**汚泥滞留時間**（SRT）を**7～10日以上**とします（➲P.174参照）。曝気槽の溶存酸素濃度はBOD除去の場合よりも高め（**2mg/ℓ**程度）にします。

また，**脱窒素**については，硝酸性窒素（NO_3-N）の**3倍量**のBODが必要となります（NO_3-N：BOD＝1：3）。

2 生物膜処理装置の維持管理

生物膜処理装置では，生物膜の嫌気性域での処理速度が好気性域と比べて著しく遅いことから，処理装置内の全微生物量ではなく，**生物膜の表面積**のみで負荷を設定します。また，**接触曝気法**（➲P.168参照）では，付着した微生物を剥離する力が弱いため生物膜が厚くなり，これが一時に脱落すると処理が困難となるため，負荷をなるべく**低く**保ち，生物膜を**薄く**するよう運転操作を維持します。

3 嫌気処理装置の維持管理

嫌気処理では，処理に必要な量の微生物を増殖させるのに長時間を要するとともに，活性汚泥処理のように汚泥の外観や沈降性を常時監視することができないという特徴があります。最重要事項は，処理槽内に十分な量の嫌気汚泥を常時保持することであり，**処理水中の汚泥量**と処理槽内部の**汚泥界面高さ**を監視して，汚泥の流出がないことを確認します。

また，**pHの低下**は**有機酸の蓄積**を予測させる兆候なので，排水の流入を停止して対策を講じる必要があります。有機酸の蓄積が認められた場合は，アルカリによって中和し，有機酸の消失を待って排水の注入を開始します。二相嫌気性処理装置の酸生成槽では，酸生成槽出口のpHを５以上に保つようにして，過度のpH低下を防止します。

さらに，**ガス発生量の低下もメタン生成菌の活性低下**が予想されるため，対策が必要となります。

チャレンジ問題

問１　　難　**中**　易

活性汚泥処理装置の維持管理に関する記述として，正しいものはどれか。

(1) 排水に，窒素，りんなどの微生物の栄養塩が含まれていないときは，BOD：N：P ＝ 10：５：１を目安に添加する。

(2) 溶存酸素濃度の急上昇は，生物活動の低下を予想させる。

(3) BOD負荷が高すぎると，硝化によるpHの低下，活性汚泥の分解などの障害が起こる。

(4) 硝化を目的とする曝気槽の溶存酸素濃度は，BOD除去の場合より低くする。

(5) 脱窒素には，NO_3-Nの10倍量のBODを必要とする。

解説

(1) BOD：N：P ＝ 100：５：１を目安に添加します。

(2) 正しい記述です。

(3) これらの障害は，BOD負荷が低過ぎるときに生じます。

(4) 硝化を目的とするときは，曝気槽の溶存酸素濃度をBOD除去の場合より高めにします。

(5) 脱窒素には，NO_3-Nの3倍量のBODを必要とします。

解答 (2)

5 水質汚濁物質の測定技術

まとめ&丸暗記

● この節の学習内容のまとめ ●

□ 試料の採取と保存

- BOD，COD：0～10℃の暗所で保存
- 大腸菌群：0～5℃の暗所で保存し，9時間以内に試験
- 溶解性のFe，Mn：試料採取後，ろ紙5種Cでろ過。初めのろ液50mℓを捨て，後のろ液に硝酸を加えてpH約1で保存

□ 主な分析方法

- 吸光光度法…ランバート-ベールの法則
- 原子吸光法（フレーム原子吸光法，電気加熱原子吸光法）
- ICP発光分光分析法，ICP質量分析法…多元素同時定量が可能

□ 生活環境項目の検定

- BOD…試料を20℃で5日間培養したとき，消費された溶存酸素量
- COD…試料中の有機物に消費された酸化剤の量を酸素量に換算
- pH…ガラス電極を用いたpH計で測定
- 浮遊物質（SS）…孔径1μmのガラス繊維ろ紙でろ過
- ノルマルヘキサン抽出物質…試料で共洗いしない
- 大腸菌群…デオキシコール酸塩培地で培養

□ 重金属類の検定

前処理（金属成分の溶出，有機物の分解），各金属に適用する分析方法

□ フェノール類，全窒素，全りんの検定

- フェノール類…4-アミノアンチピリン吸光光度法
- 全窒素…総和法と紫外吸光光度法
- 全りん…ペルオキソ二硫酸カリウム分解法，モリブデン青吸光光度法

□ 主な計測機器

溶存酸素計（DO計），TOC計，TOD計，全窒素自動計測器

試料の採取と保存

1 試料の採取

①試料採取

試験を行うために採取した水のことを「試料」といいます。試料の採取が適切でなければ，その後の測定操作をどんなに正確に行っても意味がありません。工場排水試料の場合は，水質変動が著しくない限り，ある地点で，ある時刻に採取した試料を，その事業所の排水を代表する試料とみなして測定を行います。

②採取操作

表層の水を採取する場合には，採取場所の水で**採水器**を洗い，**試料容器**も洗浄した後，採取場所の水を試料容器に満水になるまで流し入れ，密栓します。また，試料容器を直接水中に沈めて採水することもできます。いずれの場合も，冬期などで試料が凍結するおそれのある場合は容器を満水にせず，約10%の空間を残すようにします。

貯水槽，井戸，河川，湖沼，海域などで各深度の試料を採取する場合には，**ハイロート採水器**などを用います。

③試料採取量

測定する項目数や測定成分の濃度，試料の保存方法などにもよりますが，一般には1項目当たり0.5～1ℓ程度です（全体量としては2～10ℓ）。ただし，**ヘキサン抽出物質**の測定には，試料の**全量**を用いるので別に採取します。

④試料の取り扱い

特に断らない限り，試料中に含まれる全量について測定を行うため，試料中に懸濁物質がある場合には十分に振り混ぜて均一にした後，測定に用います。ただし，**陰イオン**の測定では，特に断らない限り**ろ過**した試料を用います。また，鉄（Fe），マンガン（Mn）は溶存状態のものを測定するため，試料採取後，直ちに**ろ紙5種C**でろ過し，初めのろ液約50mℓを捨て，その後のろ液を試料とします。

補足

採水器
試料採取の際に用いる器具。柄付きひしゃくやバケツなどを指します。

試料容器
JIS K 0094により，
- 共栓ポリエチレン瓶
- 無色共栓ガラス瓶

と定められています。

ハイロート採水器
おもり付きの枠に試料容器を取り付けたものです。採取位置の深度まで静かに沈め，開栓して採水します。容器自体が採水器になっているため，試料の移し替えを行ってはならないヘキサン抽出物質試験用の採水にも適しています。

ろ紙5種C
定量分析用のろ紙のうち，微細沈殿用のものをいいます。

2 試料の保存

採取した試料は，すぐに測定することが理想ですが，それができない場合には適切な**試料の保存**が必要となります。特に**BOD**，**COD**など，微生物作用に影響を受ける項目の検定用試料は，微生物の活動を抑え，藻類などによる光合成作用を防ぐため，**低温**（0～10℃），**暗所**での保存が必要となります。また，**大腸菌群**の検定用試料は**0～5℃**の暗所に保存し，**9時間以内**に培養試験を開始します。

主な測定項目の保存条件，使用できる試料容器を確認しておきましょう。

■主な測定項目の保存条件，試料容器

測定項目	保存条件	試料容器
pH	保存できない	P・G
BOD，COD	**0～10℃の暗所**	P・G
TOC，TOD	0～10℃の暗所	P・G
浮遊物質（SS）	0～10℃の暗所	P・G
ヘキサン抽出物質	**塩酸**（塩化水素1：水1）を加えて**pH4**以下	G
大腸菌群	**0～5℃**の暗所（**9時間以内**）	P・G
重金属類	**硝酸**を加えて**pH約1**	P・G
溶解性のFe，Mn	試料採取後，**ろ紙5種C**でろ過。初めのろ液50mℓを捨て，後のろ液に**硝酸**を加えて**pH約1**	P・G
Cr（Ⅵ）	そのままの状態で0～10℃の暗所	P・G
フェノール類	**りん酸**を加えて**pH約4**にし，硫酸銅（Ⅱ）五水和物を加えて振り混ぜ，0～10℃の暗所	G
NO_2^-	**クロロホルム**を加えて0～10℃の暗所	P・G
NH_4^+，全窒素	塩酸または硫酸を加えてpH2～3にし，0～10℃の暗所	P・G
全りん	硫酸または硝酸を加えてpH約2	P・G

試料容器 P：プラスチック容器（共栓ポリエチレン瓶）
　　　　 G：ガラス容器（無色共栓ガラス瓶）

3 流量測定

汚濁物質の濃度だけでなく，総量としてどの程度の汚濁物質を事業所外に排出しているのかを把握することも大切です。流量の測定方法として，以下の4種類がJIS K 0094に規定されています。

■流量測定の方法

容器による測定	試料を適当な大きさの容器に取り，満水に達する時間を測定し，流量を計算する。小流量の測定に用いられる
堰による測定	所定の形状・寸法の堰板を水路に取り付け，堰板上流の水位から水頭（m）を測定し，流量を計算する。直角三角堰，四角堰，全幅堰がある
流量計による測定	流量計（開水路用，管路用）により連続的に流量を測定する。管路用の電磁流量計は，圧力損失がなく固形物の影響もないため，排水の管理に最も適している
流速計による測定	河川や比較的大きな水路では，水流の横断面積とその断面での流速を測定し，流量を算出する。 流速計には，回転式，電気式のものなどがある

補足

開水路用の流量計

①フリューム式
水路の一部を絞って，その上流側の水位を測定する

②堰式
水路の途中に堰板を設置し，堰を越流する水の上流側の水位を測定する

③流速計式
水路各部の流速と水位を測定し，両者を演算して流量を求める

チャレンジ問題

問1　難　中　易

水質測定の試料採取及び試料の取り扱いに関する記述として，誤っているものはどれか。

(1) 冬期などで試料が凍結するおそれがある場合は，容器を満水にせず，約10%の空間を残す。

(2) 試料を一つの容器にまとめて採取し，これから分取して重金属，陰イオン，ヘキサン抽出物質などの測定を行う。

(3) 重金属は，特に断らない限り，試料中に含まれる全量を測定する。

(4) 陰イオンの測定では，特に断らない限り，ろ過した試料を用いる。

(5) 鉄，マンガンなどの溶存状態のものを測定する場合には，試料採取後，直ちにろ紙5種Cでろ過し，初めのろ液約50mLを捨て，その後のろ液を試料とする。

解説

(2) ヘキサン抽出物質の測定には試料の全量を用いるため，別に採取する必要があります。ヘキサン抽出物質も含めてまとめて採取するというのは誤りです。

このほかの肢は，すべて正しい記述です。

解答 (2)

問2　難　中　易

試料の保存に関する記述として，誤っているものはどれか。

(1) ノルマルヘキサン抽出物質用試料は，塩酸を加えてpHを4以下として保存する。

(2) BOD用試料は，0～10℃の暗所で保存する。

(3) Cu，Zn用試料は，硝酸を加えてpHを約1にして保存する。

(4) 大腸菌群数用試料は，0～5℃の暗所で保存し，9時間以内に試験する。

(5) フェノール類用試料は，水酸化ナトリウムを加えて0～10℃の暗所で保存する。

解説

(5) フェノール類用試料は，りん酸を加えてpH約4とし，また硫化水素の発生を防ぐために硫酸銅（Ⅱ）五水和物を加えて振り混ぜ，0～10℃の暗所で保存します。水酸化ナトリウムを加えるというのは誤りです。

このほかの肢は，すべて正しい記述です。

解答 (5)

主な分析方法

1 吸光光度法

吸光光度法とは，試料物質，その溶液，または発色試薬を加えて発色させた溶液などの**吸光度**を測定して，濃度を求める方法です。下の図のように，強さI_0の単色光束が，**濃度c，長さl**の液層を通過したとき，光が吸収されて強さI_tになったとします。このとき，I_tとI_0には次の関係が成り立ちます。

$$I_t = I_0 \times 10^{-\varepsilon cl}$$

これを**ランバート-ベールの法則**といいます。εは**吸光係数**といい，特に$l = 10$㎜，$c = 1\,\mathrm{mol}/\ell$（$= 1\,\mathrm{M}$）のときのεを**モル吸光係数**といいます。

■液層による光の吸収

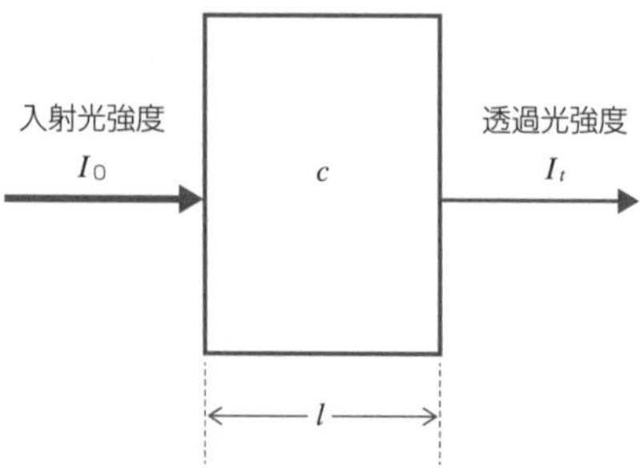

また，$I_t/I_0 = t$ を**透過度**といい，**吸光度**とは，透過度の逆数の対数log（$1/t$）をいいます。このため，前ページの式の対数をとってランバート-ベールの法則を吸光度Eで表すと次のような式になります。これをみると，吸光度Eは濃度cに比例することがわかります。

$$E = \varepsilon c l$$

〈例題〉吸光光度計で吸光度$E = 1$と測定された溶液について，測定対象物質の濃度c，液層の長さl，入射光強度I_0のいずれか一つを２倍にすると，それぞれの場合に透過光強度I_tは何倍になるか。

①濃度cを２倍にしたとき

cを２倍にすると，これに比例して吸光度$E = \varepsilon c l$も２倍になります。設問によると，もともと吸光度$E = \varepsilon c l = 1$と測定されていたのだから，$\varepsilon c l = 2$になるわけです。したがって，$I_t = I_0 \times 10^{-1}$ だったものが，$I_0 \times 10^{-2}$ になるのだから，透過光強度I_tは1/10倍になります。

②液層の長さlを２倍にしたとき

この場合も①と同様，$\varepsilon c l = 2$となり，透過光強度I_tは1/10倍になります。

③入射光の強度I_0を２倍にしたとき

前ページの式をみると，I_tはI_0に比例していることがわかります。したがって入射光強度I_0を２倍にすると，透過光強度I_tも２倍になります。

2 原子吸光法

①原子吸光法の原理

原子吸光法とは，試料中に含まれる分析対象元素を**基底状態**の原子にし，その原子蒸気層に原子の共鳴線を透過させ，そのときの吸光度を測定して濃度を求めるという方法です。右の図のように，原子蒸気が最低のエネルギー状態（E_0）にあるときを「基底状態」といいます。これに光などの形でエネルギーが加えられると，原子はこれを吸収し，E_1のような高いエネルギー状態（「**励起状態**」という）へと遷移します。原子吸光法はこの現象を利用したものです。

■吸光と発光

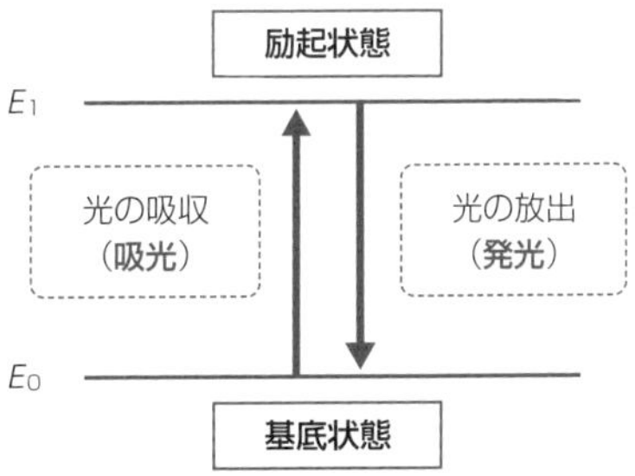

また励起状態は不安定なため，短時間

で元の基底状態に戻ります。このとき，余分のエネルギーを光として放出します。このように，光の吸収（**吸光**）と光の放出（**発光**）は，表裏の関係にあるといえます（この後学習する「発光分析法」は，発光現象を利用したものです）。

原子吸光法には，次のようなものがあります。

ア　フレーム原子吸光法

フレームとは「炎」という意味です。バーナーを用いてフレームを作り，そこに試料溶液を噴霧して原子蒸気を生じさせ，その中に中空陰極ランプなどからの光を透過させて吸光度を測定します。最も広く使われている原子吸光法ですが，高濃度領域では検量線が種々の原因で曲がるため，定量を行う際には，検量線の直線性が良好な濃度領域を用いる必要があります。

イ　電気加熱原子吸光法

電気的に加熱することにより，試料溶液を乾燥，灰化，原子化する方法です。フレーム原子吸光法よりも数十～数百倍の感度がある反面，共存物質による干渉が大きくなります。

3 ICP発光分光分析法

ICP（inductively coupled plasma）とは，**誘導結合プラズマ**という意味です。気体の温度を上げていくと，原子の外殻電子が離れてイオンが生成され，電子，イオン，中性の原子，分子が混合した状態となります。このように自由に運動する正・負の荷電粒子が共存して電気的に中性を保っている状態を**プラズマ**といいます。ICPでは，誘導コイルに**高周波電流**を流して生じる電磁誘導によってプラズマを生成し，中心部が6000～10000℃の高温となります。このように励起源の温度が高いほど一般に発光強度が大きくなることから，ICP発光分光分析法では低濃度領域まで分析が可能となります。

ICP発光分光分析法には，次のような特徴があります。

- 励起された原子による**発光スペクトル**の波長や強度を測定して分析を行う
- プラズマガス（プラズマを生成するためのガス）やキャリヤーガス（試料溶液を搬送するためのガス）として，**アルゴン**が用いられる
- 金属類のほか，**ほう素**，**りん**などの半金属元素の定量もできる
- 多元素を一斉に分析する**多元素同時定量**，あるいは**多元素高速逐次定量**が可能である
- **検量線の直線範囲**が広く，定量濃度範囲（ダイナミックレンジ）が4～5桁に達するため，試料の希釈などの手間が省ける

4 ICP質量分析法

ICP質量分析法は，ICP中に試料を導入し，そこで生成した分析対象元素のイオンを質量分析計に導いて，特定の質量数/電荷数の比を対象に，そのイオン強度を測定して，検量線から分析対象元素の濃度を定量する方法です。

ICP発光分光分析法と同様，ICPを励起源として利用する分析法であり，**高感度**であるとともに，**多元素同時定量**が可能です。ダイナミックレンジが広く（～10^6），ほとんどの元素に対してICP発光分光分析法より優れた検出限界を有します。このため，ICP発光分光分析装置などに比べて高価ですが，汚濁物質の微量分析に広く用いられています。

補足

励起源
原子に高エネルギーが与えられると最外殻電子が軌道遷移を起こし励起状態となります。ICPは誘導結合によって得られるプラズマの高温の熱エネルギーを有していることから，励起状態を引き起こす励起源となります。

発光スペクトル
励起状態の原子から放出された光を，分光器によって波長順に分解したものをいいます。

チャレンジ問題

問1　難　中　**易**

ICP発光分光分析法又はICP質量分析法に関する記述として，誤っているものはどれか。

(1) いずれの方法も，多元素を一斉に分析することが可能である。
(2) いずれの方法も，検量線の直線領域（ダイナミックレンジ）が広い。
(3) ICP発光分光分析法では，基底状態の原子から発せられる光を測定する。
(4) ICP質量分析法では，ICP中で生成したイオンを質量分析計に導き，イオンの強度を測定する。
(5) ICP質量分析法は，ほとんどの元素に対してICP発光分光分析法より優れた検出限界を有する。

解説

(3) ICP発光分光分析法では，励起状態から基底状態に戻るときに放出される光を測定します。したがって，励起状態の原子から発せられる光であり，基底状態の原子から発せられる光というのは誤りです。

このほかの肢は，すべて正しい記述です。

解答 (3)

生活環境項目の検定

1 BOD（生物化学的酸素消費量）

①BOD試験の概要

BOD（生物化学的酸素消費量）とは，水中の好気性微生物によって消費される**溶存酸素**（水中に溶けている酸素）の量をいいます。BODは，希釈水で希釈した試料を培養びんに入れ，密栓した状態で，**20℃，5日間培養**したときに消費された溶存酸素量から求めます。一般に，水中には好気細菌などの微生物が存在しており，BOD試験ではこれらの活動を利用します。このため，好気性微生物が存在していない水には，試験に先立って好気性微生物を添加することになっており，これを「**植種**」といいます。**希釈水**には5日後の溶存酸素消費量が**0.2mg／ℓ**以下に調製されたものを用い，植種を必要とする場合は，植種液（下水の上澄み液，河川水など）の適量を希釈水に添加して調製します。

また，生物化学的処理を行った排水などでは，硝化細菌が繁殖していることもあり，この場合には窒素系化合物の酸化分解時に消費される酸素量も関係してきますが，排水基準でのBOD試験ではこれも含めてBOD値とします。

②試料採取量

BOD試験で最も重要なことは，試料を希釈水または植種希釈水を用いて適切な**希釈倍数**（希釈倍率）で調製することです。20℃で5日間培養する間に，最初の希釈試料に含まれていた溶存酸素量の**40～70%**が消費されるように希釈したものが最も正常に好気性微生物の育成を促すとともに，十分に酸化分解された結果を示します。20℃での飽和溶存酸素濃度は8.84mgO/ℓなので，この40～70%に当たる消費量は3.5～6.2mgO/ℓです。そこで，試料のBOD値が予想できる場合には，希釈試料**1000mℓ**を調製するのに必要な**試料採取量** V（mℓ）を次の式から求めることができます（単位mgO/ℓのOは酸素を表します）。

$$V = \frac{(3.5 \sim 6.2) \times 1000}{\text{試料のBOD予想値（mgO/ℓ）}}$$

〈例題〉 BOD予想値が300mg／ℓの排水がある。この排水のBODを測定するときに必要な試料採取量（mℓ）および希釈倍数の範囲はいくらか。

上の式より，$V = \frac{(3.5 \sim 6.2) \times 1000}{300} = 11.7 \sim 20.7$（mℓ）

これは，希釈試料1000mℓを調製するのに必要な試料採取量（mℓ）なので，

$$希釈倍数の範囲は，\frac{1000\ (m\ell)}{11.7 \sim 20.7\ (m\ell)} = 85.5 \sim 48.3$$

〈答〉 必要な試料採取量は11.7 ～ 20.7（mℓ），希釈倍数の範囲は85.5 ～ 48.3

③BOD値の算出

BOD試験では，同一試料について段階的に希釈倍数の異なる数種類の希釈試料を調製し，5日間の培養によって消費される溶存酸素量が培養前の40 ～ 70％の範囲内に入った希釈試料だけを選び，その結果を用いてBOD値を算出します。

〈例題〉 ある排水のBODを測定するため，排水を3段階に希釈して試験したところ，溶存酸素濃度は以下の値となった。この排水のBOD（mg/ℓ）はいくらか。ただし，植種は行わないこととする。

希釈倍数	希釈試料を調製して15分後の濃度（mg/ℓ）	5日間培養後の濃度（mg/ℓ）
10倍希釈	8.0	0.5
20倍希釈	8.4	4.4
50倍希釈	8.6	7.3

この3種類の希釈試料のうち，5日間の培養によって消費される溶存酸素量が培養前の40 ～ 70％の範囲内にあるものを選びます。希釈試料を調製して15分後の濃度をD_1，5日間培養後の濃度をD_5として，$(D_1-D_5)/D_1$の値が40 ～ 70％の範囲内にあるかどうかを計算すればわかります。

10倍希釈の試料：$(8.0-0.5)/8.0 = 0.937 =$ 約94％

20倍希釈の試料：$(8.4-4.4)/8.4 = 0.476 =$ 約48％

50倍希釈の試料：$(8.6-7.3)/8.6 = 0.151 =$ 約15％

したがって，40 ～ 70％の範囲内に入るのは，20倍希釈の試料のみです。

そこで，これを用いてBOD値を算出します。BOD値は，次の式によって求めることができます。

BOD値 $= (D_1 - D_5) \times$ 希釈倍数

$\therefore\ (8.4-4.4)\times 20 = 80$

〈答〉 この排水のBOD値は，80（mg/ℓ）

④試験操作の確認

BOD試験を初めて行う場合，または正しい試験が行われているかどうかを確認するなどの場合は，**グルコース-グルタミン酸混合標準液**を用いて試験を行います。この標準液のBOD値は220±10mg O/ℓであり，もしこの値からかけ離れた値を得たときは，希釈水の水質や植種液の活性度などを見直します。

2 COD（化学的酸素消費量）

①COD試験の概要

COD（化学的酸素消費量）は，一定の条件下で試料中の有機物と**酸化剤**を反応させ，そのときに消費される酸化剤の量を酸素の量に換算して表したものです。酸化剤としては，過マンガン酸カリウムや二クロム酸カリウムが挙げられますが（➲P.93, 94参照），検定では**過マンガン酸カリウム**が用いられています。過マンガン酸カリウムの滴定には，**ビュレット**（液体を少量ずつ滴下する器具）を使用します。

②具体的な操作，試料採取量

試料100mℓ（または適量）を取り，**硫酸**を加えて硫酸酸性とし，硝酸銀溶液と酸化剤の過マンガン酸カリウム（5mmol/ℓ）を加えて，沸騰水浴中（100℃）で**30分間**反応させ，そのとき消費された酸化剤の量を求めます。**硝酸銀溶液**を添加するのは，**塩化物イオン**による妨害を防ぐためです。

試料は，COD_{Mn}値が11mgO/ℓ以下の場合は100mℓ採取しますが，それ以外の場合は30分間の加熱後に過マンガン酸カリウム溶液（10mℓ添加）の残留量が4.5～6.5mℓとなるように採取し，水を加えて全液量を100mℓとします。試料のCOD_{Mn}値が予測できる場合には，次の式から**試料採取量*V*（mℓ）**を求めることができます。

$$V = (3.5 \sim 5.5) \times \frac{1000 \times 0.2}{\text{試料の}COD_{Mn}\text{予測値（mgO/ℓ）}}$$

3.5～5.5：5mmol/ℓ過マンガン酸カリウム溶液の反応予想量（mℓ）

0.2：5mmol/ℓ過マンガン酸カリウム溶液1mℓの酸素相当量

③COD値の算出

5mmol/ℓ過マンガン酸カリウム溶液の滴定値から，COD_{Mn}（mgO/ℓ）を次の式によって算出します。

$$COD_{Mn} = (a-b) \times f \times \frac{1000}{V} \times 0.2$$

a：滴定に要した5mmol/ℓ過マンガン酸カリウム溶液の体積（mℓ）

b：空試験の滴定に要した5mmol/ℓ過マンガン酸カリウム溶液の体積（mℓ）
（空試験…水［COD_{Mn}値を与える物質を含まない］を用いた試験）

f：5mmol/ℓ過マンガン酸カリウム溶液のファクター（濃度の補正係数）

0.2：5mmol/ℓ過マンガン酸カリウム溶液1mℓの酸素相当量（mg）

V：試料体積（mℓ）

〈例題〉工場排水を10mℓ取り，水を加えて100mℓとしてCODを測定したところ，5mmol/ℓ過マンガン酸カリウム溶液の滴定値は4.6mℓであり，空試験は0.1mℓであった。過マンガン酸カリウム溶液のファクターが1.00のとき，この排水のCOD（mg/ℓ）を求めよ。

前ページの式を用いて求めます。設問より，a:4.6（mℓ），b：0.1（mℓ），f：1.00，V：10（mℓ）であるから，

$$\therefore \quad COD_{Mn} = (4.6-0.1) \times 1.00 \times \frac{1000}{10} \times 0.2 = 90$$

〈答〉この排水のCOD値は，90（mg/ℓ）

3 pH（水素イオン濃度）

①pH測定の概要

pHは化学的，物理的，生物化学的作用などによって急速に変化するため，試料採取後，直ちに測定する必要があります（➲P.186参照）。測定には**ガラス電極**を用いた**pH計**を使用します。

②pH計の校正

測定に先立ち，pH標準液を用いてpH計の校正を行います。**ゼロ校正**と**スパン校正**があります。

■ゼロ校正とスパン校正

ゼロ校正	中性りん酸塩pH標準液に検出部を浸して，pH計の指示値がこの標準液の温度に対応するpH値になるよう調整すること
スパン校正	ゼロ校正とは異なった標準液を用いて，pHに対する電位の傾きを調整すること

③pHの測定

校正終了後，検出部を水でよく洗浄し，試料溶液に浸してpHを読み取ります。これを繰り返して，3回の測定値が±0.1のものの平均値を求めます。ガラス電極が汚れている場合には，塩酸などで短時間洗浄し，さらに流水で十分に洗浄します。参照電極の汚れの除去もこれと同様であり，内部溶液（**塩化カリウム溶液**）の補塡にも注意します。

補足

硫酸酸性
硫酸を使って酸性状態にすることをいいます。

補足

ガラス電極
溶液のpHに比例する起電力を発生するガラス薄膜を先端とし，内部にガラス電極内部液と内部電極を持つ電極です。

補足

検出部
ガラス電極，参照電極，温度計など。

参照電極（比較電極）
ガラス電極の起電力を測定するために用いる基準用比較電極です。比較電極内部液と内部電極を持ちます。

4 浮遊物質（SS）

①浮遊物質の測定の概要

浮遊物質（懸濁物質ともいう）は，網目2㎜のふるいを通過した試料の適量を孔径1μmのガラス繊維ろ紙でろ過したときにろ紙上に捕捉される物質のことをいいます。この物質を水洗後，105～110℃で2時間加熱乾燥し，デシケーター（試料を乾燥，貯蔵するために用いる除湿器）の中で放冷した後の質量を測定して，試料1ℓ中の㎎で表します。

②注意事項

試料の採取量は，乾燥後の浮遊物質量が5㎎以上になることを目安とします。試料中の浮遊物質は，凝集や生物化学的反応によって変化しやすいため，できるだけ早く試験し，直ちに試験できない場合は適切に保存します（➡P.186参照）。

5 ノルマルヘキサン抽出物質

①ノルマルヘキサン抽出物質の測定の概要

試料をpH4以下の弱酸性とし，ヘキサンを加えて混合してヘキサン層に分配する物質を抽出した後，約80℃でヘキサンを揮発させたときに残留する物質のことを**ノルマルヘキサン抽出物質**といいます。

②注意事項

試料を採取する際，試料容器を採取する水（試料）で洗ったり（「**共洗い**」という），採取した試料をほかの容器に移し替えたりしてはいけません。また，ヘキサンの蒸発時には，引火のおそれがないよう，十分に注意します。

6 大腸菌群

①大腸菌群の測定の概要

大腸菌群とは，グラム染色法に対して陰性で，芽胞（耐久性の高い細胞構造）を形成しない桿菌（棒状・円筒状の細菌）であって，ラクトース（乳糖）を分解して酸と気体を発生する好気菌または通性嫌気菌をいいます。

排水の検定では，希釈試料1㎖ずつを2個の**デオキシコール酸塩培地**に取り，35～37℃で18～20時間，重層平板培養し，平板培地上に形成された**赤～深紅色**を呈する定型的集落数についてその平均値を求め，試料1ℓ中の個数として表します。

デオキシコール酸塩培地は，ペプトン10g，ラクトース10g，寒天15g，塩化ナトリウム５g，クエン酸鉄（Ⅲ）アンモニウム２g，りん酸水素二カリウム２gを，純水１ℓに加え，これを加熱してろ過し，そこにデオキシコール酸ナトリウム１gとニュートラルレッド33㎎を加えてpH7.4±0.1に調節したものです。デオキシコール酸ナトリウムは大腸菌の育成を阻害せず，ほかの大部分の細菌の育成を阻害することから，この培地が大腸菌群の選択培地となります。

補足

グラム染色法
デンマークの学者グラムが考案した細菌分類のための染色法です。菌体を濃紫色に染色しておき，これを脱色したとき，脱色されないものが陽性で，脱色されるものが陰性です。

チャレンジ問題

問１　難　中　易

ある排水のBODを測定するために，排水を３段階に希釈して試験したところ，溶存酸素濃度は以下の値となった。この排水のBODはいくらか。なおこの場合，植種は必要としない。

（試料希釈倍率）	（希釈試料を調製して15分後の濃度，mg/L）	（５日間培養後の濃度，mg/L）
2	7.0	0.5
4	8.0	4.0
8	8.5	7.0

（1）4.0　（2）6.5　（3）12　（4）13　（5）16

解説

まず，５日間の培養で消費される溶存酸素量が，培養前の40～70%の範囲内にあるものを選びます。

2倍希釈の試料：(7.0−0.5) / 7.0 =0.929=約93%
4倍希釈の試料：(8.0−4.0) / 8.0 =0.500=約50%
8倍希釈の試料：(8.5−7.0) / 8.5 =0.177=約18%

したがって，40～70%の範囲内にあるのは，4倍希釈の試料のみです。
そこで，これを用いてBOD値（㎎/ℓ）を算出すると，
BOD値 =（希釈試料を調製して15分後の濃度−5日間培養後の濃度）× 希釈倍率
= (8.0−4.0) × 4 =16

解答　(5)

問2　難　中　易

水質汚濁物質の検定に関する記述として，誤っているものはどれか。

(1) BODは，20℃，5日間培養したときに水中の好気性微生物によって消費される溶存酸素量から求める。

(2) CODは，試料を硫酸酸性とし，酸化剤として過マンガン酸カリウムを加えて沸騰水浴中で30分間反応させ，そのとき消費された酸化剤の量から求める。

(3) ノルマルヘキサン抽出物質とは，試料をpH 4以下の弱酸性とし，ヘキサンに抽出した後，約80℃でヘキサンを揮発させたときに残留する物質である。

(4) 大腸菌群数は，試料をデオキシコール酸塩培地にとり，35～37℃で18～20時間重層平板培養して形成された赤～深紅色を呈する定型的集落数から求める。

(5) 浮遊物質とは，目開き2㎜のふるいを通過した試料の適量を，孔径10μmのガラス繊維ろ紙でろ過したときに捕捉される物質である。

解説

(5) 孔径10μmではなく，孔径1μmのガラス繊維ろ紙でろ過します。
このほかの肢は，すべて正しい記述です。

解答 (5)

問3　難　中　易

排水のCODの検定において，CODが200㎎/Lと推定されるとき，試料の採取料（ml）として最も適当なものはどれか。

(1) 2　(2) 5　(3) 10　(4) 20　(5) 50

解説

COD値が予測できる場合は，試料採取量 V（mℓ）を次の式から算出できます。

$$V = (3.5 \sim 5.5) \times \frac{1000 \times 0.2}{\text{試料のCOD予想値（mg/ℓ）}}$$

$$\therefore \quad V = (3.5 \sim 5.5) \times \frac{1000 \times 0.2}{200} = 3.5 \sim 5.5$$

したがって，試料の採取量として最も適当なのは，(2) の5（mℓ）です。

解答 (2)

重金属類の検定

1 重金属類における前処理

排水中の重金属類を対象とする検定では，試料の前処理を行うことが原則とされています。主なものをみておきましょう。

①金属成分の溶出

鉄（Fe），マンガン（Mn）については，溶存状態のもの（溶解性成分）だけを測定するよう定められているため，試料採取後，直ちにろ紙５種Ｃでろ過し，そのろ液を測定します。このほか，金属成分について以下のような酸処理を行います。

ア　塩酸酸性または硝酸酸性で煮沸

塩酸酸性または硝酸酸性にして，約10分間静かに煮沸します。有機物や懸濁物の極めて少ない試料に適用します。溶解性鉄，溶解性マンガンの定量用ろ液にも，原則として適用されます。

イ　塩酸または硝酸による分解

有機物は少ないが，懸濁物として，水酸化物，酸化物，硫化物，りん酸塩などを含んだ試料に適用します。

②有機物の分解

試料中に有機物が存在すると，重金属定量の妨害となることが多いため，以下のように事前に分解しておきます。

ア　硝酸と過塩素酸による分解

酸化されにくい有機物を含む試料に適用します。ただし，不用意に取り扱うと爆発する危険があるため，以下の点に注意しなければなりません。

- 過塩素酸を加える前に，硝酸を加えて加熱処理し，酸化されやすい有機物を分解しておく
- 過塩素酸の添加は，必ず濃縮液を放冷した後に行う
- 加熱分解は，過塩素酸と硝酸を必ず共存させた状態で行う
- 濃縮液を乾固させてはならない

補足

塩酸酸性，硝酸酸性
塩酸を使って酸性状態にすることを塩酸酸性といい，硝酸を使って酸性状態にすることを硝酸酸性といいます。

その他の前処理

①蒸発濃縮
試料中の水分を加熱等によって蒸発させて，分析対象成分を濃縮する方法です。

②共沈
濃度mg / ℓ 程度の微量成分は沈殿として捕集することが困難であるため，少量の類縁元素を加えて，これを沈殿させるときに分析対象元素も同時に沈殿させるという方法です。

③気化
分析対象元素を，気化しやすい化学種として分離する方法です。

④イオン交換
イオン交換樹脂を充填したカラムに試料を通して，分析対象元素を交換吸着させる方法です。

⑤溶媒抽出
互いに混じり合わない2つの液相間の物質の分配を利用した分離濃縮法です。

イ　硝酸と硫酸による分解

多種類の試料に適用することができます。ただし，引き続いて，調製した試料をそのまま噴霧するフレーム原子吸光法，ICP発光分光分析法，ICP質量分析法を適用する場合は，残留する硫酸が妨害するため適切ではありません。

2 各金属の検定

①銅（Cu），亜鉛（Zn）

銅および亜鉛の検定には，フレーム原子吸光法（アセチレン-空気フレーム中に噴霧），電気加熱原子吸光法，ICP発光分光分析法またはICP質量分析法を適用することが定められています。

②溶解性鉄（Fe）

溶解性鉄の検定には，試料をろ過して懸濁物質を分離した後，ろ液について，フレーム原子吸光法（アセチレン-空気フレーム中に噴霧），電気加熱原子吸光法またはICP発光分光分析法を適用することが定められています。

③溶解性マンガン（Mn）

溶解性マンガンの検定には，試料をろ過して懸濁物質を分離した後，ろ液について，フレーム原子吸光法（アセチレン-空気フレーム中に噴霧），電気加熱原子吸光法，ICP発光分光分析法またはICP質量分析法の適用が定められています。

④クロム（全クロム，Cr）

クロムの検定については，ジフェニルカルバジド吸光光度法，フレーム原子吸光法（アセチレン-空気またはアセチレン-一酸化二窒素フレーム中に噴霧），電気加熱原子吸光法，ICP発光分光分析法またはICP質量分析法の適用が定められています。ジフェニルカルバジド吸光光度法は，試料を硫酸酸性にして，過マンガン酸塩を加えて加熱酸化し，クロムをクロム（Ⅵ）とした後に適用します。

チャレンジ問題

問１　　難　中　易

重金属を測定する場合の試料前処理方法に関する記述として，誤っているものはどれか。

(1) 塩酸又は硝酸酸性での煮沸は，有機物や懸濁物が極めて少ない試料に適用する。

(2) 塩酸又は硝酸による分解は，有機物が少なく，懸濁物として水酸化物，酸化物などを含む試料に適用する。
(3) 硝酸と過塩素酸による分解は，酸化されにくい有機物を含む試料に適用する。
(4) 硝酸と過塩素酸の分解では，濃縮液を乾固させない。
(5) 硝酸と硫酸による分解は，ICP発光分光分析法，ICP質量分析法の前処理として適している。

解説

(5) 前処理として硝酸と硫酸による分解を行うと，ICP発光分光分析法やICP質量分析法を適用した際に，残留する硫酸が妨害となるため好ましくありません。
このほかの肢は，すべて正しい記述です。

解答 (5)

問2　難　中　易

金属の検定方法に関する記述中，（ア）及び（イ）の[　　]の中に挿入すべき語句の組合せとして，正しいものはどれか。

銅，亜鉛，溶解性鉄，溶解性マンガン，クロムのうち，ICP質量分析法が規定されていないものは[(ア)]であり，吸光光度法が規定されているものは[(イ)]である。

	（ア）	（イ）
(1)	溶解性鉄	クロム
(2)	亜鉛	銅
(3)	溶解性鉄	亜鉛
(4)	溶解性マンガン	クロム
(5)	溶解性マンガン	銅

解説

分析方法	銅	亜鉛	溶解性Fe	溶解性Mn	クロム
フレーム原子吸光法	○	○	○	○	○
電気加熱原子吸光法	○	○	○	○	○
ICP発光分光分析法	○	○	○	○	○
ICP質量分析法	○	○	−	○	○
ジフェニルカルバジド吸光光度法	−	−	−	−	○

解答 (1)

フェノール類，全窒素，全りんの検定

1 フェノール類

①フェノール類の試験の概要

フェノール類の試験は，試料を前処理後，**4-アミノアンチピリン吸光光度法**を適用し，フェノール標準液を用いて定量した値で表します。この試験で対象となるフェノール類とは，ベンゼンおよびその類似体のヒドロキシ誘導体で，規定の方法によって**4-アミノアンチピリン**と反応して発色するものをいいます。

フェノール類は，化学的にも生物化学的にも変化しやすいため，試料採取後，直ちに試験を行います（直ちに行えない場合の保存方法➡P.186参照）。

②前処理（蒸留法）

4-アミノアンチピリン吸光光度法によって定量する場合，試料中に還元性物質や酸化性物質，重金属類，芳香族アミン類，油分などが共存すると定量を妨害するため，**蒸留**によってフェノール類を妨害物質から分離します。

具体的には，りん酸酸性（pH約４）とし，硫酸銅（Ⅱ）の存在のもと，加熱蒸留してフェノール類を留出分離します。

③4-アミノアンチピリン吸光光度法

前処理（蒸留）後，pHを約10に調製し，発色試薬として4-アミノアンチピリンとヘキサシアノ鉄（Ⅲ）酸カリウムを加えて，生成する赤色の**アンチピリン色素**の吸光度を波長510nm付近で測定し，フェノール標準液による検量線によってフェノール類を定量します。なお，発色強度はフェノール化合物の種類によって異なります。濃度が低い（呈色が弱い）場合は，アンチピリン色素をクロロホルムに抽出し，波長460nm付近の吸光度を測定します。

2 全窒素

全窒素の試験として，総和法，紫外吸光光度法などが定められています。

総和法では，試料を２つ取り，その一方で亜硝酸イオンと硝酸イオンの合量を求め，もう一方でアンモニアと有機体窒素の合量を求め，両者の和を全窒素とします。**紫外吸光光度法**では，試料を加熱酸化分解してすべての窒素化合物を硝酸イオンに変換し，その紫外部の吸収を測定して全窒素を求めます。有機物の多い試料の測定では，総和法のほうが適しています。それぞれの具体的な内容をみておきましょう。

①**総和法**

試料の一方に，水酸化ナトリウムを加えて蒸留を行い，アンモニウムイオンと一部の有機窒素化合物の分解で生じたアンモニアを除いた後，デバルタ合金を加えて亜硝酸イオンと硝酸イオンを還元してアンモニアとし，蒸留によって分離し，**インドフェノール青吸光光度法**で窒素量を定量します。もう一方の試料は，硫酸銅，硫酸カリウムおよび硫酸を加えて加熱分解して有機体窒素をアンモニウムイオンに変えた後，アルカリ性として蒸留し，試料中に含まれるアンモニウムイオンとともに蒸留分離し，やはりインドフェノール青吸光光度法で窒素量を定量します。

②**紫外吸光光度法**

試料に**ペルオキソ二硫酸カリウム**のアルカリ性溶液を加え，**高圧蒸気滅菌器**の中で120℃，30分間の加熱酸化分解を行い，試料中の窒素化合物を硝酸イオンに変えるとともに有機物を分解します。この分解の終了後，試料溶液のpHを２～３にして，硝酸イオンによる波長220nmの吸光度を測定して硝酸イオン濃度を求め，窒素に換算します。

ペルオキソ二硫酸カリウムによる酸化分解で，亜硝酸塩やアンモニウム塩はすべて硝酸イオンとなります。また，多くの有機体の窒素化合物も，95%以上の分解率で酸化分解され，硝酸イオンとなります。

ただし，添加するペルオキソ二硫酸カリウム（0.3g）で酸化できる物質量は少ないため，共存有機物の多い試料には適しません。また，海水のように多量の**臭化物イオン**を含んだ試料にも適しません。

3 全りん

全りんには，りん酸イオン，ポリりん酸類，メタりん酸類などの**無機体**のりんと，りん脂質，りんたんぱく質などの**有機体**のりんが含まれます。りん酸イオン以外のりんは加水分解や酸化反応によって，**りん酸イオン**に変化します。

補足

デバルタ合金
おおむね銅50%，アルミニウム45%，亜鉛5%の合金で，灰色の粉末です。

インドフェノール
分子式：$C_{12}H_9NO_2$

インドフェノール青吸光光度法
アンモニアが発色試薬のフェノール化合物と次亜塩素酸イオン供与体と反応し，生成するインドフェノール青の吸光度を測定する方法です。

補足

臭化物イオン
臭化物イオン自身による紫外部の吸収があるほか，酸化分解でその一部が臭素酸イオンとなり，紫外部にさらに大きな吸収を示すことから，紫外吸光光度法にとって妨害物質となります。

全りんの試験では，ペルオキソ二硫酸カリウム分解法，硝酸-過塩素酸分解法または硝酸-硫酸分解法によって試料中の有機物などを分解し，この溶液について，りん酸イオンを**モリブデン青吸光光度法**によって定量します。

モリブデン青吸光光度法では，りん酸イオンから生成した化合物を還元して，生成したモリブデン青の吸光度を測定し，りん酸イオンを定量します。

ペルオキソ二硫酸カリウム分解法では，試料にペルオキソ二硫酸カリウム溶液を加え，**高圧蒸気滅菌器**の中で120℃，30分間の加熱酸化分解を行い，種々の形態のりんをりん酸イオンに変化させます。ただし，レシチンのように分解しにくい有機りん化合物や，多量の有機物を含んだ試料の場合には，硝酸-過塩素酸分解法，硝酸-硫酸分解法を適用します。

このほか，全りんの試験について，主な注意事項をみておきましょう。

- 海水のように**塩化物イオン**を多量に含む試料では，一部がペルオキソ二硫酸カリウムによる分解時に塩素となり，モリブデン青の発色を妨害するため，塩素を還元または除去してから発色操作を行う
- **亜硝酸イオン**が共存すると，モリブデン青を急速に退色させる
- **ひ素（V）**が共存するとりん酸イオンと同様に発色するため，正の誤差を与える

チャレンジ問題

問1　難　中　易

フェノール類の検定法に関する記述として，誤っているものはどれか。

(1) 変化しやすいので，採水後，直ちに試験を行うことが望ましい。
(2) 妨害物質から分離するため，蒸留を行う。
(3) 蒸留後，pHを約10に調製し，発色試薬を加えてアンチピリン色素を生成させ，吸光度を測定する。
(4) 濃度が低い場合は，アンチピリン色素をクロロホルムに抽出して測定する。
(5) 発色強度は，フェノール化合物の種類によらず一定である。

解説

(5) フェノール化合物の種類によって発色強度は異なります。種類によらず一定というのは誤りです。

このほかの肢は，すべて正しい記述です。

解答 (5)

問2　難　中　易

全窒素の検定方法に関する記述として，誤っているものはどれか。

(1) 総和法では，二つの試料の片方で亜硝酸イオンと硝酸イオンの合量を，他方でアンモニアと有機体窒素の合量を求め，それらの和を全窒素とする。
(2) 紫外吸光光度法では，試料中のすべての窒素化合物を加熱酸化分解して硝酸イオンとし，その紫外部の吸光度を測定して全窒素を求める。
(3) 有機物の多い試料の測定では，総和法より紫外吸光光度法の方が適している。
(4) 紫外吸光光度法は，海水には適さない。
(5) 総和法では，インドフェノール青吸光光度法を用いる。

解説

(3) 有機物の多い試料の測定は，総和法のほうが適しています。紫外吸光光度法のほうが適しているというのは誤りです。

このほかの肢は，すべて正しい記述です。

解答 (3)

問3　難　中　易

全りんの検定方法に関する記述として，誤っているものはどれか。

(1) 全りんには，りん酸イオン，ポリりん酸類などの無機体のりんのほかに，りん脂質などの有機体のりんが含まれる。
(2) 試料にペルオキソ二硫酸カリウム溶液を加え，沸騰水浴中で30分間反応させて，種々のりん化合物をりん酸イオンとする。
(3) レシチンのように分解されにくい有機体のりん化合物や多量の有機物を含む場合には，硝酸-過塩素酸分解法又は硝酸-硫酸分解法を適用する。
(4) りん酸イオンは，モリブデン青吸光光度法により定量する。
(5) 海水のように塩化物イオンを多量に含む試料では，分解時に塩素が生成して発色を妨害するので，塩素を還元又は除去してから発色操作を行う。

解説

(2) 試料にペルオキソ二硫酸カリウム溶液を加え，高圧蒸気滅菌器の中で加熱酸化分解を行います。沸騰水浴中で，というのは誤りです。

このほかの肢は，すべて正しい記述です。

解答 (2)

主な計測機器

1 溶存酸素計（DO計）

溶存酸素（**DO**：dissolved oxygen）とは，**水中に溶けている酸素**（O_2）のことです。DOの測定には，よう素滴定法（ウィンクラー-アジ化ナトリウム変法）やミラー変法などの滴定法のほか，**溶存酸素電極**によるものが広く用いられています。溶存酸素電極には，隔膜ガルバニ電池式と隔膜ポーラログラフ式とがありますが，市販の計測器には隔膜ガルバニ電池式のものが多く採用されています。

隔膜ガルバニ電池式電極は，作用電極（白金，金など）と対極（鉛，アルミニウムなど）および電解液が，**酸素透過性**の高い薄い**隔膜**によって外部から遮断されていて，試料中にこの電極を浸すと，隔膜を透過した酸素が作用電極に達し，酸素量に比例した電流が流れる仕組みになっています。隔膜には，ポリエチレンや四ふっ化エチレン樹脂などが用いられます。

2 TOC計

①全有機炭素

全有機炭素（**TOC**）は，水の有機汚濁を示す指標の一つであり，水中に存在する有機物の総量を，**有機物中に含まれる炭素量**で示したものです。水中の炭素を形態別に分類すると，以下のようになります。

- **全炭素**（TC：total carbon）
  - **全有機炭素**（TOC：total organic carbon）
  - **無機体炭素**（IC：inorganic carbon）

全炭素（TC）は，水中に存在するすべての炭素を指し，全有機炭素（TOC）と無機体炭素（IC）から構成されます。ICには，炭酸塩や炭酸水素塩に含まれている炭素などがあります。浮遊物質（SS）は粒子性の有機炭素です。

②TOC計の原理

試料に含まれている有機物を酸化分解したときに発生する**二酸化炭素**の量は，酸化分解された試料の有機物中に含まれる**炭素の量に比例**することから，発生した二酸化炭素の量を測定すれば，試料中の全有機炭素（TOC）を定量することができます。有機物の酸化方法には，**燃焼酸化方式**と**湿式酸化方式**とがあります。

このうち燃焼酸化方式は，無機体炭素の処理方法の違いによって，次の2種類に分かれます。

ア　2チャンネル方式（燃焼酸化-赤外線式TOC分析法）

燃焼管に一定の量の試料を注入して燃焼させ，発生した二酸化炭素を非分散形赤外線ガス分析計で測定し，これを**全炭素**（TC）とします。さらに，一定の量の試料を無機体炭素検出部に注入し，分解により生じた二酸化炭素を非分散形赤外線ガス分析計で測定し，これを**無機体炭素**（IC）とします。そして全有機炭素（TOC）を，TC－IC＝TOCより求めます。

イ　1チャンネル方式（燃焼酸化-赤外線式自動計測法）

塩酸またはりん酸を加え，パージガス（空気または窒素）を通気して**無機体炭素を除去した試料**の一定量を燃焼部に注入し，有機物の燃焼により発生した二酸化炭素を非分散形赤外線ガス分析計で測定し，全有機炭素（TOC）の量を求めます。

③注意事項

TOC計はCOD，BODと比べて短時間で測定値が得られますが，次の点に注意する必要があります。

- 燃焼酸化方式では，燃焼管に**無機塩類**が蓄積してくるため，燃焼管や触媒を定期的に洗浄する必要がある
- 2チャンネル方式では，**TOC値の低い試料**ではTCとICの差が小さく，正確な結果が得られない場合がある
- 1チャンネル方式では，**揮発性有機化合物**の一部が無機体炭素除去過程で揮散してしまい，TOCとして測定されない

3　TOD計

全酸素消費量（**TOD**：total oxygen demand）とは，試料を**燃焼**させたとき，試料中の有機物の構成成分である炭素，水素，窒素，硫黄，りんなどによって消費される**酸素の量**をいいます。TOD計では，燃焼管に一定の量の試料を注入して燃焼させ，このとき消費された酸素の量を燃料電池によって検出し，TODの量を求めます。

補足

湿式酸化方式のTOC計

試料に酸化剤を添加し，試料中の有機物を化学的に酸化分解して二酸化炭素を生成させる方法です。生成した二酸化炭素を非分散形赤外線ガス分析計で測定し，TOCの量を求めます。

補足

その他の計測機器

BOD計

BODの計測を自動化するため，酸素の補給や溶存酸素の測定などに工夫を加えています。

- クーロメトリー方式
- 曝気／酸素センサー方式

COD計

滴定終点の検出方法が次の2つの方式に分かれます。

- 酸化還元電位差法
- 定電流分極電位差法

油分計

油分を測定する方法は数種類あります。

- 溶媒抽出-赤外線吸収法
- 乳化-濁度法
- 紫外蛍光法

TOD計については，次のような注意が必要です。

- **溶存酸素**は負の誤差を与えるので，補正するか，または除去しておく
- **硝酸塩**，**亜硝酸塩**も酸素を放出するため，負の誤差を与える（**炭酸塩**は妨害にならない）。硫酸も分解して酸素を放出するため，妨害となる
- **無機塩類**が蓄積してくるため，必要に応じて燃焼管や触媒を洗浄する

4 全窒素自動計測器

計測方法として，吸光光度方式，接触分解-化学発光方式があります。

■全窒素自動計測器の計測方法

吸光光度方式	試料にアルカリ性ペルオキソ二硫酸カリウム溶液を加えて加熱し，窒素化合物を酸化分解して硝酸イオンとし，吸光度を測定する。酸化分解条件は120℃・30分間（JIS）のほか機器による。分解効率は，試料に含有されている有機物の種類によって異なる
接触分解-化学発光方式	窒素化合物を一酸化窒素とした後，オゾンと反応させて二酸化窒素とし，励起状態から基底状態になるときの発光を測定する

チャレンジ問題

問1　難　中　**易**

TOC計に関する記述として，誤っているものはどれか。

(1) TOC計は，水中に含まれている有機体炭素を定量するものである。
(2) 有機物中の炭素を二酸化炭素にする方法として，燃焼酸化法又は湿式酸化法が用いられる。
(3) 二酸化炭素の測定は，紫外線吸収法により行われる。
(4) 1チャンネル方式では，揮発性有機化合物の一部は，無機体炭素除去過程で揮散するためTOCとして測定されない。
(5) 2チャンネル方式（全炭素から無機体炭素を減じてTOCを算出）では，TOCが低い試料は，誤差が大きくなる場合がある。

解説

(3) 二酸化炭素は非分散形赤外線ガス分析計で測定します。紫外線吸収法というのは誤りです。

このほかの肢は，すべて正しい記述です。

解答 (3)

第4章

水質有害物質特論

1 有害物質の性質と処理

まとめ&丸暗記

● この節の学習内容のまとめ ●

□ 有害物質処理技術の概要

- アルカリ剤（カセイソーダ，消石灰など）によるpH調整
- 置換法…キレート剤で封鎖された重金属を他の無害な元素で置換し，置換された重金属を難溶性水酸化物として沈殿させる方法
- フェライト法…強磁性のマグネタイトを生成し，磁気によって重金属を分離除去する方法

□ 重金属排水の主な処理方法

カドミウム・鉛	水酸化物法・共沈法，硫化物法
クロム（Ⅵ）	亜硫酸塩還元法，鉄（Ⅱ）塩還元法，電解還元
水銀	硫化物法，吸着法（活性炭，水銀キレート樹脂）
ひ素	共沈法（共沈剤は鉄（Ⅲ）塩，ひ素（Ⅴ）のほうがひ素（Ⅲ）よりも容易に共沈処理できる）
セレン	共沈法，吸着法，イオン交換法・逆浸透法

□ ほう素・ふっ素排水の処理

- ほう素：凝集沈殿法，吸着法（N-メチルグルカミン形イオン交換樹脂）
- ふっ素：ふっ化カルシウム法，水酸化物共沈法，吸着法

□ シアン排水の処理

アルカリ塩素法，オゾン酸化法，電解酸化法，紺青法など

□ アンモニア・亜硝酸・硝酸排水の処理

アンモニアストリッピング法，不連続点塩素処理法，イオン交換法など

□ 有機化合物排水の処理

- 有機塩素系化合物：揮散法，活性炭吸着法，酸化分解法，生物分解法
- バイオレメディエーション

有害物質処理技術の概要

1 有害物質の処理

①有機化合物と重金属の処理

有害物質のうち，**有機化合物**については分解または無害な物質に変換する処理技術が使えますが，**重金属**のように元素名で規制されている物質は**分解ができない**ため，これを排水から分離する技術が必要となります。

重金属の処理技術を大別すると，**凝集沈殿**（金属イオンを，水酸化物や硫化物などの難溶性塩として沈殿除去する）と，**吸着**（イオン状態または錯体のままイオン交換樹脂や活性炭などの吸着剤で処理する）に分けられます。重金属キレートを形成している場合には，**水酸化物法**での処理は困難ですが，**共沈法**または**置換法**が有効な場合があります。

②各種アルカリ剤の中和特性

重金属排水は一般に**酸性**なので，凝集沈殿で処理するためには，まずアルカリ剤によるpH調整が必要となります。アルカリ剤の種類とその中和特性をみておきましょう。

■各種アルカリ剤とその特徴

カセイソーダ （水酸化ナトリウム$NaOH$）	小規模から大規模の処理設備で広く用いられている。中和速度が**速く**pH調整が容易。ほかのアルカリ剤と比べて中和設備の**保守管理**がしやすい。キレート剤や分散剤による凝集阻害作用を受けやすい
消石灰 （水酸化カルシウム$Ca(OH)_2$）	大規模な排水処理で多く用いられる。分散剤やキレート剤を含む排水処理のアルカリ剤として有効。**乳液**として使用するため沈殿防止対策が必要
水酸化マグネシウム （$Mg(OH)_2$）	中和速度は**遅い**が，重金属水酸化物に対して**汚泥減容効果**が著しい
ソーダ灰 （炭酸ナトリウムNa_2CO_3）	中性～弱アルカリ域での処理に有効と考えられる
石灰石 （炭酸カルシウム$CaCO_3$）	消石灰に比べ安価であるが，中和速度が**遅い**

補足

有害物質の排水基準
カドミウム及びその化合物は0.03㎎/ℓ，シアン化合物は1㎎/ℓというように，有害物質に関する排水基準が定められています。
➲P.77参照

水酸化物法
重金属排水に，カセイソーダや消石灰などのアルカリ剤を添加してアルカリ性にすることにより，その水酸化物を析出させ，沈殿させる方法を水酸化物法といいます。
➲P.140参照

共沈法
重金属は単独のときよりも他の重金属が共存するときのほうが理論溶解度より1～2低いpHで沈殿するという「共沈現象」を応用し，共沈剤を添加することによって低濃度まで処理する方法を共沈法といいます。

2 置換法

①錯体とキレート

排水処理では，水酸化物法で沈殿処理できないとき，錯体あるいはキレートが存在する，などと表現することがあります。錯体，キレートとは何でしょう。

原子の最も外側の殻に存在する最外殻電子には，２個で対をなす**電子対**と，対になっていない**不対電子**とがあり，原子どうしがこの不対電子を１個ずつ出し合うことで生じた電子対を共有することによって，**共有結合**が生まれます（例えば水の分子は水素原子と酸素原子の共有結合）。このとき，共有結合に関与しなかった電子対は**非共有電子対**といいます。また，各原子が互いに不対電子を出し合うのではなく，一方の原子だけが非共有電子対を他方の原子に提供し，それを２個の原子で共有する結合を**配位結合**といいます。

錯体（**金属錯体**）とは，非共有電子対を持つ分子や陰イオンが，金属イオンと配位結合して生じたものであり，このうち陽イオンまたは陰イオンになっているものを**錯イオン**といいます。このとき，金属イオンに配位結合した分子や陰イオンのことを**配位子**といい，例えば，$Cu(NH_3)_4{}^{2+}$（テトラアンミン銅（Ⅱ）イオン）という錯イオンの場合，配位子はアンモニア（NH_3）です。

配位子には，金属に結合する原子の数が１個だけの単座配位子と，２個以上の多座配位子とがあります。この多座配位子による金属イオンへの配位結合のことを**キレート**といいます。重金属キレート化合物は，多座配位子である**キレート剤**（キレート化剤ともいう）が，同一重金属イオンに２点以上のサイトで結合したものであり，一般的に錯体と比べて安定しているため処理が困難です。

②置換法の原理

置換法とは，キレート剤で封鎖されている重金属を他の無害な元素（置換剤）で置換し，置換された重金属を**難溶性水酸化物**として沈殿させる方法です。

置換法には，**Fe＋Ca塩法**と**Mg塩法**の２つがあります。

ア　Fe＋Ca塩法

キレート剤（X）で封鎖されている重金属（M）を鉄（Fe）で**置換**し，さらに，**カルシウム塩**を加えてpHをアルカリ性に調整し，重金属と鉄を水酸化物として沈殿させます。

$$X\cdot M \xrightarrow{Fe^{3+}\ \mathrm{or}\ Fe^{2+}} X\cdot Fe + M^{2+} \xrightarrow{Ca(OH)_2\ \mathrm{or}\ CaCl_2 + NaOH} X\cdot Ca + M(OH)_2\downarrow + Fe(OH)_3\downarrow$$

イ　Mg塩法

重金属（M）を，マグネシウム（Mg）で**置換**し，水酸化物として沈殿させます。

$$X\cdot M \xrightarrow{Mg^{2+}} X\cdot Mg + M^{2+} \xrightarrow{NaOH\ or\ Ca(OH)_2} X\cdot Mg + M(OH)_2\downarrow$$

なお，置換反応はイオン反応であるため，**酸性側**で行います。難溶性水酸化物の沈殿反応は，中性～アルカリ性で行います。

③キレート剤を含む排水の処理計画

キレート剤や重金属の種類，濃度によってキレート剤の影響が異なることから，キレート剤を含む重金属含有排水の処理計画では，**事前調査**や**予備試験**が必要となります。また，キレート剤の濃度が低くなるような**排水の均一化**や**濃厚液の分別**が重要です。

■排水に含まれる代表的なキレート剤

アンミン錯体	アンモニア，エチレンジアミンなど。濃度が高い場合は安定した錯体を形成する
カルボン酸錯体	酢酸，しゅう酸など。比較的不安定な錯体で，**中和**によって水酸化物が沈殿する
オキシカルボン酸錯体	**クエン酸**，酒石酸など。大部分の重金属と錯体を形成する
アミノポリカルボン酸錯体	**EDTA**など。ほぼすべての重金属と安定した錯体を形成する

3 硫化物法（難溶性硫黄化合物生成法）

水酸化物の溶解度積（➲P.140参照）と比べて金属硫化物の溶解度積が非常に小さいことを利用し，排水中の重金属を硫化物として沈殿させる方法を**硫化物法**（難溶性硫黄化合物生成法）といいます。pH中性領域での処理が可能です。

硫化物の生成には**硫化ナトリウム**を用いますが，完全な硫化物とするにはやや過剰の添加が必要です。このため，もともと凝集性の悪い硫化物が多硫化物を生成し，**再溶解**を起こす場合があります。そこで，**鉄塩**など無害な重金属を添加し，過剰硫化物イオンをFeS（硫化鉄）として固定し，同時に生成する水酸化物の共沈効果で凝集性の向上を図ります。

補足

キレート
「カニのはさみ」という意味です（➲P.147参照）。キレート剤の分子構造はカニのはさみのような形をしており，そのはさみの部分が金属イオンを包み込むようにして封鎖します。

重金属の沈殿を妨害するその他の物質
りん酸，けい酸などはキレート剤ではありませんが，重金属の沈殿を妨害する分散作用があります。このため，りん酸塩，けい酸塩などを含む重金属排水は，キレート剤を含む場合と同様の処理を行います。

EDTA
エチレンジアミン四酢酸の略称。ニッケルやクロムとは特に安定な錯体を形成します。

硫化物法
特に水質基準の厳しい水銀排水の処理などに適用されます。
➲P.223参照

4 フェライト法と鉄粉法

①フェライト法

MO・Fe_2O_3（M：Fe，Co，Mn，Niなど）で表されるフェライト固溶体を総称してマグネタイトといい，鉄（Ⅱ）イオン（Fe^{2+}）を含む溶液にアルカリを加えて**酸化**処理を行うと，**強磁性**のマグネタイトが生成されます。他の重金属が共存しても同様の反応が起こり，強磁性であるため，**磁気**によって分離除去することができます。これを利用した処理方法を**フェライト法**といいます。マグネタイトの最適生成条件は，反応温度60℃以上，$2NaOH/FeSO_4 = 1$（モル比），pH 9以上のアルカリ性です。

フェライト法は，各種重金属の**一括処理が可能**であり，重金属がフェライトの結晶構造に取り込まれてスラッジ（汚泥）から溶出しにくいといった長所があるため，実験室など各種重金属を含む小規模排水の処理に適しています。ただし，通常の凝集沈殿法と比べて**汚泥発生量が多い**という欠点があり，また，EDTAのようなキレート剤が共存する場合には，前処理が必要となります。

②鉄粉法

鉄片を酸性溶液に接触させると，表面が溶解して活性化し，共存する重金属を**イオン化傾向**の差により還元析出します。**鉄粉法**は，金属鉄のこの還元作用と，溶出した鉄イオンの共沈作用を利用した処理技術です。また，多孔性で比表面積の大きな特殊鉄粉の使用によって化学的・物理的吸着機能が付加され，還元処理が困難と考えられていたZn^{2+}，Cd^{2+}，Ni^{2+}などの処理も可能となっています。

大 ←										イオン化傾向										→ 小
Li	K	Ca	Na	Mg	Al	Mn	Zn	Cr	**Fe**	Cd	Co	Ni	Sn	Pb	(H)	Sb	Cu	Hg	Ag	Pt Au

鉄粉は比重が2.5ほどあり，沈降特性がよく，汚泥の脱水性がよいなど操作面で利点があるため，フェライト法と同様，実験室排水の処理に適していますが，やはり汚泥発生量（乾燥汚泥量ベース）が多いという欠点があります。

5 イオン交換法

イオン交換法とは，イオン交換樹脂を用いて水中のイオンを交換吸着する方法です（➲P.147参照）。イオン交換樹脂は高価なので，再生使用することが前提であり，その再生にも薬剤費を必要とします。そのため，特別な場合を除いて，有害重金属の処理というよりも，有価金属の回収の目的で用いられることが多くなります。

イオン交換樹脂が重金属排水の処理に適用される場合には，目的イオンだけを除去する性能が求められます。この**重金属イオンの選択的吸着**という目的のために開発されたのがキレート樹脂です。主なキレート樹脂とその選択性を確認しておきましょう。

■主なキレート樹脂の配位基および選択性

配位基	選択性
イミノ二酢酸基	Fe^{3+}＞Cu^{2+}＞Al^{3+}＞Ni^{2+}＞Pb^{2+}＞Zn^{2+}＞Ca^{2+}，Mg^{2+}＞Na^{+}
ポリアミン基	Au^{3+}，Pt^{2+}，Pd^{2+}を選択的に吸着
アミドキシム基	Cu^{2+}＞Ni^{2+}＞Co^{2+}＞Zn^{2+}＞Mn^{2+}
N-メチルグルカミン基	BO_3^{3-}を特異的に吸着
アミノりん酸基	Fe^{3+}，In^{3+}，Bi^{2+}，Sb^{3+}＞Cu^{2+}，Al^{3+}＞Cd^{2+}＞Ni^{2+}，Zn^{2+}＞Ca^{2+}，Mg^{2+}＞Na^{+}
ジチオカルバミド酸基	Hg^{2+}，Ag^{+}を特異的に吸着
チオ尿素基	
含水酸化セリウム	F^{-}を特異的に吸着

6 スラッジの処理

重金属排水の処理は，溶存している重金属を不溶物質に変換して分離することが中心となりますが，重金属が濃縮されて存在するスラッジについては，いかにして重金属の**再溶解**を防ぐかが問題となります。例えば脱水処理などの簡単な処理だけで投棄すると，雨水や地下水によって溶出し，環境汚染を引き起こしてしまいます。そこで，重金属を封鎖・固化して環境中に溶出させないための対策として以下の方法が考えられます。

- セメントやアスファルトなどを混入して固化する
- プラスチックで溶融固化する
- ほかの無機物などと混合して焼結処理する
- 化学薬剤（硫黄系重金属捕集剤，りん酸塩など）を用いて，難溶性塩として安定化する

補足

フェライト固溶体
2種類以上の元素が互いに均一に溶け合ったものを固溶体といいます。フェライト固溶体は，純鉄に他の元素を含んだ固溶体です。

キレート樹脂の典型的な適用例
水銀の排水処理への適用が典型的です。適切な前処理により水銀をイオン化した後に適用すれば，排水基準以下の処理が可能となります。
➲P.223参照

チャレンジ問題

問1　難　中　易

重金属排水の処理に使用されるアルカリ剤に関する記述として，誤っているものはどれか。

(1) 水酸化ナトリウムは，中和速度が速くpH 調整が容易であり，消石灰に比べ中和設備の保守管理が容易である。

(2) 消石灰は，分散剤やキレート剤が含まれる排水処理のアルカリ剤として有効である。

(3) 消石灰は乳液として使用するとき，薬品貯留槽や薬注配管での沈殿防止対策が必要である。

(4) 水酸化マグネシウムは，中和速度は遅いが，消石灰に比べ汚泥減容効果が大きい。

(5) 石灰石は，消石灰に比べ安価であり，中和速度が速い。

解説

(5) 石灰石は，消石灰に比べて安価ですが，中和速度は遅くなります。

このほかの肢は，すべて正しい記述です。

解答 (5)

問2　難　中　易

キレート剤を含む重金属排水の処理に関する記述として，誤っているものはどれか。

(1) 処理計画では，事前調査や予備試験が重要となる。

(2) 処理計画では，キレート剤の濃度が低くなるような排水の均一化や濃厚液の分別が重要となる。

(3) 置換法は，キレート剤で封鎖されている重金属を他の無害な元素で置換し，置換された重金属を水酸化物として沈殿させる方法である。

(4) 置換法にはMg塩法とFe＋Ca塩法の二つがある。

(5) 置換法における置換剤の添加は，原則としてアルカリ側で行った方がよい。

解説

(5) 置換反応はイオン反応であるため，置換剤の添加は酸性側で行います。原則としてアルカリ側で行ったほうがよい，というのは誤りです。

このほかの肢は，すべて正しい記述です。

解答 (5)

問3 難 中 易

フェライト法に関する記述として，誤っているものはどれか。

(1) 鉄（Ⅱ）イオンを含む溶液にアルカリを加え，還元処理を行うと，マグネタイトが生成する。

(2) マグネタイトは，$MO \cdot Fe_2O_3$（M：Fe，Co，Mn，Niなど）で表されるフェライト固溶体の総称である。

(3) マグネタイトの最適生成条件は，反応温度60℃以上，$2NaOH/FeSO_4 = 1$（モル比），pH 9以上である。

(4) 各種重金属の一括処理が可能である。

(5) キレート剤が共存する場合は，前処理が必要である。

解説

(1) マグネタイトは，鉄（Ⅱ）イオンを含む溶液にアルカリを加え，酸化処理を行うことによって生成します。還元処理を行うというのは誤りです。

このほかの肢は，すべて正しい記述です。

解答 (1)

問4 難 中 易

鉄粉法に関する記述として，誤っているものはどれか。

(1) 主な作用として，イオン化傾向の差により共存重金属を還元析出する。

(2) 多孔性で比表面積の大きな特殊鉄粉の使用により，化学的・物理的吸着機能が付加される。

(3) 汚泥の沈降特性や脱水性がよいなどの操作面でのメリットがある。

(4) 各種重金属を含む実験室排水の処理に適している。

(5) 通常の沈殿法に比べ，汚泥発生量（乾燥汚泥量ベース）が少ない。

解説

(5) 鉄粉法では汚泥発生量（乾燥汚泥量ベース）が多くなります。通常の沈殿法と比べて少ない，というのは誤りです。

このほかの肢は，すべて正しい記述です。

解答 (5)

カドミウム・鉛排水の処理

1 カドミウム・鉛化合物の化学的性質

①カドミウムとその化合物

カドミウムは配位化合物を形成しやすく，アンモニア錯イオン（アンミン錯体）やシアン化錯イオン（シアノ錯体）などの安定した錯体を形成します。

$$Cd^{2+} + 4NH_3 \rightleftarrows Cd(NH_3)_4{}^{2+},\quad Cd^{2+} + 4CN^- \rightleftarrows Cd(CN)_4{}^{2-}$$

硫酸イオンや塩化物イオンと形成する錯体は不安定で，アルカリ性で水酸化物となって沈殿しますが，pH12以上の強アルカリでは，水酸化錯イオンとなって再溶解します。キレート剤である有機酸（クエン酸，酒石酸など）やEDTAとの錯体は安定しており，水酸化物法による処理は困難です。

錯体を形成しない水酸化カドミウム（$Cd(OH)_2$），硫化カドミウム（CdS）などは，難溶性で容易に沈殿分離できますが，塩化カドミウム（$CdCl_2$）は水に溶けやすく，沈殿分離が困難です。

②鉛とその化合物

鉛は，アミン類やクエン酸などと錯体を形成しますが，ほかの一般的な重金属と比べて安定度が低く，また，アンモニアとは錯体を形成しません。

2 カドミウム・鉛排水の処理方法

①水酸化物法・共沈法

カドミウムの理論溶解度（mg／ℓ）を溶解度積に基づいて計算してみましょう。

$$[Cd^{2+}][OH^-]^2 = 3.9\times10^{-14} \cdots (1),\quad [H^+][OH^-] = 10^{-14} \cdots (2)$$

まず，(2) 式より，$[OH^-]^2 = \dfrac{10^{-28}}{[H^+]^2}$

これを (1) 式に代入して整理すると，

$$[Cd^{2+}] = 3.9\times10^{14}\times[H^+]^2\ (mol/\ell) \cdots (3)$$

(3) 式とカドミウム（Cd）の原子量＝112（g/mol）より，

$$[Cd^{2+}] = 3.9\times10^{14}\times[H^+]^2\times112\times10^3$$
$$= 4.4\times10^{19}\times[H^+]^2\ (mg/\ell)$$

∴ pH10のとき，$[H^+]=10^{-10}$（$[H^+]^2=10^{-20}$）より，$[Cd^{2+}]=0.44$（mg／ℓ）

pH10.5のとき，$[H^+]=10^{-10.5}$（$[H^+]^2=10^{-21}$）より，$[Cd^{2+}]=0.044$（mg／ℓ）

図1は，先の計算結果に基づくカドミウムの理論溶解度（mg/ℓ）と，**塩化鉄（Ⅲ）**または**塩化亜鉛**を用いて**共沈処理**した場合の結果を示しています。これをみると共沈効果のあることがわかります。図2は鉛の理論溶解度を示したものです。

■図1

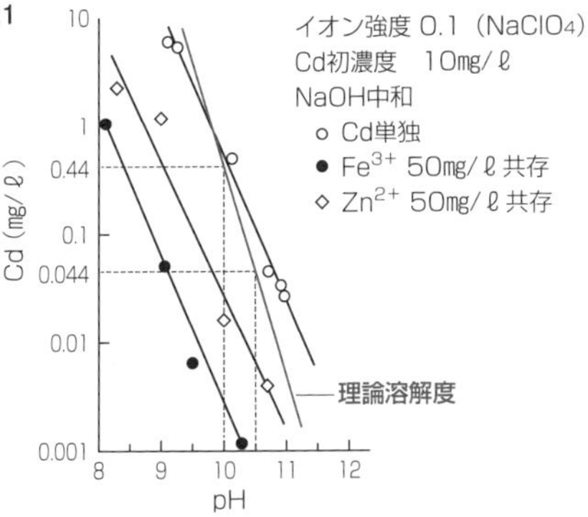

■図2

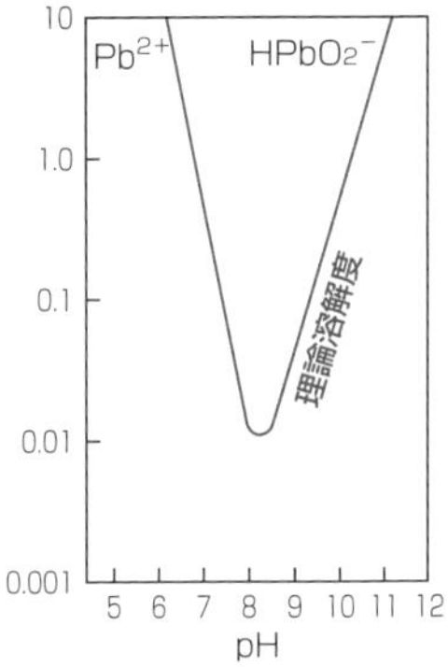

②硫化物法（難溶性硫黄化合物生成法）

カドミウムを硫化物法で処理する場合，硫化ナトリウムの過剰存在下での処理は困難であり，**鉄塩**の併用が必要となります。これにより，pH中性域で重金属を低濃度まで処理できるようになります。

チャレンジ問題

問1　難　中　易

カドミウム排水の処理に関する記述として，誤っているものはどれか。

(1) カドミウムはシアン化物イオン（CN^-）と安定な錯体を形成する。
(2) カドミウムとEDTAとの錯体は安定であり，水酸化物法では処理が困難である。
(3) 塩化カドミウムは難溶性であり，沈殿分離できる。
(4) 水酸化物法による処理において，塩化亜鉛は共沈効果を有する。
(5) 硫化物法で処理する場合，鉄塩を併用すれば，pH中性域で低濃度まで処理できる。

解説

(3) 塩化カドミウムは水に溶けやすく，沈殿分離が困難です。難溶性で沈殿分離ができるというのは誤りです。

解答 (3)

クロム(Ⅵ)(六価クロム)排水の処理

1 クロム(Ⅵ)化合物の化学的性質

クロム(Ⅵ)は，酸性・アルカリ性のどちらにおいても**陰イオン**として存在するため，他の重金属類とは異なり，水酸化物の沈殿を生成しません。しかし，酸化還元反応に関与する２つの系が混合されると，酸化還元電位の高い系は低い系を酸化し，酸化剤としてはたらく側の化合物は還元されます（➲P.142参照）。クロム（Ⅵ）は酸性では強力な酸化剤なので，溶液中に酸化される物質があれば，容易に還元されて**クロム（Ⅲ）**となります。クロム（Ⅲ）であれば，他の重金属同様，アルカリ剤の添加によって水酸化物となり，沈殿します。

2 クロム(Ⅵ)排水の処理方法

①薬品還元

ア　亜硫酸塩還元法

クロム（Ⅵ）を還元するための薬品としては，一般に亜硫酸塩や硫酸鉄（Ⅱ）が考えられますが，薬注制御や薬品の取り扱いの容易さ，スラッジ発生量の少なさなどから，亜硫酸塩である**亜硫酸水素ナトリウム**（$NaHSO_3$）がよく用いられます。

薬注制御は，**酸化還元電位計（ORP計）**（➲P.180参照）によって行います。還元後は，アルカリ剤（NaOH）で中和し，水酸化クロム（Ⅲ）（$Cr(OH)_3$）として沈殿分離します。クロム（Ⅵ）の排水処理のフローをみておきましょう。

■クロム（Ⅵ）排水の還元処理フローの例

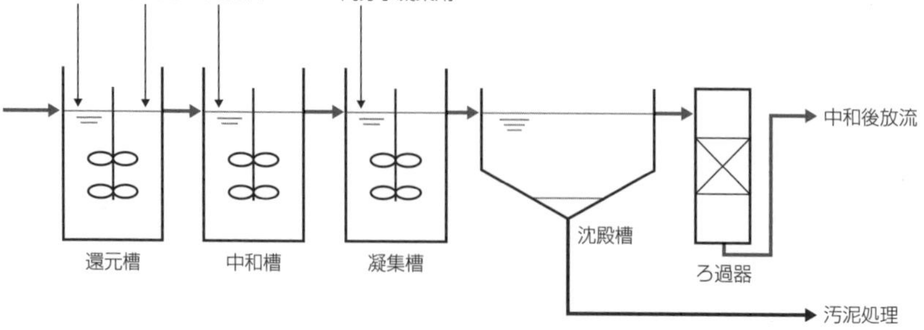

ORP制御で大切なことは，還元時におけるpHとORPの適切な設定であり，還元槽のpHをできるだけ一定にすることが重要です。仮に亜硫酸水素ナトリウムの注入量が同じであっても，pHによってORP値は異なります。

また，亜硫酸水素ナトリウムが不足しているとクロム（Ⅵ）が検出されてしまいますが，逆に，亜硫酸水素ナトリウムを過剰に添加した場合は，**水酸化クロム（Ⅲ）の分散**が起こり，処理不全となります。

このほか，クロムとの共存重金属が多くなるとその影響を受け，クロム（Ⅵ）が主成分の排水とは異なるORP曲線を示すようになるため，注意が必要です。

イ　鉄（Ⅱ）塩還元法

クロム（Ⅵ）を還元する薬品として**鉄（Ⅱ）塩**を用いる場合は，亜硫酸水素ナトリウムを用いる場合と異なり，強酸性から強アルカリ性まで極めて**広い範囲での還元が可能**となります。また，鉄（Ⅱ）イオンを含む廃酸が利用できるほか，処理水からクロム（Ⅵ）が発生しないといった利点があります。その反面，中和時に大量の水酸化鉄を含むスラッジが発生すること，ORP計による薬注制御が困難であるなどの欠点があります。鉄（Ⅱ）塩としては硫酸鉄（Ⅱ）が用いられ，また，コスト的には不利ですが，pH1.5以下の強酸性にすればORP計による制御も可能となります。

②電解還元

溶液中に導電性の２つの電極（陽極・陰極）を設置し，これに直流電流を流した場合，溶液側からみると，陽極では電子が奪い取られ（酸化反応），陰極では電子を受け取る（還元反応）という現象（電気分解）が起こります。これを利用し，クロム（Ⅵ）を電気分解によってクロム（Ⅲ）に還元することができます。この場合，陰極では次のような還元反応が起こります。

$$Cr_2O_7^{2-} + 14H^+ + 6e \longrightarrow 2Cr^{3+} + 7H_2O$$

このように，二クロム酸イオン（$Cr_2O_7^{2-}$）がクロム（Ⅲ）に還元されますが，式をみてわかるように，この電気還元では多量の水素イオン（H^+）が消費されます。このため，

補足

クロム（Ⅵ）の毒性

クロム（Ⅵ）はクロム（Ⅲ）に比べて毒性が強いという点も重要です。

クロム（Ⅵ）排水のその他の処理方法

①イオン交換法

クロム酸はイオン交換樹脂への選択性が高いため，強塩基性陰イオン交換樹脂塔に通水すれば除去することができます。ただし，再生廃液の処理が必要となるほか，処理費用が高くなるため，大規模の排水処理には適しません。

②吸着法

吸着剤として活性炭を適用することが可能です。ただし，活性炭の種類によって最適pHや飽和吸着量に若干の差があります。

電解中にpHが上昇してしまうので，酸を添加することによって反応を進みやすくします。

チャレンジ問題

問1　難 **中** 易

クロム（Ⅵ）排水の処理に関する記述として，正しいものはどれか。

(1) 還元剤として亜硫酸塩を使用する場合，ORP計による薬注制御は困難である。

(2) 過剰の亜硫酸水素ナトリウムを添加しても，水酸化クロム（Ⅲ）の分散は起こらない。

(3) 亜硫酸水素ナトリウムを使用する場合，共存する重金属が多くなってもそれらの影響は受けない。

(4) 還元剤として硫酸鉄（Ⅱ）を使用する場合，強酸性から強アルカリ性の広い範囲での還元が可能である。

(5) 電解還元法ではpHの低下が起こるので，アルカリを添加したほうが反応は進みやすい。

解説

(1) 還元剤として亜硫酸塩を使用する場合，薬注制御はORP計によって行います。

(2) 亜硫酸水素ナトリウムを過剰に添加すると水酸化クロム（Ⅲ）の分散が起こり，処理不全となります。

(3) クロムとの共存重金属が多くなるとそれらの影響を受け，クロム（Ⅵ）が主成分の排水とは異なるORP曲線を示すようになります。

(4) 正しい記述です。

(5) 電気還元法では多量の水素イオン（H^+）が消費されるため，電解中にpH上昇が起こります。そのため，酸を添加することによって反応が進みやすくなります。

解答　(4)

水銀排水の処理

1 硫化物法

無機水銀排水の処理には，**硫化物法**（➡P.213参照）による凝集沈殿が適用されます。重金属イオンは，**硫化物イオン**（S^{2-}）と反応して極めて難溶性の塩を生成します。pHが低くなると溶解度は増加しますが，pH＝0での理論溶解量が1.26×10^{-11}mg/ℓなので，熟成した**硫化水銀**（HgS）の沈殿は強酸性でも溶解しません。

しかし，**過剰S^{2-}の存在下**では，多硫化物の生成により**再溶解**が起こります。pHが高くなると硫化水素（H_2S）のS^{2-}への解離が生じ，多硫化水銀の生成量が増加して再溶解が進みます。実排水では，予想される最高水銀濃度に合わせて硫化ナトリウムの添加量を決定するため，水銀濃度が低かった場合はS^{2-}が過剰となり，再溶解が起こります。これに対する改善策としては，**鉄（Ⅱ）や鉄（Ⅲ）の併用**が考えられます。硫化鉄は硫化水銀より溶解度が大きいため，S^{2-}を硫化水銀に対して小過剰に保持することができます。

また，硫化ナトリウムと**塩化鉄（Ⅲ）**で処理した場合には，残留した鉄が多硫化鉄を形成し，処理水が**白濁**することがあります。この白濁は砂ろ過などでは分離できないような水銀を吸着したコロイド状物質です。近年，ごみ焼却洗煙排水の処理においては，硫化物法による処理水白濁，臭気，腐食性などの欠点を改善するため，**重金属捕集剤**が使用されており，さらに，**水銀キレート樹脂**を用いた高度処理が行われています。

2 吸着法

硫化物法による凝集沈殿だけでは，環境基準や排水基準が厳しく設定されている水銀の基準値を下回ることは困難

補足

洗煙排水
排ガスの洗浄水のことをいいます。

重金属捕集剤の使用
塩化物イオンと錯体を形成している水銀も，ジチオカルバミド酸基を持つ重金属捕集剤の使用によって難溶化されます。

です。そこで，硫化物法の後処理として**吸着法**がよく用いられます。吸着剤として最も一般的なのは**活性炭**であり，活性炭吸着法では水銀の吸着量が比較的大きいため，排水によっては前処理としても有効な手段となります。活性炭の吸着効果はpH 1～6の**酸性**のほうがよく，また，共存塩類は吸着に若干好影響を与えることがわかっています。なお，活性炭は有機物も吸着するため，有機物共存系での使用は避けるようにします。

水銀キレート樹脂とよばれる水銀吸着剤は，一般的に**硫黄系の官能基**を有しており，水銀0.0005mg/ℓ以下までの処理が可能です。市販の水銀キレート樹脂が持っている配位基の種類には，チオール基，チオカルバミド酸基，ジチゾン基，チオ尿素基などがあります。水銀キレート樹脂を用いて高度処理を行うときは，少量の**塩素**を添加し，コロイド状の水銀をイオン化してから吸着させます。

なお，使用済みの吸着剤は**再生が難しい**ため，専門業者に処理を委託するのが一般的となっています。

3 有機水銀排水の処理方法

有機水銀排水の処理については，有機水銀化合物を**塩素**によって酸化分解し，完全に**塩化物**とした後，硫化物法で処理する方法が最も完全かつ有利とされています。塩素による塩化水銀（Ⅱ）への分解は，有機水銀化合物のアルキル基の種類によって難易度が変わり，アルキル基の**炭素数が小さい**ほど分解しにくくなります。また，塩素酸化時のpHが分解に大きく影響し，**pH 1以下の強酸性**の溶液では炭素と水銀の結合が完全に切断されます。その後，硫化物法による処理を行ったうえ，後処理として水銀キレート樹脂などによる吸着処理を行えば，有機水銀は完全に除去されます。

チャレンジ問題

問1　難　中　易

水銀排水の処理に関する記述として，誤っているものはどれか。

(1) 硫化物法では，過剰S^{2-}が存在しpHが高くなると再溶解が起こる。

(2) 硫化物法で処理水が白濁する場合，白濁は砂ろ過によって除去できる。

(3) ごみ焼却洗煙排水処理では，重金属捕集剤が使用され，さらに水銀キレート樹脂を用いる高度処理が行われる。

(4) 活性炭吸着法は，排水によっては前処理として有効な手段といえる。

(5) 水銀キレート樹脂には，チオール形，チオカルバミド酸形などがある。

解説

(2) 硫化物法における処理水の白濁は，砂ろ過などでは分離できない水銀を吸着したコロイド状物質です。この白濁を砂ろ過によって除去できるというのは誤りです。

このほかの肢は，すべて正しい記述です。

解答 (2)

問2　難　中　易

水銀排水の処理に関する記述として，誤っているものはどれか。

(1) 硫化物法では，Fe（Ⅱ），Fe（Ⅲ）の併用により，S^{2-}をHgSに対して小過剰に保持することができる。

(2) 硫化物法だけで，排水基準値以下まで容易に処理することができる。

(3) 水銀キレート樹脂で高度な処理を行うときは，少量の塩素を添加するとよい。

(4) 水銀キレート樹脂は，一般的に硫黄系の官能基を有している。

(5) 有機水銀排水は，塩素により酸化分解して完全に塩化物とした後，処理する。

解説

(2) 硫化物法だけでは水銀の厳しい基準値を下回ることが困難なので，後処理として吸着法などが用いられています。硫化物法だけで排水基準値以下まで容易に処理できるというのは誤りです。

このほかの肢は，すべて正しい記述です。

解答 (2)

ひ素排水の処理

1 ひ素化合物の化学的性質

ひ素（As）は，天然には鶏冠石（AsS）や雄黄（As_2S_3）などの硫化物として産出されますが，わが国では銅精錬の副産物として，無水亜ひ酸が多量に得られます。無水亜ひ酸を20℃で100gの水に約２g溶解すると，**亜ひ酸**（H_3AsO_3）となります。さらに亜ひ酸を濃硝酸で酸化すると，**ひ酸**（H_3AsO_4）になります。

排水中のひ素は，**亜ひ酸イオン**（AsO_3^{3-}（Ⅲ））または**ひ酸イオン**（AsO_4^{3-}（Ⅴ））の形で存在しており，亜ひ酸イオンの形で存在する場合が多くみられます。

2 ひ素排水の処理方法

①共沈法

ひ素を含む排水は，さまざまな金属イオンを含有していることが多く，また，**ひ酸イオンは重金属と難溶性塩を生成するため，pH調整のみで共沈処理**することができます。ただし，ひ素を主体とする排水の場合には，共沈剤の添加が必要となります。共沈剤には**鉄（Ⅲ）塩**が用いられます。**最適共沈pHは４～５**ですが，鉄（Ⅲ）塩を過剰に添加すると，最適共沈pHは３～７に広がります。なお，一般に共沈剤として使用されているアルミニウム塩は，ひ素については効果が低くなります。

ひ素（Ⅲ）とひ素（Ⅴ）とでは，**ひ素（Ⅴ）**のほうが容易に共沈処理することができます。このため，亜ひ酸イオン（ひ素（Ⅲ））は，ひ酸イオン（ひ素（Ⅴ））に酸化してから共沈処理を行います。ひ素（Ⅲ）は，塩素またはオゾンによって容易に酸化されてひ素（Ⅴ）となります。しかし，溶存酸素では酸化されないため，曝気処理による酸化は困難です。

なお，**フェライト法**や**鉄粉法**でも，鉄（Ⅲ）塩による共沈処理と同じ反応機構によって処理することが可能です。

②その他の処理方法

最近は，ひ素処理向けの**キレート樹脂**が用いられるようになっています。例えば，セリウム系キレート樹脂では，共沈処理の場合とは逆に，ひ素（Ⅲ）のほうがひ素（Ⅴ）よりも吸着量が多いため，酸化処理の必要がありません。また，*N*-メチルグルカミン酸形のキレート樹脂は，ひ素（Ⅲ）については弱アルカリ側，ひ素（V）については弱酸性側が有効といった吸着特性を示します。ただし，ひ素処理向けキレート樹脂は，あくまでも低濃度排水向け，または凝集沈殿処理水の高度処理としての適用が主体です。

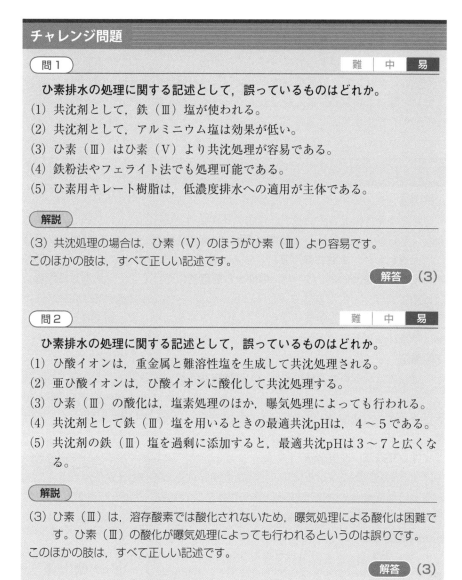

チャレンジ問題

問1　難　中　**易**

ひ素排水の処理に関する記述として，誤っているものはどれか。

(1) 共沈剤として，鉄（Ⅲ）塩が使われる。
(2) 共沈剤として，アルミニウム塩は効果が低い。
(3) ひ素（Ⅲ）はひ素（V）より共沈処理が容易である。
(4) 鉄粉法やフェライト法でも処理可能である。
(5) ひ素用キレート樹脂は，低濃度排水への適用が主体である。

解説

(3) 共沈処理の場合は，ひ素（V）のほうがひ素（Ⅲ）より容易です。
このほかの肢は，すべて正しい記述です。

解答 (3)

問2　難　中　**易**

ひ素排水の処理に関する記述として，誤っているものはどれか。

(1) ひ酸イオンは，重金属と難溶性塩を生成して共沈処理される。
(2) 亜ひ酸イオンは，ひ酸イオンに酸化して共沈処理する。
(3) ひ素（Ⅲ）の酸化は，塩素処理のほか，曝気処理によっても行われる。
(4) 共沈剤として鉄（Ⅲ）塩を用いるときの最適共沈pHは，4～5である。
(5) 共沈剤の鉄（Ⅲ）塩を過剰に添加すると，最適共沈pHは3～7と広くなる。

解説

(3) ひ素（Ⅲ）は，溶存酸素では酸化されないため，曝気処理による酸化は困難です。ひ素（Ⅲ）の酸化が曝気処理によっても行われるというのは誤りです。
このほかの肢は，すべて正しい記述です。

解答 (3)

セレン排水の処理

1 セレン化合物の化学的性質

セレン（Se）は毒性が強く，致死量１g（Na_2SeO_3：亜セレン酸ナトリウム）とされていますが，生体必須元素の一つでもあります（➲P.113参照）。

セレン化合物は，ほとんどすべて溶解度が高く，そのことが排水処理を難しくする原因となります。自然環境中のセレンには溶解性の**亜セレン酸**（セレン(Ⅳ)）と**セレン酸**（セレン(Ⅵ)）とがあり，どちらも安定で酸化還元が起こりにくいことで知られています。

2 セレン排水の処理方法

①共沈法

セレンは難溶性塩を生成せず，共沈や吸着反応が起こりにくいため，重金属のなかでも特異的といえるほど**処理が困難**とされています。しかし，セレン（Ⅳ）に還元されれば，**水酸化鉄**（Ⅲ）による共沈処理が有効となります。pHの影響が大きく，最適pHは6.2以下で，**中性から弱酸性**にかけて共沈で処理された場合には90％程度の除去が可能です。ただし，セレン（Ⅵ）については効果が低く，除去率は10％以下にしかなりません。なお，**アルミニウム塩**も鉄（Ⅲ）塩に比べれば効果は劣るものの，セレン（Ⅳ）に対して共沈効果を示します。

②吸着法

吸着法では，セレン（Ⅳ）に対して**活性アルミナ**が有効です。セレン（Ⅵ）については，セレン（Ⅳ）の10分の１程度の吸着量しかなく，共存イオンの妨害を受けるなどして適用が困難です。また，吸着剤として一般に用いられている**活性炭**では，セレンに対する効果は認められません。

③イオン交換法・逆浸透法

イオン交換法および逆浸透法（逆浸透膜法）は，どちらもイオンを分離する処理方法であることから，セレンがすべて解離してイオンとして存在するならば，これらの方法によっても分離除去することが可能です。

④金属鉄還元法

セレン（Ⅵ）については共沈処理が有効でないため，セレン（Ⅵ）を，**金属鉄**を用いてセレン（Ⅳ）などに還元して処理する**金属鉄還元法**が実用化されています。

⑤生物還元法

生物還元法とは，嫌気条件下でセレン（Ⅵ）を呼吸作用に使う微生物を利用し，セレン（Ⅵ）を金属セレン（Se^0）に還元する技術のことをいいます。わが国では，生物処理における脱窒素工程でセレン酸還元菌を馴養し，脱窒素とセレン還元を同時に行う方法が開発されています。

補足

金属セレン（Se^0）
0価の金属態セレンを意味します。

チャレンジ問題

問1 難 中 **易**

セレン排水の処理法として，最も不適当なものはどれか。

(1) 共沈法　(2) 金属鉄還元法　(3) イオン交換法
(4) 生物酸化法　(5) 逆浸透膜法

解説

(4) 微生物を用いてセレン（Ⅵ）を還元する「生物還元法」は実用化されていますが，これは還元のための技術です。生物酸化法というのは，セレン排水の処理法として最も不適当です。

解答 (4)

問2 難 中 **易**

セレン排水の処理に関する記述として，誤っているものはどれか。

(1) 水酸化鉄（Ⅲ）による共沈処理は，セレン（Ⅳ）に対して有効である。
(2) 共沈処理では，pH 9 以上のアルカリ性で除去効果が高い。
(3) 吸着法では，活性炭の効果は認められない。
(4) 吸着剤としての活性アルミナは，セレン（Ⅳ）に対して有効である。
(5) セレンがすべて解離しイオンとして存在すれば，イオン交換法により除去可能である。

解説

(2) 最適pH6.2以下で，中性から弱酸性にかけて共沈処理されたとき除去率90%程度とされています。pH9以上のアルカリ性で除去効果が高いというのは誤りです。

このほかの肢は，すべて正しい記述です。

解答 (2)

問3　難　中　易

微生物を利用したセレン排水の処理に関する記述中，ア～ウの［　　］の中に挿入すべき語句の組合せとして，正しいものはどれか。

生物還元法は，［ア］条件下で，微生物によりセレン（Ⅵ）を［イ］に還元する技術である。生物処理における［ウ］工程でセレン酸還元菌を馴養し，セレン還元と［ウ］を同時に行う方法が開発されている。

	ア	イ	ウ
(1)	好気性	セレン（Ⅳ）	硝化
(2)	嫌気性	金属セレン（Se^0）	硝化
(3)	嫌気性	セレン（Ⅳ）	脱窒素
(4)	嫌気性	金属セレン（Se^0）	脱窒素
(5)	好気性	金属セレン（Se^0）	硝化

解説

生物還元法の内容を問う出題です。

解答　(4)

ほう素・ふっ素排水の処理

1　ほう素排水の処理方法

①凝集沈殿法

ほう素（B）は，重金属類やアルカリ土類金属と反応して難溶性塩を生じることがないため，**凝集沈殿処理が困難**な物質です。そこで，各種の凝集処理方法が検討された結果，**アルミニウム塩**および**水酸化カルシウム**（$Ca(OH)_2$）を併用する方法であれば処理できることがわかりました。この方法では，**凝集pH9以上**となることから，高pH域で生成するアルミン酸カルシウム（$Ca(AlO_2)_2$）にほう素が吸着し，除去されるものと考えられます。

なお，ふっ素と結合して**フルオロほう酸**となったほう素は，通常の凝集沈殿では除去できません。そのため，イオン交換処理で除去し，濃縮された再生廃液にカルシウム塩を加えて過熱分解する方法などを用います。

また，ほう素排水をイオン交換法で処理する場合には，発生する再生廃液については凝集沈殿処理が適当であり，やはりアルミニウム塩と水酸化カルシウムを併用する凝集沈殿法が用いられます。

②吸着法

ほう素選択吸着樹脂である***N*-メチルグルカミン形イオン交換樹脂**を用いる方法が，現在では最も実用的です。この方法であれば，通水pHが中性でも，ほう素を1㎎/ℓ以下に処理することができます。

なお，通常のイオン交換樹脂では，ほう素の選択順位が低いため実用的ではありません。

補足

フルオロほう酸
テトラフルオロほう酸（HBF_4）の別名。ほう酸は，ふっ化水素酸と反応してトリフルオロヒドロキシほう酸となり，さらにゆっくりとテトラフルオロほう酸に変化します。

2 ふっ素排水の処理方法

①難溶性塩凝集沈殿法

ア　ふっ化カルシウム法

ふっ素を含んだ排水に**カルシウム塩**を添加して，難溶性の**ふっ化カルシウム**を生成させる凝集沈殿法です。通常，ふっ素排水は酸性を示すため，添加するカルシウム塩には中和剤を兼ねた**水酸化カルシウム**（$Ca(OH)_2$）を用います。ただしこの方法では，pHや反応時間を最適条件に調整した場合であっても，ふっ化カルシウムの溶解度であるふっ素8㎎/ℓ以下に処理することは困難であり，実際の処理水中には10～20㎎/ℓ程度のふっ素が残留しています。このため，さらなる高度処理が必要となります。

イ　水酸化物共沈法

高度処理方法として，**水酸化物共沈法**や後述する**吸着法**などが実用化されています。

水酸化物共沈法では，通常，**アルミニウム塩**を添加して**水酸化アルミニウム**を生成し，このフロックにふっ化物イオンを吸着させ，共沈させます。最適pHは6～7です。この凝集沈殿処理によって，ふっ素を8㎎/ℓ以下に除去することができます。ただし，水酸化アルミニウムへのふっ素の吸着量は小さいため，多量のアルミニウム塩が必要

補足

フロック（floc）
凝集により生じる粗大粒子をフロックといいます（➲P.132参照）。

となります。これに伴い，ふっ素濃度の高い排水では**凝集汚泥が多量に発生**してしまうため，水酸化物共沈法は，ふっ素20～30mg／ℓ以下の低濃度排水や処理目標値の厳しい高度処理に適した方法といえます。このため，ふっ素30～50mg／ℓ以上の排水に対して水酸化物共沈法とふっ化カルシウム法の二段で処理する場合は，ふっ化カルシウム法を一段目にします。このような二段沈殿処理法の処理フローを確認しておきましょう。

■ふっ素二段沈殿処理法の処理フローの例

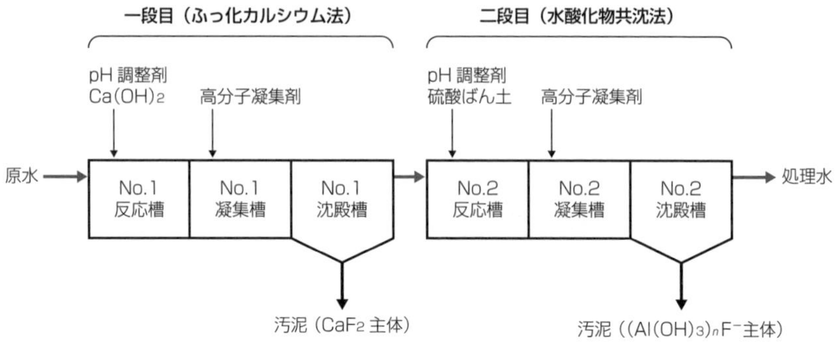

また水酸化物共沈法では，**水酸化マグネシウム**でも水酸化アルミニウムと同じ効果があります。pH10～11が適しており，このpH領域では重金属水酸化物も析出するため，ふっ素の高度処理と重金属処理を同時に行える利点があります。

②吸着法

セリウムなどの**希土類水酸化物を交換体とした樹脂**を，ふっ素選択吸着樹脂として用います。水酸化ナトリウムで再生するほか，再生廃液を前段の凝集沈殿で処理するため，高度処理での汚泥発生量が少なくてすみます。

■ふっ素吸着樹脂による吸着法を適用した処理フローの例

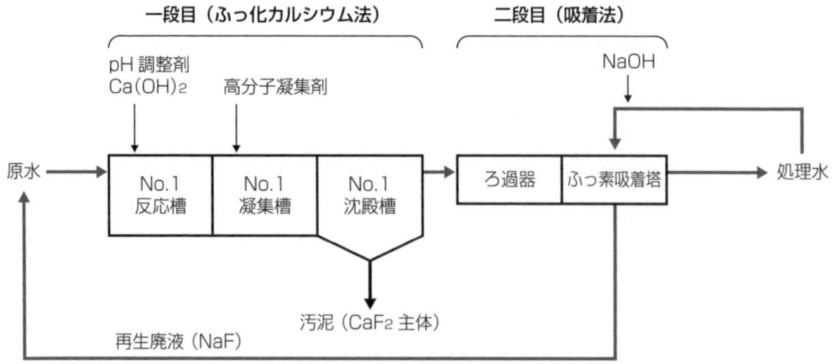

チャレンジ問題

問 1　難　中　易

ほう素排水の処理に関する記述として，誤っているものはどれか。

(1) ほう素は，重金属類やアルカリ土類金属と反応して，難溶性塩を生じる。
(2) ほう素排水は，アルミニウム塩と水酸化カルシウムの併用で凝集沈殿処理できる。
(3) ふっ素と結合してフルオロほう酸となったほう素は，通常の凝集沈殿では除去できない。
(4) 通常のイオン交換樹脂は，ほう素の選択順位が低いため実用的ではない。
(5) ほう素選択吸着樹脂は，*N*-メチルグルカミン形で，ほう素1mg/L以下に処理できる。

解説

(1) ほう素は，重金属類やアルカリ土類金属と反応して難溶性塩を生じません。
このほかの肢は，すべて正しい記述です。

解答 (1)

問 2　難　中　易

ふっ素排水の処理に関する記述として，誤っているものはどれか。

(1) ふっ化カルシウム法では，カルシウム塩を添加して難溶性のふっ化カルシウムを生成させる。
(2) ふっ化カルシウム法では，pHや反応時間を最適条件に調整しても，処理水中には10～20mg/L程度のふっ素が残留する。
(3) 吸着法では，希土類水酸化物を交換体とした吸着樹脂が用いられる。
(4) 水酸化物共沈法では，水酸化アルミニウムへのふっ素の吸着量が大きいため，少量のアルミニウム塩添加で十分である。
(5) 水酸化物共沈法では，水酸化マグネシウムは水酸化アルミニウムと同じ効果を有する。

解説

(4) 水酸化アルミニウムへのふっ素の吸着量は小さいため，多量のアルミニウム塩が必要となります。
このほかの肢は，すべて正しい記述です。

解答 (4)

シアン排水の処理

1 アルカリ塩素法

①アルカリ塩素法とは

アルカリ塩素法は，塩素を二段階で作用させてシアンを分解する方法であり，シアン排水の処理に広く適用されています。塩素として使用されるのは，安全性や操作性から，**次亜塩素酸ナトリウム（NaOCl）**が一般的です。アルカリ塩素法では，以下の二段階に分けて分解を行います。薬注制御には**ORP計**を用います。

〈一段反応（一次分解）〉… **pH10以上**（ORP300 ～ 350mV 反応時間10分程度）

$$NaCN + NaOCl \longrightarrow NaCNO + NaCl$$

〈二段反応（二次分解）〉… **pH７～８**（ORP600 ～ 650mV 反応時間30分程度）

$$2NaCNO + 3NaOCl + H_2O \longrightarrow N_2 + 3NaCl + 2NaHCO_3$$

$$(NaHCO_3 \rightleftarrows NaOH + CO_2)$$

まず一段反応をみると，シアン化ナトリウム（NaCN）はシアン（CN）排水中に含まれているシアン化合物であり，これが**アルカリ溶液中**で塩素によって酸化され，シアン酸ナトリウム（NaCNO）となります。

次に二段反応によって，最終的に**窒素**（N_2）と**二酸化炭素**（CO_2）に分解されます。二段反応を中性（pH７～８）で行う理由は，シアン酸の分解がアルカリ性では遅く，中性では促進されるからです。

なお，**シアン１gを分解するために，約７倍の塩素**（6.83ｇ）が有効塩素として必要となります。

②アルカリ塩素法で分解できるシアン化合物

シアン化ナトリウムのほか，シアン化カリウム（KCN），銅・亜鉛・カドミウムのシアノ錯体などが挙げられます。**銅シアノ錯体**（$Na_3[Cu(CN)_4]$）は，シアンに対する理論塩素量よりも小過剰の塩素を必要としますが，通常のORP制御で容易に処理できます。

③アルカリ塩素法では分解が困難なシアン化合物

やや難分解性のものとして，ニッケル・銀のシアノ錯体があります。これに対し，**鉄・コバルト・金のシアノ錯体**はほとんど分解できません。過剰塩素存在下であっても安定なため，後述する紺青法や吸着法を適用します。

2 オゾン酸化法

オゾン酸化法とは，オゾン（O_3）の酸化力によって，シアンを窒素と炭酸水素塩にまで分解する方法をいいます。シアン化合物とオゾンの反応式は以下のとおりです。

$$CN^- + O_3 \longrightarrow CNO^- + O_2$$

$$2CNO^- + 3O_3 + H_2O \longrightarrow 2HCO_3^- + N_2 + 3O_2$$

シアン化物イオン（CN^-）のシアン酸イオン（CNO^-）への分解反応は**pH9.5以上**で定量的に進行します。また，微量の銅やマンガンには触媒効果があり，Cu 1 mg／ℓ程度が存在すると，シアンの酸化分解反応は著しく促進されます。

オゾン酸化法には，有害な副生物が生成しにくいなどの長所がある反面，分解効率が悪い，オゾンの製造コストが高いといった欠点があり，また，**鉄・金・銀の錯体**については分解が困難です。

補足

炭酸水素塩
HCO_3^-（炭酸水素イオン）を含んだ塩をいいます。

3 電解酸化法

濃厚なシアン廃液を処理する場合，アルカリ塩素法では反応時に相当な発熱を生じるとともに，塩化シアンの生成や塩素の揮散などの危険を伴います。**電解酸化法**を用いると，こうした濃厚廃液を効率よく処理することができます。その分解機構を式で表すと，次のようになります。

$$CN^- + 2OH^- \longrightarrow CNO^- + H_2O + 2e$$

$$2CNO^- + 4OH^- \longrightarrow 2CO_2 + N_2 + 2H_2O + 6e$$

$$CNO^- + 2H_2O \longrightarrow NH_4^+ + CO_3^{2-}$$

シアンの電解酸化法では，反応速度が電流密度によるため，**濃度の高いほうが効率的**です。ただし，電解酸化法は遊離シアンや安定度の低いシアノ錯体には有効ですが，鉄やニッケルのシアノ錯体の分解は困難です。

補足

塩化シアン（CNCl）
アルカリ塩素法においてシアン酸の中間生成物として生成します。一段反応をpH10以上で行うのは，塩化シアンの加水分解を促進するためです。

電解酸化法の分解機構
シアンが陽極酸化によりシアン酸となり，次いでN_2とCO_2に分解されると同時に加水分解も起こり，一部アンモニアが生成します。

4 紺青法（難溶性錯化合物沈殿法）

シアン排水中に，鉄，コバルト，ニッケルなどの錯体が含まれている場合，アルカリ塩素法や電解酸化法などでは分解が困難です。そこで，これらの錯体の性質を利用し，重金属塩と難溶性塩を生成させ，凝集沈殿法によって除去するという方法（**難溶性錯化合物沈殿法**）を適用します。

例えば，鉄シアノ錯体には，**ターンブルブルー**（$Fe_3[Fe(CN)_6]_2$）という難溶性鉄シアン化合物があり，この生成反応を鉄シアノ錯体の処理に利用します。この方法を**紺青法**といい，鉄（Ⅱ）塩（硫酸鉄：$FeSO_4 \cdot 7H_2O$）を添加して難溶性塩を生成します。紺青法は通常，アルカリ塩素法の後に続けて適用します。その場合の処理フローを確認しておきましょう。

■アルカリ塩素法 ー 紺青処理による排水処理フローの例

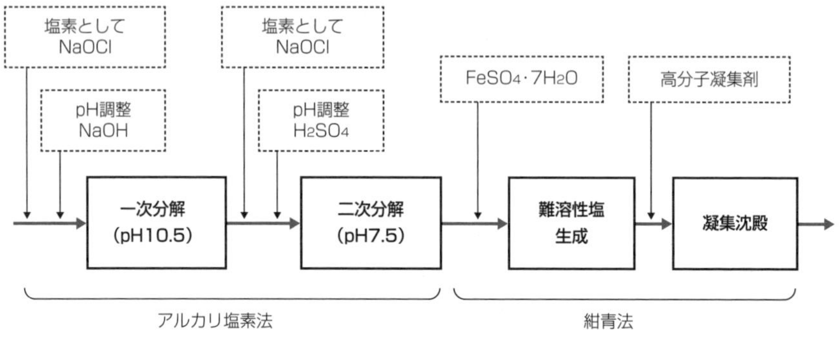

5 その他の処理方法

①生物分解法

シアンは生物に対して強い毒性を示しますが，微生物を馴養すれば**生物処理**も可能となります。**活性汚泥**にシアン排水を少しずつ添加し，シアンを分解・資化する菌を増殖させます。

②吸着法

難分解性シアノ錯体は，吸着剤による処理が可能です。**鉄シアノ錯体**を**活性炭**で吸着する方法，**金シアノ錯体**を**弱塩基性樹脂**で吸着する方法などがあります。

③酸分解燃焼法

シアン化合物は低いpHでは不安定であり，酸性にして曝気操作を加えると，シアン化水素となって揮散します。シアノ錯体でもpH 1以下では，ほとんどがシアン化水素と金属イオンに分解されます。なお，発生したシアン化水素ガスは猛毒性なので，900℃以上で燃焼し，二酸化炭素と窒素に分解します。

④湿式加熱分解法

圧力容器内で，シアン濃厚液をアルカリ存在下で加熱分解します。難分解性の濃厚シアン廃液の処理が可能です。150℃以上では鉄シアノ錯体も分解されます。

⑤煮詰法（煮詰高温燃焼法）

廃液を煮詰濃縮し，乾固物を留出液に分離する第一工程と，乾固物と分離液の処理を行う第二工程からなります。難分解性のシアン化合物を含んだ乾固物は，1200℃の高温で窒素と二酸化炭素に分解されます。

チャレンジ問題

問1　難｜中｜**易**

アルカリ塩素法によるシアン排水の処理に関する記述として，誤っているものはどれか。

(1) アルカリ性で塩素を添加する工程と，次いでpHを中性にしてさらに塩素を添加する二段階で行われる。

(2) 塩素には通常，次亜塩素酸ナトリウムが用いられ，薬注制御はORP計で行われる。

(3) シアンは最終的に，窒素と二酸化炭素に分解される。

(4) シアン１gを分解するためには，有効塩素として約７gの塩素が必要である。

(5) 鉄や金のシアノ錯体も分解できる。

解説

(5) アルカリ塩素法では鉄や金のシアノ錯体は分解できないため，紺青法や吸着法を適用します。鉄や金のシアノ錯体も分解できるというのは誤りです。

このほかの肢は，すべて正しい記述です。

解答 (5)

問2　難｜中｜**易**

シアン排水の処理に関する記述として，誤っているものはどれか。

(1) 銅シアノ錯体は，アルカリ塩素法で容易に処理できる。

(2) オゾン酸化法では，シアンは窒素と炭酸水素塩にまで酸化分解される。

(3) 電解酸化法では，濃厚廃液よりも低濃度廃液のほうが効率よく処理できる。

(4) 紺青法では，鉄シアノ錯体の処理が可能である。

(5) 湿式加熱分解法では，難分解・濃厚シアン廃液の処理が可能である。

解説

(3) シアンの電解酸化法では，反応速度が電流密度によるため，濃度の高いほうが効率的です。低濃度廃液のほうが効率よく処理できるというのは誤りです。

このほかの肢は，すべて正しい記述です。

解答 (3)

問3 難 中 易

下図はアルカリ塩素法－紺青処理によるシアン排水処理のフローである。(A) ～ (D) にあてはまるものとして，正しいものはどれか。

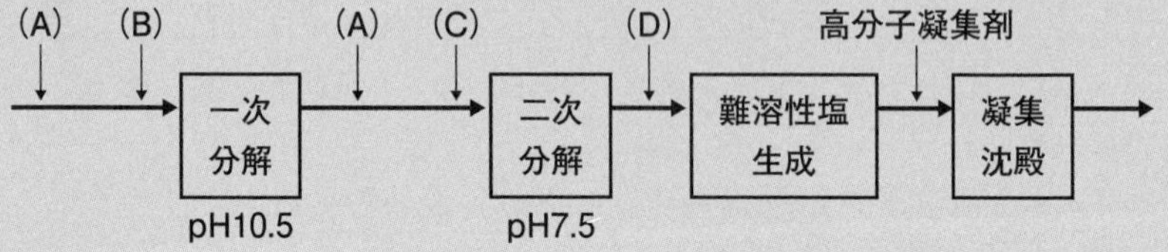

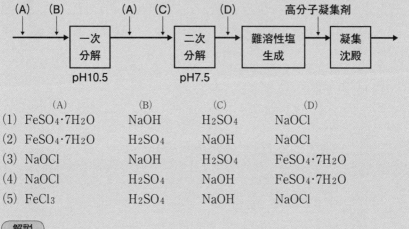

	(A)	(B)	(C)	(D)
(1)	$FeSO_4 \cdot 7H_2O$	NaOH	H_2SO_4	NaOCl
(2)	$FeSO_4 \cdot 7H_2O$	H_2SO_4	NaOH	NaOCl
(3)	NaOCl	NaOH	H_2SO_4	$FeSO_4 \cdot 7H_2O$
(4)	NaOCl	H_2SO_4	NaOH	$FeSO_4 \cdot 7H_2O$
(5)	$FeCl_3$	H_2SO_4	NaOH	NaOCl

解説

アルカリ塩素法の一次分解では，アルカリ (NaOH) を添加してpH10以上に調整し，二次分解ではこれに酸 (H_2SO_4) を添加してpH7 ～ 8に調整します。

解答 (3)

アンモニア・亜硝酸・硝酸排水の処理

1 処理方法の概要

アンモニア，亜硝酸，硝酸の排水処理には，生物処理と物理化学処理がありますが，一般には生物処理が主流であり，物理化学処理は用水処理や窒素化合物だけを含む排水など，生物処理の向かない場合に適用します。

また，アンモニアは多くの重金属イオンと錯体を作り，凝集沈殿を妨害するため，凝集沈殿法は用いられません。

補足

窒素化合物の処理
生物処理については，第3章第3節「生物的硝化脱窒素法」（➲P.173参照）で詳しく学習しているため，ここでは物理化学処理について記述します。

2 物理化学処理

①アンモニアストリッピング法

排水のpHを上げて**アルカリ性**とし，アンモニウムイオン（NH_4^+）を**アンモニアガス**に変えて**大気中に揮散**させる方法を，**アンモニアストリッピング法**といいます。

$$NH_4^+ + OH^- \rightleftarrows NH_3 + H_2O$$

水溶液中でアンモニウムイオンは遊離アンモニア（NH_3）と平衡を保っており，pHが高くなると，遊離アンモニアの存在比が高くなります。遊離アンモニアは，曝気やスクラバーによって容易にガス化できます。pH調製用アルカリ剤には**水酸化ナトリウム**を用います。水酸化カルシウムではカルシウムスケールを生成してしまうからです。

また，アンモニアストリッピング法によるアンモニアの除去率は**水温の影響**を受け，加温することで除去率が上がります。

②不連続点塩素処理法

不連続点塩素処理法とは，アンモニアを**塩素**で酸化して**窒素ガス**に分解する方法をいいます。薬注制御にORP計を使用します。反応速度が速く，水温の影響を受けない点が長所である反面，水中の有機物と塩素が反応して発がん性のあるトリハロメタンを生成するという欠点があります。

補足

カルシウムスケール
カルシウムの堆積物です。スケールとは水に溶けにくい難溶性物質の沈殿をいいます。

不連続点
➲P.143参照

③イオン交換法

陽イオン交換樹脂が陽イオンであるアンモニウムイオンのイオン交換を行い，**陰イオン交換樹脂**が陰イオンである硝酸イオンおよび亜硝酸イオンのイオン交換を行います。ただし，イオン交換法は窒素化合物の選択性が低いうえ，飽和吸着により除去能力の低下したイオン交換樹脂の再生操作が必要となります（➡P.147参照）。

④触媒分解法

触媒分解法では，高濃度のアンモニア排水に空気を供給し，加温加圧条件下において**高性能触媒**と接触させます。これによってアンモニアを酸化還元し，無害な**窒素ガス**に変えて大気中に放出します。触媒として，貴金属や金属酸化物から構成されたペレット状または球状のものが用いられています。

チャレンジ問題

問1　難｜中｜**易**

アンモニア・亜硝酸・硝酸排水の処理に関する記述として，誤っているものはどれか。

(1) アンモニアストリッピング法では，排水のpHを酸性にして，アンモニウムイオンをアンモニアガスに変え，大気に揮散させる。
(2) 不連続点塩素処理法では，アンモニアを塩素で酸化して，窒素ガスに分解する。
(3) 不連続点塩素処理法では，薬注制御にORP計が使用できる。
(4) イオン交換法では，陰イオン交換樹脂は，硝酸イオン，亜硝酸イオンをイオン交換する。
(5) 触媒分解法では，排水に空気を供給し，加温加圧条件下で高性能触媒と接触させ，アンモニアを窒素ガスとする。

解説

(1) アンモニアストリッピング法では，排水のpHをアルカリ性にして，アンモニウムイオンをアンモニアガスに変えます。排水のpHを酸性にするというのは誤りです。

このほかの肢は，すべて正しい記述です。

解答 (1)

有機化合物排水の処理

1 有害な有機化合物

有害な有機化合物として有機りん化合物，農薬系有機化合物，PCB，有機塩素系化合物，ベンゼンが挙げられます。

■有害な有機化合物とその概要

有機りん化合物	有害物質に指定されている有機りん化合物は，**パラチオン**，**メチルパラチオン**，**メチルジメトン**，**EPN**の４種類。いずれも農薬（殺虫剤）である。疎水性が強く，**活性炭**などの疎水性固体の表面に吸着されやすい性質がある
農薬系有機化合物	次の4種類が有害物質として指定されている ● **1,3-ジクロロプロペン**（殺虫剤） 揮発性の高い可燃性液体。溶解度2.7g/ℓ（25℃） ● **チウラム**（殺菌剤） 水に難溶の微粉末。溶解度18㎎/ℓ（室温） ● **シマジン**（除草剤） 無色結晶。土壌中で安定し移動性小。長期間効果を持続する。溶解度5㎎/ℓ（20℃） ● **チオベンカルブ**（除草剤） 液体。残留性やや大。溶解度30㎎/ℓ（20℃）
PCB	有機溶媒に可溶で，多くの有機合成樹脂に良好な相溶性を示す。**活性炭吸着処理**が適しているはか，**生物処理**も可能である
有機塩素系化合物	9種類が有害物質に指定されている。いずれも難溶性，低沸点，不燃性など共通点が多い
ベンゼン	● 芳香のある液体。溶解度820㎎/ℓ（22℃） ● 自然界にベンゼンを資化できる微生物が存在し，**生物分解処理**が可能である。生物分解には馴養した活性汚泥を用いる ● 揮発性が高く，曝気による**揮散処理**が容易である。ただし，排ガスの処理対策が必要 ● 活性炭吸着法は吸着量が少なく，実用性が低い

補足

有機りん化合物
有害物質に指定されている４種類のうち，現在生産されているのはEPN（エチルパラニトロフェニルチオノベンゼンホスホネイト）のみで，ほかの３種類は昭和46年以降，使用が禁止されています。

PCB
ポリ塩化ビフェニルの略称です。

有機塩素系化合物
以下の9種類です。
- トリクロロエチレン
- テトラクロロエチレン
- ジクロロメタン
- 四塩化炭素
- 1,2-ジクロロエタン
- 1,1-ジクロロエチレン
- シス-1,2-ジクロロエチレン
- 1,1,1-トリクロロエタン
- 1,1,2-トリクロロエタン

有機塩素系化合物については次ページ以降で詳しく学習します。

2 有機塩素系化合物排水の処理方法

①揮散法

有機塩素系化合物は，難溶性で低沸点のため，**曝気**（空気吹き込み）することによって揮散し，排水から分離することができます。これを**揮散法**といいます。

ただし，揮散した物質が大気中に放散してしまわないよう，**排ガス処理**が必要となります。処理方法として，吸着法や酸化分解法を用います。

②活性炭吸着法

活性炭吸着法を用いると，排水中から有機塩素系化合物をごく**微量まで除去**することができます。ただし，活性炭の**吸着量は少ないうえ**，濃度によって吸着量が変化するという特性があります。排水中にほかの有機物が含まれると，これらも活性炭に吸着されるため，有機塩素系化合物の吸着量は一層低くなります。

トリクロロエチレン（別名:トリクレン，TCE），テトラクロロエチレン（別名:パークレン，PCE）以外の有機塩素系化合物は，TCE，PCEと比べてさらに吸着量が少ないため，活性炭吸着法単独による処理は困難であり，揮散法または活性汚泥法との併用処理が必要となります。

③酸化分解法

有機塩素化合物は，適切な酸化条件下では**二酸化炭素**（CO_2）と**塩化物イオン**（Cl^-）とに分解することができます。これを**酸化分解法**といいます。

ア　過マンガン酸塩による分解

過マンガン酸塩は，酸性から中性，常温（25℃）で適用できます。過マンガン酸カリウム（$KMnO_4$）によるTCE（C_2HCl_3），PCE（C_2Cl_4）の分解をそれぞれ式で表すと次のようになります。

$$C_2HCl_3 + 2KMnO_4 \longrightarrow 2CO_2 + 2KCl + HCl + 2MnO_2$$

$$3C_2Cl_4 + 4KMnO_4 + 4H_2O \longrightarrow 6CO_2 + 4KCl + 8HCl + 4MnO_2$$

PCEの分解速度は遅く，TCEの分解速度の約1/10～1/30といわれています。また，**塩素数が多いほど**，**分解率は低く**なります。

イ　光の照射による分解

二酸化チタンを触媒とし，溶存酸素存在下で光を照射することによっても分解することができます。ただし，分解速度は遅くなります。**過酸化水素**（H_2O_2）の存在下で紫外線を照射した場合は，分解速度が６～８倍になります。

$$C_2Cl_4 + 2H_2O_2 \longrightarrow 2CO_2 + 4HCl$$

ウ　原位置分解法

土壌汚染に対し，**処理薬剤を直接土壌に注入**することによって地下水や土壌を浄化する方法を，**原位置分解法**（または原位置浄化法）といいます。具体的には次のような方法が挙げられます。

- **過マンガン酸塩溶液**を注入して酸化分解する
- **鉄粉**を主体とする反応材を地盤中に打設し，これによりバリアーを形成させ，これを通過する汚染地下水を還元し，無害化する

④生物分解法

有機塩素系化合物を分解する能力のある微生物は，好気性のメタン資化細菌，トルエン資化細菌，フェノール資化細菌の中の特殊な細菌に限られますが，これらは一般的な自然環境中に生息しています。しかし，有機塩素系化合物を含む排水中には，通常の有機物も多量に含まれているため，活性汚泥法を適用すると，一般的なフロック形成菌のほうが優勢となります。このため，メタン資化細菌などの特殊な細菌は共生しにくく，有機塩素系化合物の分解は起こりにくいと考えられています。

⑤バイオレメディエーション

バイオレメディエーションとは，**微生物**を利用して汚染物質を分解することにより，土壌や地下水等の環境汚染の浄化を図る原位置分解技術をいいます。具体的な分解機構の例をみておきましょう。

ア　好気分解の場合

分解細菌が生産する酵素の作用により，TCEが最終的に水や二酸化炭素といった**無機物**に分解される

イ　嫌気分解の場合

TCE→ジクロロエチレン→ビニルクロライド→エチレンというように，塩素原子が1個ずつ外れる**還元的脱塩素化反応**が起こる

公共用水域と密接な水循環系を構成する土壌・地下水の浄化については，TCEなどの塩素化エチレン類で汚染された土壌・地下水を嫌気性微生物（塩素化エチレン分解細菌）のはたらきによって原位置で浄化する技術が注目されています。またバイオレメディエーションは，処理手法の違いによって，次の2種類に大別されます。

補足

原位置
「その場所で」という意味です。

補足

フロック形成菌
Zooglea（ズーグレア），*Pseudomonas*（シュードモナス）などが一般的です（➲P.157活性汚泥法参照）。

■バイオレメディエーションの処理手法による分類

バイオ オーグメンテーション	外部で培養した微生物を導入して浄化を行う 例）塩素化エチレン分解細菌の培養液を汚染地下水に注入する
バイオ スティミュレーション	その場所に生息している微生物を活性化することにより浄化を行う 例）地下水中に栄養剤（有機物，窒素・りんなどの栄養塩類）を注入する

特に，バイオオーグメンテーションについては，主に難分解性化学物質の汚染に対して，環境汚染浄化技術としての注目が高まっています。

チャレンジ問題

問1　難 **中** 易

有害な有機化合物に関する記述として，誤っているものはどれか。

(1) 有機りん化合物は活性炭に吸着されやすい。
(2) シマジンは水への溶解度が高く，土壌から容易に溶出される。
(3) PCBは有機溶媒には可溶で，多くの有機合成樹脂に対して良好な相溶性を示す。
(4) 揮散法では排ガス処理が必要である。
(5) ベンゼンは微生物により分解されやすい。

解説

(2) シマジンは溶解度5㎎/ℓ（20℃）と難溶性であり，また土壌中で安定しており，移動性の小さい物質です。したがって，水への溶解度が高く，土壌から容易に溶出される，というのは誤りです。
このほかの肢は，すべて正しい記述です。

解答 (2)

問2　難 中 **易**

酸化分解法による有機塩素系化合物排水の処理に関する記述として，誤っているものはどれか。

(1) 適切な酸化条件下では，二酸化炭素と塩素ガスに分解される。
(2) 過マンガン酸塩は，酸性から中性，常温で適用できる。
(3) 塩素数が多いほど分解率は低くなる。
(4) 二酸化チタンを触媒として溶存酸素存在下で光照射すると，酸化分解できる。

(5) 処理薬剤を直接汚染土壌に注入し，地下水や土壌を浄化する方法がある。

解説

(1) 酸化分解法によると，有機塩素化合物は二酸化炭素と塩化物イオン（Cl^-）に分解されます。塩素ガスというのは誤りです。

このほかの肢は，すべて正しい記述です。

解答 (1)

問3 難 中 **易**

有機塩素系化合物の生物分解法に関する記述として，誤っているものはどれか。

(1) 分解能力を持つ微生物は，一般的な自然環境中に生息している。

(2) バイオレメディエーションは，土壌・地下水の浄化に関する原位置分解技術として注目されている。

(3) 好気分解では，トリクロロエチレンは最終的に無機物になる。

(4) 嫌気細菌による分解は，一般に還元的脱塩素化反応である。

(5) バイオオーグメンテーションは，有機物と栄養塩類を注入し，土着の細菌を活用する方法である。

解説

(5) 土着の細菌を活用する方法はバイオスティミュレーションです。これに対し，バイオオーグメンテーションは外部で培養した微生物を導入する方法です。

このほかの肢は，すべて正しい記述です。

解答 (5)

問4 難 **中** 易

トリクロロエチレン排水の処理に関する記述として，正しいものはどれか。

(1) トリクロロエチレンは高沸点であり，曝気による揮散処理は困難である。

(2) 鉄粉を主体とする反応剤を用いて，地下水を原位置で浄化することができる。

(3) 活性炭吸着法は，高濃度排水の処理に適しているが，微量まで除去することは困難であるので，各種処理方法の前処理として適切である。

(4) 過マンガン酸塩による分解では，テトラクロロエチレンの方がトリクロロエチレンより分解速度が速い。

(5) 活性汚泥中のメタン資化細菌を利用した処理方法は，効果的である。

解説

(1) トリクロロエチレンなどの有機塩素系化合物は，難溶性で低沸点であるため，曝気による揮散処理が可能です。

(2) 酸化分解法の一つである原位置分解法について述べた正しい記述です。

(3) 活性炭吸着法は，有機塩素系化合物をごく微量まで除去することができます。

(4) テトラクロロエチレンの分解速度は，トリクロロエチレンの約1/10～1/30といわれています。

(5) 一般的なフロック形成菌のほうが優勢となるため，活性汚泥中のメタン資化細菌を利用する処理方法は効果的とはいえません。

解答 (2)

水質有害物質処理装置の管理

1 重金属排水の処理装置

重金属は一般に，難溶性水酸化物として沈殿除去されるため，主な処理装置は**凝集沈殿装置**と**ろ過装置**ということになります。水銀や鉛のように排水基準値が厳しい重金属の場合は，キレート樹脂塔をろ過装置の後段に設置する場合もあります。凝集沈殿装置では凝集pHが9～10で，共沈剤として**塩化鉄（Ⅲ）**がよく使用されます。共沈剤の使用によって**処理pH領域が広がり**，処理水質が安定します。また，**pH調整**は処理水質に影響するため，**pH計の校正**や**pH電極の点検**は毎日行うことが望ましいといえます。

処理水質が不安定な場合には，排水由来と処理装置由来の要因を考えます。

ア 排水由来の要因

難溶性水酸化物の形成を阻害するキレート剤や分散剤の存在，または，共沈剤と結合して凝集を阻害する物質の存在などが考えられます。製造工程から不定期に排水を受け入れる場合は，キレート剤などの混入に注意する必要があります。

イ 処理装置由来の要因

使用薬品中の不純物による処理水質の悪化が考えられます。使用薬品を定期的に分析し，不純物の有無などを把握することが重要です。さらに，重金属の多くは酸化還元反応により酸化数が変化し，酸化数が変わることで溶解度や最適処理pHが変化します。クロム，セレン，ひ素は酸化状態によって処理特性が変わるため，処理しやすい酸化状態の装置構成が必要です。

2 その他の排水処理装置

ふっ素排水を処理するための凝集沈殿装置では，水酸化カルシウムを用いるため（➲P.231参照），**カルシウムスケール**を生じやすい雰囲気にあります。pH電極の表面にカルシウム塩を析出することが考えられるため，**pH計の校正**や**pH電極の点検**を毎日行うようにします。

有機塩素系化合物や**農薬系有機化合物**は，活性炭吸着処理が一般的です。活性炭は吸着量が少ないため交換時期の見極めが重要です。通常は複数の充填塔を直列に通水するメリーゴーランド方式で通水し，先頭の充填塔からの対象物質リークを検出して通水を切り替え，活性炭を交換します。

チャレンジ問題

問1　　難｜中｜**易**

重金属排水の凝集処理及び装置の維持管理に関する記述として，誤っているものはどれか。

(1) 共沈剤として，塩化鉄（Ⅲ）を使用する場合が多い。
(2) 共沈剤を使用することで処理pH領域が狭まり，処理水質が安定する。
(3) pH計の校正，pH電極の点検は毎日実施することが望ましい。
(4) 処理水質が不安定な場合，排水由来の要因と処理装置由来の要因を考える必要がある。
(5) 製造工程から不定期に排水を受け入れる場合は，キレート剤などの混入に特に注意する必要がある。

解説

(2) 共沈剤を使用すると処理pH領域が広がり，処理水質が安定します。処理pH領域が狭まるというのは誤りです。

このほかの肢は，すべて正しい記述です。

解答 (2)

2 有害物質の測定

まとめ&丸暗記

● この節の学習内容のまとめ ●

□ 有害物質測定技術

- ガスクロマトグラフ法，高速液体クロマトグラフ法など
  ⇒記録されたピーク面積を標準溶液のものと比較し，各成分を定量

□ 試料の保存と検定方法

■試料の保存条件の例

クロム（Ⅵ）	そのままの状態で0～10℃の暗所
シアン化合物	水酸化ナトリウム溶液を加えてpH約12
有機りん化合物	塩酸で弱酸性

■検定項目ごとの検定方法の例

カドミウム，鉛	フレーム原子吸光法，ICP発光分光分析法　等
有機りん化合物	ガスクロマトグラフ法　等
チウラム	高速液体クロマトグラフ法

□ 有害物質ごとの検定方法の内容

- クロム（Ⅵ）：ジフェニルカルバジド吸光光度法
  還元性物質を含む場合などは，鉄共沈法でクロム（Ⅲ）を除去
- ひ素：水素化物発生原子吸光法
  水素化ひ素を，水素-アルゴンフレーム中に導き，原子吸光を測定
- セレン：水素化合物発生原子吸光法
  セレン化水素を，水素-アルゴンフレーム中に導き，原子吸光を測定
- 総水銀：還元気化原子吸光法
  水銀（Ⅱ）を金属水銀に還元し，気化させて水銀蒸気の吸光度を測定
- ほう素：メチレンブルー吸光光度法
  イオン会合体を1,2-ジクロロエタンで抽出し，その吸光度を測定
- シアン化合物：ピリジン-ピラゾロン吸光光度法
  前処理で，EDTA共存，pH2以下で加熱蒸留してシアン化水素を留出

有害物質測定技術

1 ガスクロマトグラフ法（GC法）

①クロマトグラフとは

クロマトグラフは，何種類もの成分が混在している試料中からそれぞれの成分を分離し検出する装置です。動かない**固定相**の中に，試料を含んだ**移動相**を通すと，固定相に吸着（または分配）されにくい成分は移動相とともに先へ進みますが，固定相に吸着（または分配）されやすい成分は移動が遅くなっていきます。このように，各成分の性質などの違いを利用して分離が行われます。

②ガスクロマトグラフ法（GC法）

GC法では移動相に**気体**（キャリヤーガスとよぶ）を用います。また，**カラム**とよばれる管の中に，固体または液体の固定相を充塡します。固体ではシリカゲル，活性アルミナ，合成ゼオライト，活性炭などを用います。液体の場合は，ケイ藻土など適当な担体粒子に含浸・塗布してカラムに充塡します。試料中の各成分は，固定相が固体の場合は「吸着」，液体の場合は「分配」によって分離されます。

カラムを通過することによって分離された試料中の各成分は，カラム出口に接続された**検出器**によって検出され，**クロマトグラム**として記録されます。そして，記録されたそれぞれの**ピーク面積**を，成分濃度が既知である標準溶液のピーク面積と比較することにより各成分を定量します。

■クロマトグラムの例

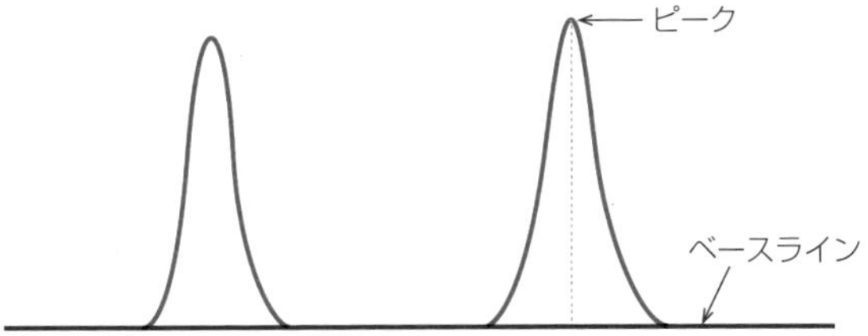

補足

クロマトグラフ
クロマトとは「色」を意味するギリシャ語の「Chroma」に由来し，元は植物の色素を分離するために考案された方法でした。現在では色素に限らず，さまざまな化学成分を細かく分離したり，不純物を除去して精製したり，微量成分を分析したりする技法として用いられています。

クロマトグラフィーとクロマトグラフ
クロマトグラフィーは手法・技法を指す言葉であり，その分析装置をクロマトグラフといいます。また分析結果を示す図表はクロマトグラムといいます。

分配
試料中のある成分が，固定相と移動相のどちらに溶け込むかを分配比率で表します。例えば，固定相：移動相＝3：1ならば，固定相に分配されやすい成分ということになります。

ピーク面積
各成分ピークとベースラインとの間の面積をいいます。ピーク面積は成分量にほぼ比例しています。

〈**例題**〉ガスクロマトグラフィーにより化合物Aの定量を行うため，5㎎/ℓ，20㎎/ℓ，および50㎎/ℓの化合物A標準溶液を各3回ずつ分析したところ，以下の結果が得られた。

（標準溶液濃度，㎎/ℓ）	（ピーク面積）
5	1.83，1.79，1.78
20	7.22，7.21，7.18
50	18.2，18.1，17.8

次に試料500㎖をヘキサンで抽出し，前処理を行い，最終的に5.0㎖のヘキサン溶液として同様の条件で分析したところ，ピーク面積が10.8となった。試料中の化合物Aの濃度（㎎/ℓ）はおよそいくらか。

まず，標準溶液の濃度ごとのピーク面積について，3回の平均を求めます。

すると，5㎎/ℓのとき約1.8，20㎎/ℓのとき約7.2，50㎎/ℓのとき約18となり，ピーク面積が溶液の濃度にほぼ比例していることがわかります。

そこで，溶液の濃度をX，ピーク面積をYとすると，次の式が成り立ちます。

$Y = aX$　（aは比例定数）

XとYに数値を代入して比例定数aの値を求めると，

$1.8 = 5a$　　これを解いて，$a = 0.36$

$\therefore\ Y = 0.36X$　…… (1)

設問より，ピーク面積Yが10.8となる場合の溶液の濃度Xを求めると，

(1) の式より，$10.8 = 0.36X$　　これを解いて，$X = 30$

ただし，これは試料500㎖を5.0㎖に濃縮（100倍）したうえでの分析であることから，試料500㎖中での濃度は，$30 \div 100 = 0.3$

〈**答**〉試料中の化合物Aの濃度は，およそ0.3㎎/ℓ

また，試料をカラムに導入し，その中のある成分が検出され，記録部でピークが現れるまでの時間をその成分の**保持時間**といいます。保持時間は特定の条件下では成分ごとに固有であるため，これによって定性分析を行うことができます。

カラムは，**充塡カラム**と**キャピラリーカラム**に大別されます。

■充塡カラムとキャピラリーカラム

充塡カラム	内径0.5～6㎜，長さ0.5～20m程度の金属，ガラスまたは合成樹脂の管に固定相（分離用充塡剤）を詰めたもの
キャピラリーカラム	内径0.1～1.2㎜，長さ5～100m程度の金属，ガラス，石英ガラスまたは合成樹脂の管壁に膜厚0.05～10μmの固定相液体を保持し中空構造にしたもの。充塡カラムよりも分離効率が著しく高い

2 その他のクロマトグラフ法

①ガスクロマトグラフ質量分析法

複雑な成分をガスクロマトグラフ（GC）で分離し，**質量分析計**によって定性，定量を行う方法です。農薬や塩素化炭化水素など，微量で複雑な成分を含む試料の分析に有効です。GCで分離された各成分は質量分析計で**イオン化**された後，アナライザー（質量分離部）で質量電荷比に応じて分離され，これを順次検出記録して定性・定量分析を行います。イオン化の方法としては，電子イオン化（EI）法が最も一般的です。EI法は**フラグメントイオン**（分子イオンの分子内結合が壊れたイオン）を生じる点が特徴です。

②高速液体クロマトグラフ法（HPLC法）

HPLCとはHigh Performance Liquid Chromatographyの略称で，移動相に液体（Liquid）を用います。固定相を充塡したカラムに，試料を含む移動相（溶離液）をポンプなどで加圧して送り込み，試料中の各成分を高性能に分離し，検出します。検出器には**吸光光度検出器**，示差屈折率検出器などが主に用いられます。得られたクロマトグラムの保持時間から定性分析を行い，ピークの高さや面積から定量分析を行います。HPLC法は，農薬に使う**チウラム**の検定に適用されます。

③イオンクロマトグラフ法

イオンクロマトグラフ法は，**イオン交換体**を分離カラムとして用いる高速液体クロマトグラフ法の一種と考えられます。溶離液を移動層とし，イオン交換体を固定相としたカラム内で試料中のイオン種成分（無機イオン，有機酸，低分子量アミン類など）を分離・溶出させます。検出器としては電気伝導度検出器，分光光度検出器などを用います。なお，溶離液も電解質なので，濃い溶離液を使った場合には試料が検出しにくくなります。そこで，**サプレッサ**という装置を検出器の前に取り付け，邪魔なイオンを除去する場合もあります。得られたクロマトグラムの保持時間から定性分析，ピークの高さや面積から定量分析を行います。

補足

ガスクロマトグラフ法で用いる主な検出器

①熱伝導度検出器（TCD）
ブリッジ回路を用い，フィラメントに流れる電流値の変化を検出することによって試料の検出を行います。

②水素炎イオン化検出器（FID）
可燃性の有機化合物を水素炎中で燃焼させたときに生成されるイオンと電子により，流れる電流を検出し，イオンを捕集します。

③電子捕獲検出器（ECD）
放射線源からのβ線がキャリヤーガスを電離し両極間に微小電流が流れ，ここに自由電子を捕獲する性質のある有機ハロゲン化合物等が入ると電流が減少することを利用して検出を行います。ハロゲンに対して高感度を示す検出器です。

④炎光光度検出器（FPD）
水素炎中で物質が燃焼するときの発光を測定します。

⑤熱イオン化検出器（TID，FTD）
FIDのノズルの先端にアルカリ塩等のチップを付加したものです。ごく微量の含窒素または含りん有機化合物を選択的に検出します。

④薄層クロマトグラフ法

ガラス板上に薄く塗布されたシリカゲルやアルミナなどの吸着剤（固定相）と**展開溶媒**とよばれる移動相に対する試料成分の親和力の差を利用して，各成分を分離し，適当な発色試薬を噴霧して各成分を検出するという方法です。この方法は，アルキル水銀などの検定に用いられます。

チャレンジ問題

問 1　　難　中　易

化合物Aを含む排水500mLのpHを3.5に調節した後，固相カラムに化合物Aを吸着させ，さらに溶媒で溶出し，1mLの溶液とした。この溶液を高速液体クロマトグラフに20μL注入して分析したところ，化合物Aのピーク面積が180000であった。標準として作製した化合物Aの溶液各20μLでは以下のような結果が得られたとすると，排水中の化合物Aの濃度（mg／L）はおよそいくらか。

（化合物Aの標準溶液，mg／L）	（ピーク面積）
5	50000
25	250000
50	500000

（1）0.018　（2）0.036　（3）9.0　（4）18　（5）36

解説

設問より，ピーク面積が溶液の濃度に比例していることがわかります。
そこで，溶液の濃度をX，ピーク面積をYとすると，次の式が成り立ちます。

$Y = aX$　（aは比例定数）

この式のXとYに数値を代入して比例定数aの値を求めると，

$50000 = 5a$　　これを解いて，$a = 10000$

$\therefore$　$Y = 10000X$　……（1）

設問より，ピーク面積Yが180000となる場合の溶液の濃度Xを求めると，
（1）の式より，$180000 = 10000X$　　これを解いて，$X = 18$
ただし，これは試料500mℓを1mℓに濃縮（500倍）したうえでの分析であることから，試料500mℓ中での濃度は，$18 \div 500 = 0.036$

解答　(2)

試料の保存と検定方法

1 試料の保存方法

試料の保存方法については，第３章「５ 水質汚濁物質の測定技術」P.186でも学習しましたが，有害物質についてはこの第４章で出題されるため，検定項目ごとに保存条件と試料容器を確認しておきましょう。

■各検定項目の保存条件および試料容器

検定項目	保存条件	試料容器
重金属類	（カドミウム，鉛，水銀，セレンなど） **硝酸**を加えてpH約1	P・G
ひ素	●前処理を行う場合……**硝酸**を加えてpH約1 ●前処理を要しない場合 ……**塩酸**（ひ素分析用）を加えてpH約1	P・G
クロム（Ⅵ）	**そのままの状態**で0～10℃の暗所	P・G
ふっ素	0～10℃の暗所（イオンクロマトグラフ法を用いる場合）	P
NH_4^+	**塩酸**または**硫酸**を加えてpH2～3にし，0～10℃の暗所（短い日数であれば，保存処理を行わずそのままの状態で0～10℃の暗所）	P・G
NO_2^- NO_3^-	試料1ℓにつき**クロロホルム**約5mℓ加え，0～10℃の暗所（短い日数であれば，保存処理を行わずそのままの状態で0～10℃の暗所）	P・G
シアン化合物	**水酸化ナトリウム**溶液（200g/ℓ）を加えてpH約12（残留塩素を含むときはアスコルビン酸を加えて還元した後，水酸化ナトリウム溶液を添加する）	P・G
有機りん	**塩酸**で弱酸性	G
塩素化炭化水素 ベンゼン	4℃以下の暗所（凍結させないこと）	G
PCB	0～10℃の暗所	G
チウラム シマジン チオベンカルブ	0～10℃の暗所	G

試料容器 P：プラスチック容器（共栓ポリエチレン瓶）
G：ガラス容器（無色共栓ガラス瓶）

2 検定項目ごとの検定方法

検定項目ごとに規定されている主な検定方法をまとめておきましょう。

■検定項目と検定方法

検定項目	検定方法
カドミウム およびその化合物	●フレーム原子吸光法 ●電気加熱原子吸光法 ●ICP発光分光分析法 ●ICP質量分析法
鉛 およびその化合物	●フレーム原子吸光法 ●電気加熱原子吸光法 ●ICP発光分光分析法 ●ICP質量分析法
クロム（Ⅵ）化合物	●**ジフェニルカルバジド吸光光度法** ●フレーム原子吸光法 ●電気加熱原子吸光法 ●ICP発光分光分析法 ●ICP質量分析法
ひ素 およびその化合物	●**ジエチルジチオカルバミド酸銀吸光光度法** ●**水素化物発生原子吸光法** ●水素化物発生ICP発光分光分析法 ●ICP質量分析法
セレン およびその化合物	●**水素化合物発生原子吸光法** ●水素化合物発生ICP発光分光分析法 ●3,3'-ジアミノベンジジン吸光光度法 ●ICP質量分析法
総水銀	●**還元気化原子吸光法** ●加熱気化原子吸光法
アルキル水銀化合物	●ガスクロマトグラフ法 ●薄層クロマトグラフ分離-原子吸光分析法
ほう素 およびその化合物	●**メチレンブルー吸光光度法** ●アゾメチンH吸光光度法 ●ICP発光分光分析法 ●ICP質量分析法
ふっ素 およびその化合物	●ランタン-アリザリンコンプレキソン吸光光度法 ●イオン電極法 ●イオンクロマトグラフ法

シアン化合物	●**ピリジン-ピラゾロン吸光光度法** ●4-ピリジンカルボン酸-ピラゾロン吸光光度法　等
アンモニア アンモニウム化合物	●インドフェノール青吸光光度法 ●中和滴定法 ●**イオンクロマトグラフ法**　等
亜硝酸化合物	●ナフチルエチレンジアミン吸光光度法 ●イオンクロマトグラフ法
硝酸化合物	●**イオンクロマトグラフ法** ●還元蒸留-インドフェノール青吸光光度法 ●銅・カドミウムカラム還元-ナフチルエチレンジアミン吸光光度法　等
有機りん化合物 (EPNなど)	●**ガスクロマトグラフ法** ●ナフチルエチレンジアミン吸光光度法（アベレル-ノリス法） ●*p*-ニトロフェノール吸光光度法
チウラム	●**高速液体クロマトグラフ法（HPLC法）**
シマジン チオベンカルブ	●**ガスクロマトグラフ質量分析法** ●ガスクロマトグラフ法
ポリ塩化ビフェニル (PCB)	●ガスクロマトグラフ法 ●ガスクロマトグラフ質量分析法
塩素化炭化水素 ベンゼン	●**パージ・トラップ-ガスクロマトグラフ質量分析法** ●ヘッドスペース-ガスクロマトグラフ質量分析法 ●パージ・トラップ-ガスクロマトグラフ法（FID検出器） ●ヘッドスペース-ガスクロマトグラフ法 ●溶媒抽出-ガスクロマトグラフ法

チャレンジ問題

問１　難　中　**易**

検定用試料の試料容器として，ガラス容器を用いないものはどれか。

(1) クロム（Ⅵ）　(2) ひ素　(3) 有機りん
(4) PCB　(5) ふっ素

解説

(5) ふっ素はガラスの成分と反応してふっ素化合物を生成するため，ガラス容器を用いることができません。

解答 (5)

問2　難　中　易

検定項目と保存条件の組合せとして，誤っているものはどれか。

(検定項目)	(保存条件)
(1) シアン	EDTA共存下，pH 2以下のリン酸酸性
(2) ふっ素	0～10℃の暗所(イオンクロマトグラフ法を用いる場合)
(3) クロム(Ⅵ)	そのままの状態で0～10℃の暗所
(4) 有機りん	HClで弱酸性
(5) PCB	0～10℃の暗所

解説

(1) シアンは水酸化ナトリウム溶液を加えてpH約12のアルカリ性で保存します。EDTA共存下でpH 2以下のリン酸酸性というのは，シアン化合物の前処理を行う際の条件であり，保存条件ではありません。

このほかの肢は，すべて正しい組合せです。

解答 (1)

問3　難　中　易

分析方法に関する記述として，誤っているものはどれか。

(1) 原子吸光法は，金属元素の分析に用いられる。
(2) ガスクロマトグラフ法は，有機りん化合物などの分析に用いられる。
(3) イオンクロマトグラフ法は，アンモニウムイオンなどの分析に用いられる。
(4) ICP発光分光分析法では，励起された原子から発する個々の波長の発光強度を測定する。
(5) ガスクロマトグラフ質量分析法では，複雑な成分を質量分析計で分離後，ガスクロマトグラフで定性，定量する。

解説

(5) ガスクロマトグラフ質量分析法では，複雑な成分をガスクロマトグラフ(GC)で分離した後，質量分析計で定性，定量を行います。質量分析計で分離した後にガスクロマトグラフで定性，定量するというのは誤りです。

このほかの肢はすべて正しい記述です。なお，(4)のICP発光分光分析法については，P.190参照。

解答 (5)

問4 難 中 易

検定項目と検定方法との組合せとして，誤っているものはどれか。

	(検定項目)	(検定方法)
(1)	ポリ塩化ビフェニル（PCB）	イオンクロマトグラフ法
(2)	ほう素化合物	メチレンブルー吸光光度法
(3)	総水銀	還元気化原子吸光法
(4)	EPN	ガスクロマトグラフ法
(5)	チウラム	高速液体クロマトグラフ法

解説

（1）ポリ塩化ビフェニル（PCB）の検定方法は，ガスクロマトグラフ法またはガスクロマトグラフ質量分析法です。イオンクロマトグラフ法は，イオン交換体を固定相としたカラム内で試料中のイオン種成分を分離する方法であり，PCBには適用できません。

このほかの肢はすべて正しい組合せです。なお，（4）のEPNについてはP.241補足参照。

解答 （1）

問5 難 中 易

検定項目と分析機器に関する組合せとして，誤っているものはどれか。

	(検定項目)	(分析機器)
(1)	アルキル水銀	ガスクロマトグラフ
(2)	カドミウム	原子吸光分析装置
(3)	クロム（VI）	ICP質量分析装置
(4)	ひ素	高速液体クロマトグラフ
(5)	亜硝酸化合物及び硝酸化合物	イオンクロマトグラフ

解説

（4）ひ素の検定方法とされているのはジエチルジチオカルバミド酸銀吸光光度法，水素化物発生原子吸光法などです。高速液体クロマトグラフ法（HPLC法）は規定されていないため，分析機器として高速液体クロマトグラフを組み合わせるのは誤りです。

このほかの肢は，すべて正しい組合せです。

解答 （4）

有害物質ごとの検定方法の内容

1 クロム（Ⅵ）化合物の検定

①クロム（Ⅵ）化合物の検定の概要

クロム（Ⅵ）の検定には，ジフェニルカルバジド**吸光光度法**が適用されます。ただし，**試料が着色**していたり，**還元性物質**を含んでいたりして吸光光度法の適用が困難な場合には，**鉄共沈法**によってクロム（Ⅲ）を取り除いてからジフェニルカルバジド吸光光度法，フレーム原子吸光法，電気加熱原子吸光法，ICP発光分光分析法またはICP質量分析法を適用します。

②ジフェニルカルバジド吸光光度法

ジフェニルカルバジド吸光光度法では，試料にジフェニルカルバジドを加え，生成する**赤紫**の錯体の吸光度を測定することによってクロム（Ⅵ）を定量します。

まず試料を0.1mol/ℓ**硫酸酸性**とし，これにジフェニルカルバジドのアセトン溶液を加えて赤紫の錯体を生成します。また，これとは別に同量の試料を取り，**エタノール**を加えてクロム（Ⅵ）をクロム（Ⅲ）に還元した後，同じ発色操作を行い，これを**対照液**として，発色させた試料の吸光度を測定し，定量を行います。

ジフェニルカルバジド吸光光度法の適用に際しては，以下のような注意事項があります。

ア　クロム（Ⅵ）は，クロム酸または二クロム酸イオンとして存在していますが，特に二クロム酸イオンは還元されやすいため，試料採取後できるだけ早く試験を行います。すぐに試験できない場合には，**そのままの状態**で0～10℃の暗所に保存します（➲P.253参照）。

イ　対照液の調製では，クロム（Ⅵ）だけをクロム（Ⅲ）に還元します。共存物質のうちジフェニルカルバジドと反応して呈色するものが存在しても，この対照液を用いることによって**共存物質の影響を軽減**することができます。

ウ　硫酸酸性にするのは発色させるためですが，このとき，酸化されやすい成分（**還元性物質**）が含まれていると，クロム（Ⅵ）がこれと反応してクロム（Ⅲ）に還元されてしまい定量が困難となります。そこで，**鉄共沈法**によりクロム（Ⅲ）を除去します。鉄共沈法では**硫酸アンモニウム鉄（Ⅲ）**溶液を加えた後，微アルカリ性として沈殿を生成させ，クロム（Ⅲ）を共沈している水酸化鉄（Ⅲ）をろ別します。なお，フレーム原子吸光法，電気加熱原子吸光法，ICP発光分光分析法，ICP質量分析法は，このろ液について適用します。

2 ひ素およびその化合物の検定

ここでは，ひ素およびその化合物に適用される検定方法のうち，ジエチルジチオカルバミド酸銀吸光光度法，水素化物発生原子吸光法，水素化物発生ICP発光分光分析法について学習します。

①ジエチルジチオカルバミド酸銀吸光光度法

ジエチルジチオカルバミド酸銀吸光光度法では，ひ素を**水素化ひ素**として発生させ，ジエチルジチオカルバミド酸銀のクロロホルム溶液に吸収させ，生成する**赤紫**の吸光度を測定することによって，ひ素を定量します。

具体的には，まず，前処理した試料に**よう化カリウム**と**塩化すず**（Ⅱ）を加えてしばらく放置し，ひ素（Ⅴ）をひ素（Ⅲ）に還元します。これに**亜鉛**を加え，発生した**水素化ひ素**をジエチルジチオカルバミド酸銀・ブルシン・クロロホルム溶液に吸収させ，赤紫に発色した吸収液の吸光度を測定します。

②水素化物発生原子吸光法

水素化物発生原子吸光法では，ひ素を**水素化ひ素**として発生させ，**水素-アルゴンフレーム**中に導き，ひ素による原子吸光を測定することによって定量します。

具体的には，まず試料を硫酸，硝酸および過マンガン酸カリウムで前処理した後，**塩酸酸性**溶液とします。これに**よう化カリウム**を加えて放置し，ひ素（Ⅴ）をひ素（Ⅲ）に還元します。このひ素（Ⅲ）の溶液を，連続式水素化物発生装置において**テトラヒドロほう酸ナトリウム**溶液と反応させて，水素化ひ素を発生させます。なお，前処理の**硝酸**が残っていると，分解生成物である窒素酸化物によって水素化ひ素の発生が妨害されるため，硫酸白煙処理を用いて硝酸を除去しておきます。

③水素化物発生ICP発光分光分析法

水素化物発生ICP発光分光分析法では，試料を前処理してひ素を水素化ひ素とし，**誘導結合プラズマ**中に導入してひ素による発光を測定し，定量を行います。

補足

ひ素（Ⅴ）とひ素（Ⅲ）
ひ素の検定では，ひ素（Ⅴ）をひ素（Ⅲ）に還元したうえで水素化ひ素を発生させる点が重要です。これに対し，ひ素排水の処理では，ひ素（Ⅲ）をひ素（Ⅴ）に酸化してから共沈処理を行います（➲P.226参照）。これらを混同しないよう注意しましょう。

3 セレンおよびその化合物の検定

①セレンおよびその化合物の検定の概要

セレンに適用される検定方法には，水素化合物発生原子吸光法，水素化合物発生ICP発光分光分析法，3,3'-ジアミノベンジジン吸光光度法，ICP質量分析法の4つがあります。このうち，前の3つについて学習します。

②水素化合物発生原子吸光法

水素化合物発生原子吸光法では，試料を前処理して，セレンを**セレン化水素**とし，**水素-アルゴンフレーム**中に導き，セレンによる原子吸光を測定することによって定量します。

具体的には，まず試料を硫酸と硝酸で処理して，有機物を分解しておきます。次に，この前処理で生成したセレン（Ⅵ）をセレン（Ⅳ）に還元するため，約6 mol/ℓ**塩酸酸性**とし，90～100℃で10分間**加熱処理**を行います。放冷後，連続式水素化合物発生装置に，この溶液と**テトラヒドロほう酸ナトリウム**，塩酸を定量ポンプで送入し，セレン化水素を発生させます。

③水素化合物発生ICP発光分光分析法

水素化合物発生ICP発光分光分析法では，水素化合物発生原子吸光法と同様に試料を前処理した後，セレン化水素を発生させます。そして**誘導結合プラズマ**中にセレン化水素を導入し，セレンによる発光を測定して定量を行います。

④3,3'-ジアミノベンジジン吸光光度法

3,3'-ジアミノベンジジン吸光光度法では，セレンを水酸化鉄（Ⅲ）と共沈させて濃縮した後，3,3'-ジアミノベンジジンを加えて**セレン錯体**を生成します。そして，溶液のpHを調節してトルエンで錯体を抽出し，その黄色の吸光度を測定してセレンを定量します。

4 総水銀の検定

①総水銀の検定の概要

総水銀の検定では，試料中に含まれるすべての形態の水銀（Hg）を測定対象とします。具体的には以下のものが含まれます。

- **無機水銀化合物**（水銀（Ⅰ），水銀（Ⅱ））
- **金属水銀**
- **有機水銀化合物**（アルキル水銀［脂肪族］，アリール水銀［芳香族］など）

検定方法としては，**還元気化原子吸光法**が適用されます。ただし，試料の成分

が複雑で，共存成分による影響の大きいことが予想される場合は，**加熱気化原子吸光法**を適用します。

②還元気化原子吸光法

還元気化原子吸光法では，試料を強酸と酸化剤で処理して，いろいろな水銀化合物を**水銀イオン**（**水銀**（Ⅱ））にします。そして過剰な酸化剤を還元した後，水銀（Ⅱ）を**金属水銀**に還元し，これに通気して発生させた**水銀蒸気**（気化した水銀）による原子吸光を測定し，水銀を定量します。

具体的には，まず試料の適量を取り，水を加えて一定量とした後，硫酸，硝酸および**酸化剤**として過マンガン酸カリウム，ペルオキソ二硫酸カリウムを加え，95℃の水浴中で2時間加熱して水銀化合物を水銀（Ⅱ）にします。冷却後，過剰の過マンガン酸カリウムを塩化ヒドロキシルアンモニウムで還元し，直ちに**塩化**すず（Ⅱ）を加えて水銀イオンを金属水銀に**還元**します。これに空気を循環通気することによって水銀蒸気を発生させ，**波長253.7nm**で吸光度を測定します。還元気化原子吸光法の適用については，以下のような注意事項があります。

ア　希薄な水銀溶液は保存が困難なため，できるだけ早く試験を行います。すぐに試験できない場合には，試料に**硝酸**を加えてpH約1にして保存します（➡P.253参照）。

イ　塩化物イオンを多く含む試料は，過マンガン酸処理により塩素を生成し，正の誤差の原因となるため，吸光度の測定に先立って塩化ヒドロキシルアンモニウムを過剰に加えて遊離塩素を還元します。

ウ　ベンゼン，アセトンなどの揮発性有機化合物は，正の誤差を生じさせるため，あらかじめヘキサンで抽出除去しておきます。

③加熱気化原子吸光法

加熱気化原子吸光法は，共存物の多い複雑な組成の試料に適用します。まず試料を過マンガン酸カリウムで前処理した後，硫酸酸性溶液から水銀を**ジチゾン錯体**として抽出します。これを加熱して水銀蒸気を発生させ，その原子吸光を測定して水銀を定量します。

補足

還元気化原子吸光法の操作の流れ

水銀化合物を水銀（Ⅱ）にする
↓
水銀（Ⅱ）を金属水銀に還元する
↓
金属水銀から水銀蒸気を発生させ，吸光度を測定する

5 ほう素およびその化合物の検定

①ほう素およびその化合物の検定の概要

ほう素に適用される検定方法には，メチレンブルー吸光光度法，アゾメチンH吸光光度法，ICP発光分光分析法，ICP質量分析法があります。ここでは，前の2つについて学習します。

②メチレンブルー吸光光度法

メチレンブルー吸光光度法では，ほう素化合物に**硫酸**と**ふっ化水素酸**を加えてテトラフルオロほう酸イオンとし，これに**メチレンブルー**を反応させて，生成するイオン会合体を**1,2-ジクロロエタン**で抽出し，その吸光度を測定します。

具体的には，次のような操作手順になります。

1）試料に硫酸を加えて**硫酸酸性**とし，メチレンブルーと1,2-ジクロロエタンを加えて振り混ぜた後，1,2-ジクロロエタン層を捨てる

2）ふっ化水素酸溶液を加えて振り混ぜ，**テトラフルオロほう酸イオン**を生成させて，メチレンブルーと反応させる

3）生成するイオン会合体を，1,2-ジクロロエタンで抽出する

4）1,2-ジクロロエタン層を**硫酸銀**溶液で洗浄した後，**波長660nm**付近の吸光度を測定する

なお，メチレンブルー吸光光度法を適用する際には，以下のような注意事項があります。

ア　試料に懸濁物が含まれる場合には，ろ過または遠心分離によって除去しておきます。

イ　この試験に用いる水の精製には，**ほうけい酸ガラス製**の蒸留器を使用してはなりません。ほうけい酸ガラスにはほう素が含まれており，試験操作の途中でほう素が溶出してくるおそれがあるからです。このため，器具類には石英ガラス製，ポリプロピレン製またはポリエチレン製のものを用います。

ウ　硫酸酸性溶液からは，陰イオン界面活性剤などもメチレンブルーとイオン会合体を作って抽出されるため，ほう素化合物をテトラフルオロほう酸にする前にメチレンブルーを加え，1,2-ジクロロエタンで抽出除去しておきます（これが上記1）の「1,2-ジクロロエタン層を捨てる」という操作です）。

③アゾメチンH吸光光度法

アゾメチンH吸光光度法では，ほう酸が，pH約6でアゾメチンHと反応して生成する黄色の錯体の吸光度を測定し，ほう素を定量します。なおこの方法は，汚濁の少ない試料に適用されます。

6 シアン化合物の検定

①シアン化合物の検定の概要

シアン化合物は，水中のシアン化物イオン，シアノ錯体などの総称です。

検定では，シアン化水素酸，シアン化物イオン，金属のシアノ錯体といったすべての形態のシアン化合物を含んだ排水を一定の条件下で前処理し，留出した**シアン化水素**を**水酸化ナトリウム溶液**に捕集した後，ピリジン-ピラゾロン吸光光度法，あるいは4-ピリジンカルボン酸-ピラゾロン吸光光度法で定量します。

②シアン化合物の前処理

キレート剤の一種である**EDTA**（➲P.213参照）を共存させ，**pH２以下**のりん酸酸性下で**加熱蒸留**することによって，試料中のシアン化合物をシアン化水素として留出させます。ほとんどのシアン化合物からシアン化水素が発生しますが，**コバルト**，**水銀**，**金**などのシアノ錯体は**分解率**が低いことに注意しましょう。

③試料の取扱い

試料中のシアン化合物は変化しやすいため，試料採取後は直ちに試験を行います。直ちに行えない場合は，試料中に残留塩素などの酸化性物質が共存しなければ水酸化ナトリウム溶液を加えてpHを約12にして保存し，できるだけ早く試験します（➲P.253参照）。

④ピリジン-ピラゾロン吸光光度法

ピリジン-ピラゾロン吸光光度法では，前処理して得られた捕集液の一部を取り，酢酸で**pH約７**に中和した後，**クロラミンT**を加えて**塩化シアン**とし，これに**ピリジン-ピラゾロン溶液**を加えることによって生成する**青色化合物**の吸光度を測定し，定量を行います。

⑤4-ピリジンカルボン酸-ピラゾロン吸光光度法

ピリジン-ピラゾロン溶液の代わりに，4-ピリジンカルボン酸-ピラゾロン溶液を加えて青色化合物を生成すること以外，ピリジン-ピラゾロン吸光光度法とほぼ同様です。

補足

イオン会合体
数個のイオンが結合して1つのイオンのように挙動するものをいいます。

シアン化合物の形態
pH 8以下では大部分がシアン化水素酸の形で存在し，pH11以上になるとシアン化物イオンがほとんどを占めるようになります。シアノ錯体は，$A_n[M(CN)_x]$ という化学式で示されるもので，MはAu，Ag，Hg，Co，Cu，Fe等の金属です。

シアン化合物の前処理と試料の保存
前処理は，pH 2以下のりん酸酸性下で行うのに対し，試料の保存はpH約12のアルカリ性で行います。これらを混同しないよう注意しましょう。

7 シマジンおよびチオベンカルブの検定

①シマジンおよびチオベンカルブの検定の概要

シマジン，チオベンカルブを前処理において分離濃縮した後，妨害物質があればクリーンアップ操作を施したうえ，ガスクロマトグラフ質量分析法，あるいはガスクロマトグラフ法によって定量を行います。

②シマジンおよびチオベンカルブの前処理

溶媒抽出法または固相抽出法を用います。

■溶媒抽出法と固相抽出法

溶媒抽出法	試料に塩化ナトリウムを加えて，**ジクロロメタン**でシマジン，チオベンカルブを抽出し，**ヘキサン**を加えて濃縮する
固相抽出法	試料を吸引しながら**固相カラム**中を流下させて，シマジン，チオベンカルブを吸着させ，**アセトン**で溶出して濃縮する（ただし，次のクリーンアップ操作を行うときは，この濃縮液にヘキサンを加えてヘキサン溶液とする）

③クリーンアップ

クリーンアップとは，妨害物質の除去を目的とした操作です。次の２つの方法があります。なお，妨害物質がなければクリーンアップ操作は省略できます。

■クリーンアップの方法

フロリジルカラムクロマトグラフ法	ヘキサン濃縮液をフロリジル（活性けい酸マグネシウム）カラムに注ぎ，ジエチルエーテルを含むヘキサンで，シマジン，チオベンカルブを溶出する
シリカゲルカラムクロマトグラフ法	ヘキサン濃縮液をシリカゲルカラムに注ぎ，ジエチルエーテルを含むヘキサンでチオベンカルブを溶出した後，アセトンでシマジンを溶離する

なお，どちらの方法も，カラム溶出液に**ヘキサン**を加えて再び濃縮します。

④ガスクロマトグラフ質量分析法

ガスクロマトグラフ質量分析法では，②あるいは③の濃縮液の一定量を取り，**スプリットレス方式**または**コールドオンカラム方式**でガスクロマトグラフ（GC）に注入して，**選択イオン検出法**で特有の質量数をモニターし，クロマトグラムを記録します。そして，これに基づいてシマジン，チオベンカルブを定量します。

8 塩素化炭化水素およびベンゼンの検定

ここでは，塩素化炭化水素やベンゼンに適用される検定方法（➡P.255参照）のうち，**パージ・トラップ-ガスクロマトグラフ質量分析法**について学習します。

パージ・トラップとは，簡単に言うと，試料水中にガスを吹き込んで対象物を追い出し，吸着剤に吸着させて分析する方法です。パージとは「追い出す」という意味です。まず，試料をパージ容器に取り，内標準物質およびメタノールを加えて温度を一定とします。次に，**パージガス**（ヘリウムなどの不活性ガス）を通じて揮発性有機化合物をトラップ管に捕集し，トラップ管を**加熱**して有機化合物を脱着させ，**冷却凝縮装置**に吸着させます。そして，この冷却凝縮装置を**再加熱**して，有機化合物を**ガスクロマトグラフ質量分析装置**に導入し，選択イオン検出法またはこれと同等な方法で選択イオンのクロマトグラムを記録します。

チャレンジ問題

問1　難　中　易

ジフェニルカルバジド吸光光度法によるクロム（Ⅵ）の検定に関する記述として，誤っているものはどれか。

(1) 試料を硫酸酸性とし，ジフェニルカルバジド溶液を加えて錯体を形成させる。
(2) 別に同量の試料を取り，エタノールを加えてクロム（Ⅲ）をクロム（Ⅵ）にして対照液とする。
(3) クロム（Ⅲ）を含む試料は，鉄共沈法によってクロム（Ⅲ）を除去する。
(4) 着色している試料の場合には，鉄共沈法を適用する。
(5) 鉄共沈法では，硫酸アンモニウム鉄（Ⅲ）溶液を加えた後，微アルカリ性として沈殿を生成させる。

解説

(2) 対照液の調製ではエタノールを加えて，クロム（Ⅵ）をクロム（Ⅲ）に還元します。クロム（Ⅲ）をクロム（Ⅵ）にする，というのは誤りです。

このほかの肢は，すべて正しい記述です。

解答 (2)

問2　難　中　易

水素化物発生原子吸光法によるひ素の検定に関する記述として，誤っているものはどれか。

(1) 試料は硫酸，硝酸及び過マンガン酸カリウムで前処理した後，塩酸酸性溶液とする。
(2) 前処理の硝酸が残存すると，水素化ひ素の発生が促進される。
(3) 前処理後の試料溶液によう化カリウムを加えて，ひ素（V）をひ素（Ⅲ）に還元する。
(4) ひ素（Ⅲ）の溶液をテトラヒドロほう酸ナトリウム溶液と反応させて，水素化ひ素を発生させる。
(5) 水素化ひ素は水素-アルゴンフレームに導いて吸光度を測定する。

解説

(2) 前処理の硝酸が残っていると，水素化ひ素の発生が妨害されます。発生が促進されるというのは誤りです。

このほかの肢は，すべて正しい記述です。

解答 (2)

問3　難 中 易

水素化合物発生原子吸光法によるセレンの検定に関する記述中，下線を付した箇所のうち，誤っているものはどれか。

試料を硫酸と硝酸で処理して有機物を分解した後，約6 mol/L (1)<u>塩酸酸性</u>とし，90～100℃で(2)<u>10分間</u>加熱する。放冷後，(3)<u>テトラヒドロほう酸ナトリウム</u>を加えて(4)<u>セレン化水素</u>を発生させ，これを(5)<u>誘導結合プラズマ</u>に導いて原子吸光分析する。

解説

(5) 水素化合物発生原子吸光法では，セレン化水素を水素-アルゴンフレーム中に導いて原子吸光分析します。誘導結合プラズマに導くというのは誤りです。

解答 (5)

問4　難 中 易

還元気化原子吸光法による総水銀の検定に関する記述として，誤っているものはどれか。

(1) 試料に硫酸，硝酸，過マンガン酸カリウム及びペルオキソ二硫酸カリウムを加えて加熱し，水銀化合物を水銀（Ⅱ）にする。

(2) 冷却後，過剰の過マンガン酸カリウムをペルオキソ二硫酸アンモニウムで酸化する。
(3) 直ちに，塩化すず（Ⅱ）を加えて水銀（Ⅱ）を金属水銀にする。
(4) これに空気を循環通気して水銀蒸気を発生させ，吸光度（253.7nm）を測定する。
(5) ベンゼン，アセトンなどの揮発性有機化合物は，正の誤差を生じる。

解説

(2) 過剰の過マンガン酸カリウムは，塩化ヒドロキシルアンモニウムで還元します。ペルオキソ二硫酸アンモニウムで酸化するというのは誤りです。
このほかの肢は，すべて正しい記述です。

解答 (2)

問5

難 中 **易**

メチレンブルー吸光光度法によるほう素及びその化合物の検定に関する記述として，誤っているものはどれか。

(1) 用いる水の精製には，ほうけい酸ガラス製の蒸留器を使用する。
(2) 試料を硫酸酸性とし，メチレンブルーと1,2-ジクロロエタンを加えて振り混ぜた後，1,2-ジクロロエタン層を捨てる。
(3) ふっ化水素酸溶液を加えて振り混ぜ，テトラフルオロほう酸イオンを生成させて，メチレンブルーと反応させる。
(4) 生成するイオン会合体を1,2-ジクロロエタンで抽出する。
(5) 1,2-ジクロロエタン層を硫酸銀溶液で洗浄し，吸光度（660nm）を測定する。

解説

(1) ほうけい酸ガラスにはほう素が含まれており，試験操作の途中で溶出してくるおそれがあるため使用してはなりません。
このほかの肢は，すべて正しい記述です。

解答 (1)

問6

難 中 **易**

ピリジン-ピラゾロン吸光光度法によるシアン化合物の検定に関する記述として，誤っているものはどれか。

(1) EDTAを共存させ，pH 2以下のりん酸酸性下で加熱蒸留して，シアン化水素として留出させる。
(2) コバルトや水銀のシアノ錯体も完全に分解されて，シアン化水素を発生する。
(3) 加熱蒸留により留出したシアン化水素は，水酸化ナトリウム溶液に捕集する。
(4) 捕集液のpHを約7とし，クロラミンTと反応させて塩化シアンとする。
(5) 塩化シアンとピリジン-ピラゾロン溶液が反応して生成する青色化合物の吸光度を測定する。

解説

(2) コバルトや水銀などのシアノ錯体は分解率が低く，これらが完全に分解されるというのは誤りです。
このほかの肢は，すべて正しい記述です。

解答 (2)

問7　難 中 易

ガスクロマトグラフ質量分析法によるシマジン及びチオベンカルブの検定に関する記述として，誤っているものはどれか。
(1) 前処理には，溶媒抽出法又は固相抽出法が用いられる。
(2) クリーンアップには，フロリジルカラムを用い，シリカゲルカラムは用いない。
(3) 妨害物質がないときは，クリーンアップ操作を省略できる。
(4) カラム溶出液を濃縮した後，スプリットレス方式又はコールドオンカラム方式でガスクロマトグラフに注入する。
(5) 選択イオン検出法で特有の質量数をモニターし，クロマトグラムを記録する。

解説

(2) クリーンアップの操作方法には，フロリジルカラムクロマトグラフ法のほかに，シリカゲルカラムクロマトグラフ法があります。したがって，シリカゲルカラムは用いない，というのは誤りです。
このほかの肢は，すべて正しい記述です。

解答 (2)

第5章

大規模水質特論

1 大規模排水の拡散と水質予測

まとめ&丸暗記

● この節の学習内容のまとめ ●

☐ 水質予測と内部生産COD

COD濃度分布の推定には完全な物理拡散モデルが用いられていた
↓
総量規制によっても基準達成率は改善されなかった
↓
原因はCODの内部生産（当該海域で生産されるCOD）
↓
植物プランクトンによる光合成が関係
↓
一次生産機構を解明するため，生態系モデルを導入
↓
生態系モデルでは，植物プランクトン量などの有機物量から換算係数を用いてCOD濃度を予測する
↓
さらに，流体力学モデルと結合した三次元的な生態系モデルへ

☐ 流体力学モデル

エスチャリーなどの解析には，一般に三次元マルチレベルモデルを使用
⇒ 風，日射量，湿度，気温，水位，密度を与え，水域の流動場を計算

☐ 生態系モデル

- 植物プランクトン（生産者），動物プランクトン（消費者），栄養塩等を構成要素とし，系の中の物質循環を炭素，窒素，りんなどの元素を用いて定量化する
- 植物プランクトンの増殖は，温度，光強度，栄養塩濃度の関数で評価

温度 → 植物プランクトンの**最大可能増殖速度**は温度の関数である

光強度 →
- **光合成速度**と**光強度**の関係式では，光合成が**強光条件下で阻害される**ことを考慮
- 水中の光強度は**ランバート-ベールの法則**に従う

栄養塩濃度 → **栄養塩**（窒素･りん）の摂取は，**ミハエリス-メンテンの式**で表す

水質予測と内部生産COD

1 CODの内部生産

①有害物汚染指標としてのCOD

CODは，水系に存在する**有機物汚染の指標**として採用されています。湖沼や沿岸では利水目的に応じてCOD濃度の基準が定められ，例えば港湾以外の多くの海域では**A類型**（COD濃度で2㎎／ℓ以下）が指定されています。

閉鎖性内湾におけるCOD濃度の分布の推定には，従来，完全な**物理拡散モデル**が用いられていました。これはCODを，当該水域では生成したり消滅したりしない**保存物質**として扱うことを前提として，**拡散方程式**によって計算するというものです。ところが，東京湾など富栄養化の進んだ閉鎖性水域では，このような物理拡散モデルでは，実際のCOD濃度の空間分布を表現することはできないということがわかってきました。

②閉鎖性水域におけるCODの内部生産

閉鎖性海域の水質改善を図るためには，その海域に流入する汚濁負荷量の総量を削減することが必要であることから，1978（昭和53）年に**総量規制**が制度化され，東京湾，伊勢湾，大阪湾ではCODを指定項目とした総量規制が現在でも行われています。しかし，この総量規制によって負荷は着実に減少しているにもかかわらず，基準達成率は改善されていません。

その原因として，**CODの内部生産**というものが挙げられるようになりました。これは，工場や河川などからの負荷（「**外部負荷**」という）ではなく，当該海域において生産される有機物（CODの生産）であり，この**内部生産COD**が減少しないために，いくら総量規制で外部負荷を減らしてもCODの基準は達成できないという実態が浮かび上がってきたのです。そのため，この内部生産機構の研究がまず必要となりました。

補足

COD
「化学的酸素要求量」，あるいは「化学的酸素消費量」とも訳されます。

拡散方程式
工場・河川などからの負荷や湾口境界の濃度を与え，湾内の流動を用いて，CODの濃度を数学的に計算します。

富栄養化
植物プランクトン等の異常増殖による「赤潮」の発生などをはじめとした現象です（➲P.107～参照）。

総量規制
一律排水基準等の濃度基準のみでは環境基準の確保が難しい水域について，排出水に含まれる汚濁物質の負荷量（汚濁負荷量）を規制します（➲P.76参照）。

③生態系モデルの導入

現在では，内部生産CODには**植物プランクトンによる光合成**が関係していることがわかってきました。そこで，CODの内部生産を理解するためには，海域における植物プランクトンの生産（**一次生産機構**という）を解明することが必要となり，**生態系モデル**というものが導入されました。生態系モデルはCODの内部生産を定量的に解析するために用いられています（➲P.276～参照）。

④今後の課題

閉鎖性水域では，外洋との水の交換が行われにくいため，河川流域から流入してきた汚染物質が長期間滞留してしまいます。特に，**夏の成層期**（➲P.105参照）には，**表層**において植物プランクトンの成長・増殖すなわちCODの内部生産が活発に行われます。これに対し下層では，成層の強化により溶存酸素の供給が制限されて，**貧酸素水塊**が形成されます。また，閉鎖性水域の植物プランクトンの成長は，上昇した環境温度，利用可能な光強度，栄養塩の外部負荷のほか，物理的な水流の影響なども受けます。こうした富栄養化した水域における環境の解析，特にCODの内部生産を定量的に解析することや底層の貧酸素水塊を解析するためには，**流体力学モデル**（➲P.274～参照）と結合した三次元的な生態系モデルが必要となります。

さらに，植物プランクトン自身は自ら移動できる空間的距離が非常に小さいため，力学的に**受動な物質**とみなされます。栄養塩もこれと同様です。このように生態系モデルの基本的枠組みは受動な物質から構成されているため，今後は魚類などのような能動的なものの影響をも考慮したモデルが求められます。

2 有機物濃度とCODの換算

生態系モデルを用いると，植物プランクトン態炭素，動物プランクトン態炭素などの有機物状態変数が予測されます。これらの状態変数に何らかの**換算係数**を使ってCODに変換することにより，生態系モデルでCODを予測することができます。一例として，次のような換算係数が使われています。

$COD : C_p = 1.5 \times 10^{-3}$

$COD : C_z = 1.55 \times 10^{-3}$

C_p：植物プランクトン態炭素（mg/㎥）

C_z：動物プランクトン態炭素（mg/㎥）

CODの単位はmg/ℓです。例えば，植物プランクトン態炭素が1000mg/㎥存在するとした場合，CODとしては1.5mg/ℓに相当することがわかります。

チャレンジ問題

問1 難 中 易

閉鎖性水域の汚染に関する記述として，誤っているものはどれか。

(1) 有機物汚染の指標としてCODが採用されている。

(2) 閉鎖性海域の水質改善を図るため，総量規制が制度化されている。

(3) 東京湾，伊勢湾，大阪湾では，CODを指定項目とした総量規制が行われている。

(4) CODの総量規制によって，内部生産によるCODが減少する。

(5) CODの内部生産には，植物プランクトンの成長が関連している。

解説

(4) 総量規制によって工場・河川などからの外部負荷を減らすことはできますが，当該海域におけるCODの内部生産を減少させることはできません。総量規制で内部生産CODが減少するというのは誤りです。

このほかの肢は，すべて正しい記述です。

解答 (4)

問2 難 中 易

沿岸海域におけるCODに関する記述として，誤っているものはどれか。

(1) CODの内部生産は，生態系モデルを使って評価できる。

(2) 港湾以外の多くの海域では，A類型（COD濃度で2mg/L以下）が指定されている。

(3) 夏期の表層では，CODの内部生産が活発に行われている。

(4) 植物プランクトン態炭素が1000mg/m³存在した場合，CODは1.5mg/L程度に相当する換算係数が使われている。

(5) 富栄養化が進んだ海域では，CODは保存物質として扱える。

解説

(5) 富栄養化の進んだ海域では，CODが内部生産されます。したがって，CODを保存物質（当該水域において生成したり消滅したりしない物質）として扱えるというのは誤りです。

このほかの肢は，すべて正しい記述です。

解答 (5)

流体力学モデル

1 エスチャリーの流動場を再現する数値モデル

海域の水の流れは三次元性を有しているため，**流体力学モデル**によって流れをシミュレーションします。エスチャリー（➡P.106参照）の内部では，塩分の密度差によって生じる**エスチャリー循環**のほか，潮汐によって生成される**潮流**，風によって引き起こされる**吹送流**などによって物理的循環が決定されますが，現在では河川流量のほか，外洋での塩分や水温の垂直分布，風の場などの気象要件を正確に与えれば，**数値モデル**によって流れの場（流動場）を正確に再現できるようになっています。エスチャリーや湖沼での解析には，一般に下図のような**三次元マルチレベルモデル**が使用されています。

■三次元マルチレベルモデルの概念図

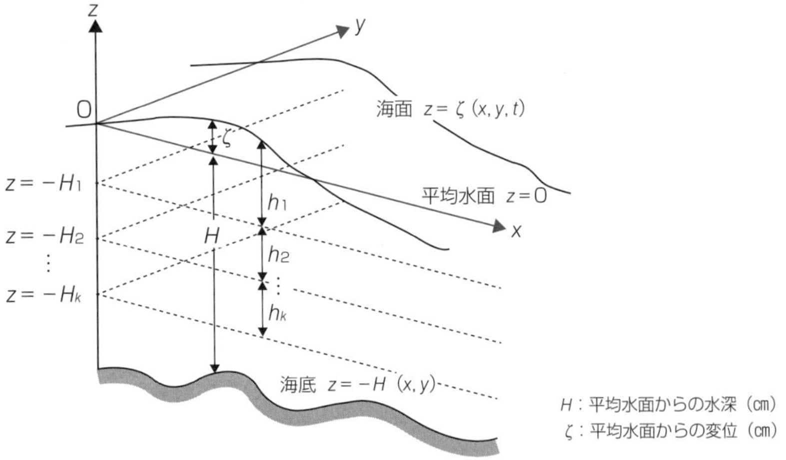

2 三次元マルチレベルモデルの計算

三次元マルチレベルモデルでは，海面での境界条件として**風**や**日射量**，**湿度**，**気温**等の気象条件，**水位**，**海水の密度**を与えることにより，対象水域の流動場を計算します。海水の密度は一般に，温度，塩分，圧力で決まりますが，沿岸域のような浅海では**温度**と**塩分**から計算します。まず，上図のようにエスチャリーの水柱を複数のレベルに分け，それぞれのレベルの厚さで運動方程式等を積分して

水平方向の速度成分を計算します。そして，この結果から連続の方程式を用いて**鉛直方向**の速度成分を計算します。鉛直方向については三次元の運動方程式を直接解くのではありません。また，水平方向の運動方程式では**重力加速度**や**コリオリのパラメータ**が考慮されています。モデル式では，以下の点を基本的な考え方とします。

ア　鉛直方向の運動については，**静水圧近似**を導入する

イ　エスチャリーの流れは，回転する地球上の粘性，非圧縮性流体として扱う

ウ　コリオリのパラメータは，**エスチャリー全体で一定**とみなす

なお，このモデルを用いた計算の結果（再現性）を検証する方法としては，流速の連続観測結果やそれに基づいた**潮流楕円**などとの比較，または水温や塩分などの観測結果との比較などが挙げられます。

補足

静水圧近似
重力と気圧傾度力（気圧の差で生じる力）とがつり合っているものとみなすことです。

コリオリのパラメータ
地球が球体で自転していることによって起こる仮想の力（コリオリの力）をパラメータ（変数）としたものです。

潮流楕円
観測された流速（潮流）のベクトルの先端を，1潮汐の時間結んだ際に形成される楕円。

チャレンジ問題

問1　難 **中** 易

沿岸海域における流動のモデル計算に関する記述として，誤っているものはどれか。

(1) 海域の密度場は，水温と塩分の分布から計算される。
(2) 海面での境界条件として，風や日射量，湿度，気温等の気象条件が使われる。
(3) モデルと観測結果の比較検証では，潮流楕円や水温，塩分等が使われる。
(4) 三次元的マルチレベルモデルは，鉛直方向の速度成分を直接解いている。
(5) 重力加速度やコリオリのパラメータを考慮している。

解説

(4) 鉛直方向の速度成分は，水平方向の速度成分の計算結果から，連続の方程式を用いて計算します。鉛直方向の速度成分を直接解くというのは誤りです。
このほかの肢は，すべて正しい記述です。

解答 (4)

生態系モデル

1 生態系モデルの枠組み

生態系モデルでは下図のように，生産者としての**植物プランクトン**，消費者としての**動物プランクトン**，資源としての**栄養塩**のほか，溶存酸素，デトリタス，溶存態有機物を構成要素とし，これらの間の物質循環を定量的に解析します。

デトリタスとは，プランクトンの死骸や排ふんなどからできる懸濁態有機物のことです。また，**溶存態有機物**は，植物プランクトンからの分泌やデトリタスによる生分解を供給源としています。

■生態系モデルの概念図

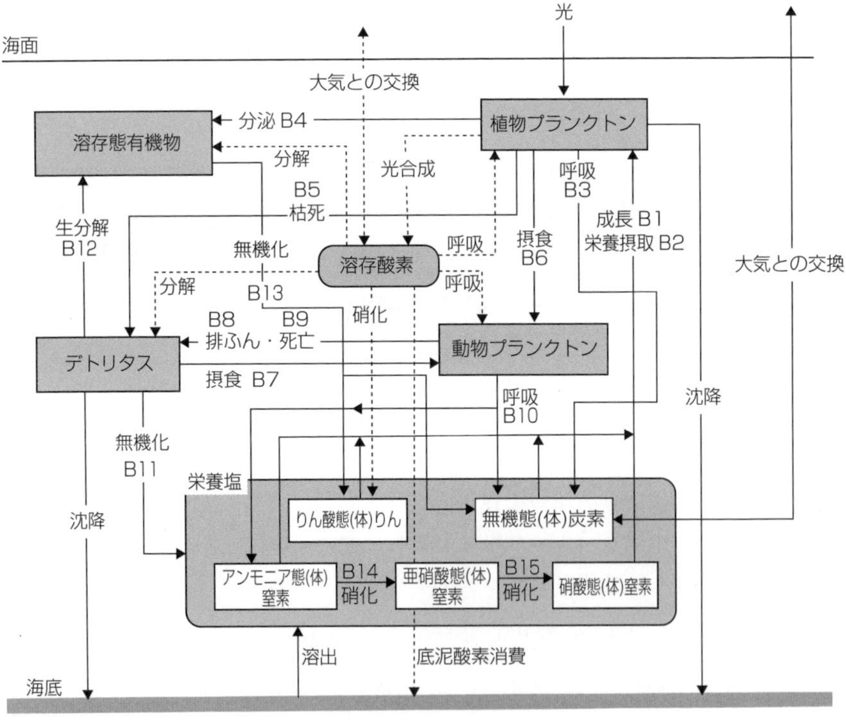

（注）B1〜B15は，物質の生化学的な循環過程を示している

2 生態系モデルによる解析

①モデル解析の基礎

生態系モデルは，系の中の物質循環を炭素，窒素，りんなどの元素を用いて定量化するモデルです。流動化モデルによって流動場を計算したら，その流れに伴って汚染物質が輸送され，濃度がどのように分布するかを生態系モデルで計算します。系を構成する任意の状態変数の現存量をBとすると，Bの**時間変化**は次のような**状態方程式**によって表されます。∂（ラウンド・ディー）は，偏微分することを意味する記号です。

$$\frac{\partial B}{\partial t}=-\frac{\partial}{\partial x}(uB)-\frac{\partial}{\partial y}(vB)-\frac{\partial}{\partial z}(wB)$$
$$+\frac{\partial}{\partial x}\left(K_x\frac{\partial B}{\partial x}\right)+\frac{\partial}{\partial y}\left(K_y\frac{\partial B}{\partial y}\right)+\frac{\partial}{\partial z}\left(K_z\frac{\partial B}{\partial z}\right)+\left(\frac{\partial B}{\partial t}\right)$$

u，v，w：それぞれ流速のx，y，z方向成分

K_x，K_y，K_z：それぞれ拡散係数のx，y，z方向成分

式の右辺の第１項～第３項は**移流による輸送**を，第４項～第６項は**拡散による輸送**を表しています。最後の第７項はソース-シンク項といい，生物化学過程による現存量Bの時間変化を表します。

②モデルを作成する際の留意点

生態系モデルを駆動するものは，光合成に必要な**日射量**や，外部からの**有機物**，**栄養塩**の負荷量です。また生態系構成要素間の物質の動きは**温度**にも大きく依存するため，これらの情報をできるだけ細かくモデルに与えます。

河川からの負荷量は，河川別に日ごとに入力することが望ましいですが，データがそろわない場合は，河川流量Qと流入負荷量Lとの関係を示した***L-Q*曲線**を用いて推定することもできます。

海底からの栄養塩の負荷は無視できないほど大きい場合があるため，詳細な観測で全体的に把握する必要があります。また，外洋から供給される負荷は，対象海域のバックグラウンドの水質を決めているものと考えます。

補足

状態変数
- 植物プランクトン（mgC/m³）
- 動物プランクトン（mgC/m³）
- デトリタス（mgC/m³）
- 溶存態有機物（mgC/m³）
- りん塩酸（μg/ℓ）
- アンモニウム塩（μg/ℓ）
- 亜硝酸塩（μg/ℓ）
- 硝酸塩（μg/ℓ）
- 溶存酸素（mg/ℓ）

偏微分
2つ以上の変数x，y…の関数において，1つの変数（例えばx）だけに着目し，それ以外の変数を定数とみなしてxの関数として微分することをいいます。

***L-Q*曲線**
次の式より求めます。
$L=aQ^b$
L：流入負荷量
Q：河川流量
a，b：*L-Q*解析から求められる係数

農地・山林などからの負荷量の算定
農地や山林等の面源に係る負荷量については原単位法（現地調査により排出負荷量を直接計測することを基本とする）が一般的です。

3 植物プランクトンの増殖速度

①温度との関係

植物プランクトンの**最大可能増殖速度（ポテンシャル成長速度）**v_1は，温度Tの関数として次の式によって表します。expは指数関数を表す記号です。

$v_1 = \alpha_1 \exp(\beta_1 T) = 0.59 \exp(0.0633T)$

α_1：0℃における最大成長速度（d^{-1}）　β_1：温度計数（$℃^{-1}$）

実験的には$\alpha_1 = 0.59$，$\beta_1 = 0.0633$という値が得られており，これによると，温度が10℃上昇すると成長速度は1.88倍になることがわかります。このように温度が10℃上昇したとき成長速度が何倍になるかを表す値を，**生理学的Q_{10}値**といいます。

②光合成－光応答

ア　光合成速度と光強度の関係式

光合成速度μ_2と**光強度**Iとの関係は，次の式によって表せます。

$$\mu_2 = \frac{I}{a+I} \quad \cdots (1)$$

しかし，この式では，光合成が**強光条件下で阻害**されることがあるということを表せていません。そこで，次のような式が提唱されました。

$$\mu_2 = aI \cdot \exp(1-aI) \quad (a\text{は定数}) \cdots (2)$$

(2) 式では，aIが光強度の増加によって光合成速度が増すことを表すとともに，$\exp(1-aI)$が強すぎる光強度によって光合成が阻害されることを表しています。(2) 式をみると，Iが$1/a$と等しくなったときμ_2は最大となり，それ以上になると光が減少することがわかります。このため，$1/a$を光合成の**最適光量**といいます。

イ　水中における光強度の減衰

また，光強度は水中の濁りによって減衰します。これを**ランバート-ベールの法則**（➡P.188参照）に従って，次のような式で表します。

$$I_z = I_0 \cdot \exp(-K \cdot z) \cdots (3)$$

I_z：水深zにおける光強度　I_0：水面での光強度　K：光の消散計数

ウ　水面での光強度の日変化

水面での光強度I_0の日変化は，次の経験式によって近似することができます。

$$I_0 = I_{max} \cdot \sin^3\left(\frac{\pi}{DL}t\right) \cdots (4)$$

I_{max}：太陽高度が最高になったときの水面最強光強度

DL：日出から日入までの日長

③栄養塩の摂取

栄養塩（窒素N，りんP）の摂取については，次のようなミハエリス-メンテンの式で表すことができます。

$$\mu_3 = \mathrm{Min}\left\{\frac{\mathrm{N}}{\mathrm{N}+K_\mathrm{N}},\ \frac{\mathrm{P}}{\mathrm{P}+K_\mathrm{P}}\right\}$$

μ_3：栄養塩摂取速度（最大で1，通常は1以下）

K_N，K_P：それぞれ窒素，りんの半飽和定数

Min｛ ｝は，括弧中の2つの項のうち小さいほうをとるという意味です。植物プランクトンの成長は，窒素またはりんの濃度で制限されるため，**制限が強いほう**（＝括弧中の項の小さいほう）の値を採用します。

④植物プランクトンの増殖を計算する式

生態系モデルでは，内部生産CODに関係する植物プランクトンの増殖は，**温度，光強度，栄養塩濃度**の関数で評価されます。したがって，光合成による植物プランクトンの増殖は，上述の①の式，②の（2）式，③の式および植物プランクトン濃度A_Pの積の形で，次のように表されます。

$$\frac{dA_P}{dt} = 0.59\exp(0.0633T)\cdot aI\cdot\exp(1-aI)\cdot\mathrm{Min}\left\{\frac{\mathrm{N}}{\mathrm{N}+K_\mathrm{N}},\ \frac{\mathrm{P}}{\mathrm{P}+K_\mathrm{P}}\right\}\cdot A_P$$

4 溶存酸素

生態系モデルでは，**溶存酸素量（DO）**の変動を次のように解析することができます。

＋（植物プランクトンの光合成による酸素の供給）
－（植物および動物プランクトンの呼吸による消費）
－（バクテリアの呼吸による消費）
－（アンモニア態［体］窒素の酸化による消費）
－（亜硝酸態［体］窒素の酸化による消費）
±（大気・海洋間での交換［再曝気］）

再曝気量は，K_a（$\mathrm{DO}_s-\mathrm{DO}$）の式により計算されます。$K_a$は再曝気係数です。$\mathrm{DO}_s$は**飽和酸素量**であり，表層海洋の**水温**と**塩分**から求められます。

補足

けい酸塩による制限
ケイ藻の増殖に注目する場合は，③の式の括弧中にけい酸塩の項が加わり，3つの項で最も小さなものを採用します。

半飽和定数
$\mathrm{N}=K_\mathrm{N}$，$\mathrm{P}=K_\mathrm{P}$のとき，μ_3の値が1/2になるパラメータです。

補足

伊勢湾の貧酸素水塊
伊勢湾では夏季になると，底層において酸素の供給が消費に追い付かず，全湾スケールで貧酸素水塊が形成されます。このため，流域全体を含めた全湾規模での環境対策が必要とされています。

チャレンジ問題

問1　難｜中｜**易**

生態系モデルに関する記述として，誤っているものはどれか。

(1) 植物プランクトンは，光合成で酸素を生成する。

(2) 溶存体有機物は，無機化して栄養塩となる。

(3) 無機体炭素は，植物プランクトンに摂取される。

(4) りん酸体りんは，動物プランクトンに摂取される。

(5) アンモニア体窒素は，硝化され硝酸体窒素となる。

解説

生態系モデルの概念図（P.276）についての理解を問う出題です。(4) りん酸体りんは，動物プランクトンではなく，植物プランクトンに栄養摂取されます（B2）。

解答 (4)

問2　難｜**中**｜易

水系における生態系モデルに関する記述として，誤っているものはどれか。

(1) 生態系モデルとは，系内の物質循環を定量的に解析するモデルである。

(2) 生態系における生産者として，植物プランクトンが考えられている。

(3) 生態系モデルを駆動する因子として，日射量や外部からの有機物や栄養塩の負荷などが考えられる。

(4) 生態系モデルでは，植物プランクトン量などの有機物量から，換算係数を用いてCOD濃度を予測している。

(5) 農地や山林などの面源からのCODや栄養塩の負荷は，流量と負荷量の関係を示す，いわゆるL-Q曲線を用いて推定する場合が多い。

解説

(5) 農地や山林などの面源からの負荷量については，「原単位法」が一般に用いられます。L-Q曲線を用いて推定する場合が多い，というのは誤りです。

このほかの肢は，すべて正しい記述です。

解答 (5)

問3　難｜**中**｜易

生態系モデルにおける植物プランクトン増殖の計算法に関する記述とし

て，誤っているものはどれか。

(1) 最大可能増殖速度は，温度の関数で規定されている。
(2) 光合成-光応答では，最適光量が導入されている。
(3) 栄養塩の摂取の式としては，ミハエリス-メンテンの式が使われる場合が多い。
(4) 水中での光強度は，ランバート-ベールの法則に従うとしている。
(5) 植物プランクトンの増殖は，最大可能増殖速度が溶存態有機物の制限を受けるような形式で計算される。

解説

(5) 植物プランクトンの増殖を計算する式（P.279の④）について理解を問う出題です。この式によると，最大可能増殖速度は，光強度や栄養塩によって制限を受けることがわかります。溶存態有機物の制限を受けるというのは誤りです。
このほかの肢は，すべて正しい記述です。

解答 (5)

問4 難 中 **易**

海洋における溶存酸素量の変動に関する記述として，誤っているものはどれか。

(1) 硝化により減少する。
(2) 飽和酸素量と溶存酸素量が異なるとき，大気-海洋間の交換により増加または減少する。
(3) 溶存体有機物の分解によって減少する。
(4) 動物プランクトンの呼吸により減少する。
(5) 飽和酸素量は水温と栄養塩濃度から求めることができる。

解説

(1) 硝化，すなわちアンモニア態窒素や亜硝酸態窒素の酸化によって減少します。
(2) 大気-海洋間の交換（再曝気量）は，飽和酸素量（DO_s）と溶存酸素量（DO）の値が異なるときに＋または－となり，溶存酸素量が増加または減少します。
(3) 生態系モデルの概念図（P.276）より，正しいことがわかります。
(4) 動物プランクトンなどの呼吸によって溶存酸素量は減少します。
(5) 飽和酸素量（DO_s）は，表層海洋の水温と塩分から求めます。栄養塩濃度から求められるというのは誤りです。

解答 (5)

2 処理水の再利用

まとめ&丸暗記

● この節の学習内容のまとめ ●

□ 水使用の合理化

- 「節水」と「排水の再利用」に分けられる

■排水の再利用の分類

カスケード利用	ある用途に使用した水を，**そのまま他の用途**に使用すること
循環利用	ある用途に使用した水を，ほとんど**無処理**のまま**同一の用途**に使用すること
再生利用	排水に**適当な処理**を行い，**水質を改善**したうえで再び使用すること

□ 再利用の実施例

- 冷却水系は，系内の保有水量を一定に保った状態で運転する
  ⇒ 補給水量 M = 蒸発 E + ブロー B + 飛散 W
- 濃縮倍数：循環水中の塩類濃度 C_R が補給水中の塩類濃度 C_M に対して何倍になっているかを示す指標

$$濃縮倍数\ N = \frac{C_R}{C_M} = 1 + \frac{E}{B + W}$$

- 濃縮倍数が大きくなると，塩類の濃縮が起こる
  ⇒ 金属腐食，スケールの析出，スライムの発生といった障害を招く

□ 排水再生利用のための処理技術

- 再利用の目的を考慮した最小限の処理ですませる
- 再生利用の対象となる水源には，汚濁成分の明らかなものを選ぶ
- 水中の汚濁成分を固形物として分離する処理技術
  ⇒ 凝集（化学）沈殿，生物処理，ろ過
- 溶解性不純物を除去する処理技術
  ⇒ 活性炭吸着，イオン交換，膜分離プロセス

水使用の合理化

1 水使用合理化の手法

水使用の合理化とは，水の使用を節約することであり，その手法には文字どおりの**節水**のほか，**排水の再利用**があります。全体をわかりやすくまとめてみましょう。

■水使用合理化の手法

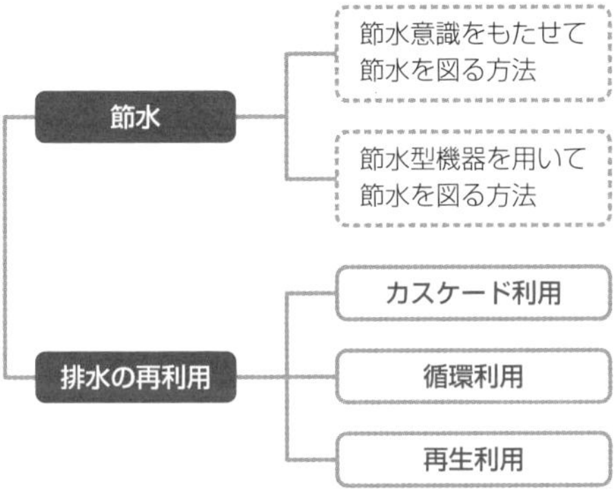

従業員に節水意識をもたせて節水を図る方法としては，使用箇所への**流量計**の設置や作業基準の確立などによって無駄な水使用を抑えることが考えられます。**節水型機器**は節水の原理によって次のように分類されます。

■節水の原理に基づく節水型機器の分類

不要水の節減	小便器自動洗浄装置など，必要なときにのみ給水する自動給水制御装置類
向流多段洗浄装置	➲P.121参照
局部的循環利用	洗びん機，食器洗浄器など，機器内部に「循環利用」を組み込んだもの
高圧洗浄方式	高圧噴射洗浄機など，水圧を高くして少流量でも洗浄効果を維持するもの

排水の再利用については，次ページ以降で学習します。

補足

流量計
使用水量を把握するための計器で，次のような種類があります。

- **羽根車式積算流量計**
  家庭用水道で使用されています
- **超音波流量計**
  配管の外部に検出部を取り付けるだけで測定でき，パソコンへのデータの取り入れも可能です
- **電磁流量計**
  石油化学工場などの配管中に組み込まれ，常時使用水量を把握します

節水型機器
水使用量の削減を目的として設計・製作された機器で，洗浄用設備で主に用いられます。

2 排水の再利用

排水の再利用とは，一度使用した用水を再度使用することをいい，その方法によってカスケード利用，循環利用，再生利用の３種類に分けられます。

①カスケード利用

カスケード利用とは，ある用途に使用した水を，そのまま**他の用途**に使用することをいいます（カスケード［cascade］は「小さな滝」という意味で，用水が下流へと流れていく様子を表します）。身近な例では，風呂の残り湯を洗濯に使用することなどが挙げられます。工業的には，機械工場においてコンプレッサーの冷却水を酸洗工程の洗浄水として利用するなど，汚れのほとんどない**間接冷却水を洗浄用水**などに利用するケースが一般的です。

カスケード利用は特別高価な設備を必要としないため，実施可能であれば極めて有効な合理化方法といえますが，排水の水質などが再利用する側にとって許容できるものでなければなりません。

②循環利用

循環利用とは，ある用途に使用した水を，ほとんど**無処理**のまま**同一の用途**に使用することをいいます。具体例としては，圧縮機や空調機などの間接冷却水を冷却塔で循環させたり，排ガスの洗浄塔において洗浄用水を循環させたりすることなどが挙げられます。

循環利用では，循環の過程で水質の悪化が進み，そのままでは利用が不可能となる場合が通常です。このため，常に一定の**ブロー（放流）**と新水の**補給**を行う必要があります。間接冷却水を冷却塔で循環させる場合，補給水の割合は循環水の**３～５%程度**とされています。排ガスの洗浄塔において洗浄用水を循環させる場合は用水が相当汚れるため，**10～20%程度**が必要となります。

③再生利用

再生利用とは，排水に**適当な処理**を行い，**水質を改善**したうえで再び使用することをいいます。再生利用には，次のような形態があります。

■再生利用の形態

局部的再生利用	製造工程内のある工程の排水を原水とし，これに適当な処理を施して同一工程の同一用途に再使用する
工場単位再生利用	工場内の各工程から発生する水を総合して再生処理し，その処理水を使用可能な工程に再使用する
地域的再生利用	工場がまとまって立地している工業団地などにおいて，各工場の排水を集中処理し，再び各工場に工業用水として供給する

再生利用の形態としては，**局部的再生利用**が最も経済的であり，実現容易であると考えられます。その理由は以下のとおりです。

ア　再生水の使用される工程が限定されているため，その工程に必要な最低限度の水質まで処理すれば足りる

イ　排水中に含まれる汚濁物質が同一工程から発生したものに限られているため，安心して再生水が使用できる

なお，**工場単位再生利用**は，排水処理水を公共下水道に放流している工場において，放流料金の節約のために行っているケースなどがあります。**地域的再生利用**は，あまり一般的にはみられません。

補足

局部的再生利用の例

鉄鋼業の連続鋳造工程や熱間圧延工程では，冷却水が直接原料と接触するため，冷却水中にかなりの懸濁物質が混入します。このため，沈殿・ろ過処理を施したうえで水を再利用しています。

チャレンジ問題

問1　難　中　易

水の再利用に関する記述として，誤っているものはどれか。

(1) カスケード利用では，ある用途に使用した水を，そのまま他の用途に使用する。

(2) 機械工場において，酸洗工程の洗浄水がコンプレッサーの冷却水としてカスケード利用される例がある。

(3) 局部的再利用では，製造工程内のある工程の排水を原水とし，これに適当な処理を施して同一工程の同一用途に再使用する。

(4) 循環利用では，ある用途に使用した排水を，ほとんど無処理で同一用途に再利用する。

(5) 循環利用では，常に一定のブロー（放流）と補給を行う必要がある。

解説

(2) カスケード利用では，汚れのほとんどない間接冷却水を洗浄用水などに利用するのが一般的です。機械工場においては，コンプレッサーの冷却水を酸洗工程の洗浄水として利用するのであって，酸洗工程の洗浄水を冷却水として利用するというのは誤りです。

このほかの肢は，すべて正しい記述です。

解答 (2)

再利用の実施例

1 冷却水

①冷却水の循環利用

冷却水は，工業用水の全使用水量の約60％を占めています。冷却水系の水使用は，冷却水が高温物体に直接触れる**直接冷却**と，熱交換器を用いる**間接冷却**とがありますが，特殊な場合を除き，冷却水の水温上昇分だけ目的物から熱を奪うことによって冷却を行います。高温となった冷却水は，冷却塔で大量の空気と接触して水の一部を蒸発させ，水の**蒸発潜熱**（水が蒸発するときに周囲から奪う熱）によって自ら冷却されて，再び冷却水として使用されます。

冷却塔では，水滴となって**飛散**したり，ポンプの軸受けや配管系の漏れとして失われたりする水分もあります。また，系内の水の蒸発によって**塩類が濃縮**されます。溶解塩類の濃度が増大すると，熱交換器や循環水配管中にスケールの析出（➲P.288参照）や金属の腐食が起こりやすくなるため，循環水の一部を系外に**ブロー（放流）**するとともに，その分だけ新水（**補給水**）を系内に補給して，塩類の濃縮を抑制します（➲P.284の②参照）。

冷却水系は，系内の保有水量を一定に保った状態で運転します。したがって，**補給水量*M***は，**蒸発*E***，**ブロー*B***および**飛散*W***によって系が失う水量の合計に相当します。これを式にすると，次のようになります。

$$M = E + B + W \quad \cdots \ (1)$$

■開放式冷却塔における水収支（水バランス）の例

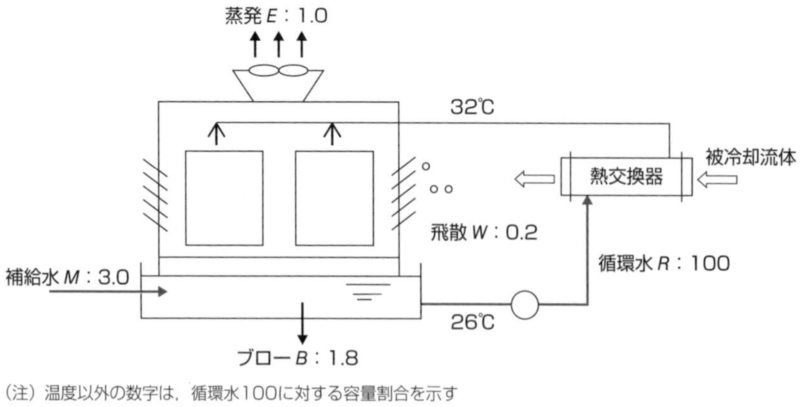

（注）温度以外の数字は，循環水100に対する容量割合を示す

②開放循環式冷却水系の水収支（水バランス）の理論

前ページのような**開放式冷却塔**において，「熱交換器から冷却水が受け取る全熱量」と「冷却塔で蒸発によって奪われる全熱量」とが等しいとすると，次の式が成り立ちます。

$$Q = R \times 10^3 \times \varDelta T \times C = E \times 10^3 \times H_L \quad \cdots (2)$$

Q：全熱量（kJ/h）　　R：循環水量（㎥/h）

$\varDelta T$：冷却塔温度差（℃）

C：水の定圧比熱（水温40℃で4.18kJ・kg^{-1}・℃$^{-1}$）

E：蒸発損失量（㎥/h）

H_L：水の蒸発潜熱（水温40℃で2420kJ・kg^{-1}）

（2）式を変形することにより，次の式が得られます。

$$E = R \times \frac{1}{100} \times \frac{\varDelta T}{5.8}$$

この式をみると，冷却塔温度差が**5.8℃**のとき，循環水量の約１%が蒸発するということがわかります。

③濃縮倍数

冷却水系において**濃縮倍数**とは，循環水中の塩類濃度C_Rが補給水中の塩類濃度C_Mに対して何倍になっているかを示す指標です。つまり，濃縮倍数をNとすると，

$$N = \frac{C_R}{C_M} \quad \cdots (3)$$

また，系が定常運転されている場合，補給水から系内に流入する塩類量と，ブロー水および飛散水とともに系外に流出する塩類量が等しいことから，

$$C_M M = C_R (B + W) \quad \cdots (4)$$

この（4）式と前ページの（1）式より，（3）式を次のように変形することができます。

$$N = \frac{C_R}{C_M} = \frac{M}{B+W} = \frac{E+B+W}{B+W} = 1 + \frac{E}{B+W} \quad \cdots (5)$$

蒸発水量Eと飛散水量Wは冷却塔の運転条件が一定ならば固有の値となるため，（5）式より，ブロー水量Bを調整することによって，冷却水系の**濃度管理**ができるということがわかります。この場合，ブロー水量を「**強制ブロー量**」ともいいます。

補足

開放式冷却塔
外気（空気）と冷却水が直接接触し、冷却水の一部の蒸発によって残りの冷却水を冷やす方式の冷却塔をいいます。これに対し，冷却水を熱交換器の管内に通し，管の外側の冷却用外気と散布水で冷やす方式のものを密閉式といいます。

補足

飛散水量W
計算問題においては，飛散水量Wは循環水系で失われる種々の形態の水損失をすべて含むものとして考えます。

強制ブロー量の調整による濃度管理
強制ブロー量を増やすと濃縮倍数が減少し，系の塩類濃度を下げることができます。逆に，強制ブロー量を減らすと濃縮倍数は増加し，系の塩類濃度が上昇します。

〈例題〉P.286の図のように，冷却塔循環水の水バランスが，循環水100に対して蒸発1.0，ブロー1.8，飛散0.2であるとき，濃縮倍数はいくらか。

前ページの（5）式より，濃縮倍数$N = 1 + \frac{E}{B+W}$ と表されます。

設問より，循環水100（㎥/h）とすると，蒸発損失量Eが1.0（㎥/h），ブロー水量Bが1.8（㎥/h），飛散水量Wが0.2（㎥/h）ということなので，これらの値を式に代入して，

$$N = 1 + \frac{1.0}{1.8+0.2} = 1.5$$

〈答〉濃縮倍数は1.5倍

濃縮倍数Nとブロー水量B，補給水量Mの関係をグラフにすると，下の図のようになります。濃縮倍数が増加すると，ブロー水量が急速に減少し，濃縮倍数が６になるとブロー水量が０となって，見かけ上では**クローズドシステム**（排水を外部に出さないシステム）が成立します。しかし，濃縮倍数が大きくなると**塩類の濃縮**により，**金属腐食**のほか**スケールの析出**（水に溶けていた成分が形態変化や濃縮により熱交換器の壁面に付着する），**スライムの発生**（微生物が増殖し，水中の固体表面に生物膜［スライム］を形成する）といった障害を招きます。そこで，補給水は脱塩を行えば濃縮倍数を上げても塩の濃縮が起こらないことから，補給水に薬品を添加することによって上記の障害を防ぐなどの対策が講じられています。

■濃縮倍数とブロー水量，補給水量の関係

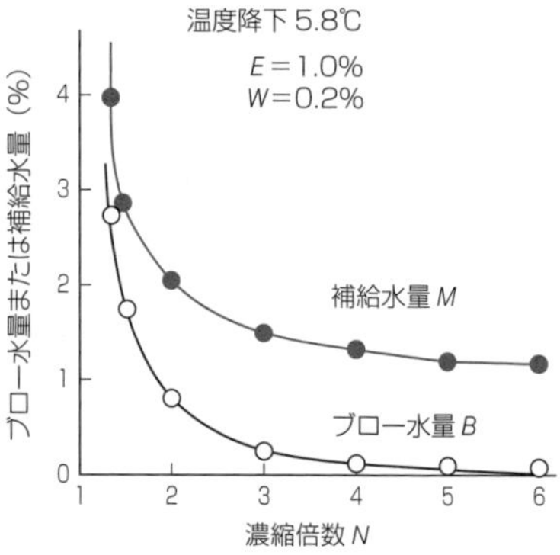

④直接冷却の場合

冷却水が製品に直接触れる直接冷却系では，製品からの汚濁成分が混入するため，排水処理工程を経た後に，冷却塔での水温低下プロセスがとられます。

2 洗浄水

一般的に，原料から製品へと向かうに従って純度が向上することから，洗浄水は，製品の流れと逆行した「向流洗浄」の形で**多段利用**されます。

しかし，最近の半導体製造のように**工程ごとに超純水による洗浄**が行われる例もあります。半導体製造工程の排水は純度がよいため，再利用に適しています。

チャレンジ問題

問1　難　中　易

開放循環式冷却水に関する記述として，誤っているものはどれか。

(1) 濃縮倍数は，循環水中の塩類濃度を補給水中の塩類濃度で除したものである。
(2) 冷却塔の運転条件が一定ならば，強制ブロー量を調整することで冷却水系の濃縮管理を行うことができる。
(3) ブロー水量を減少させると，濃縮倍数は増加する。
(4) 濃縮倍数を小さくすれば，見かけ上のクローズドシステムが成立する。
(5) 濃縮倍数が大きくなると，スケールの析出などの問題が生じる。

解説

(4) 見かけ上のクローズドシステムが成立するには，ブロー水量が0になる必要があります。しかし，濃度倍数を小さくするとブロー水量は増加し，0にはなりません。したがって，(4) は誤りです。

このほかの肢は，すべて正しい記述です。

解答 (4)

問2　難　中　易

冷却塔を使用する循環冷却水系において，蒸発水量1.0m³/h，ブロー水量0.8m³/h，飛散水量0.2m³/hのとき，循環水中の塩類濃度は，補給水中の塩類濃度の何倍になるか。

(1) 2　(2) 3　(3) 4　(4) 5　(5) 6

解説

循環水中の塩類濃度が補給水中の塩類濃度の何倍であるかを濃縮倍数Nといい，次の式で表されます。

$$N = 1 + \frac{E}{B + W}$$

設問より，蒸発水量（蒸発損失量）Eが1.0（m³/h），ブロー水量Bが0.8（m³/h），飛散水量Wが0.2（m³/h）ということなので，これらの値を式に代入し，

$$N = 1 + \frac{1.0}{0.8 + 0.2} = 2$$

したがって，循環水中の塩類濃度は，補給水中の塩類濃度の2倍になります。

解答 (1)

排水再生利用のための処理技術

1 水の合理的使用のための再生利用

一般には，再利用の使用目的を広げるほど，また，循環使用回数を増やすほど，高度な処理が要求されることになります。しかし，排水処理した水を，天然水の用途と同じレベルの広範囲な使用目的に利用するのでもない限り，通常は目的とする用途に適合する水質さえ目指せばよく，高度な処理は必ずしも要求されません。

また，再生利用を行う場合，その水に含まれている汚濁物質の組成が明らかであれば，その特定の汚濁物質についてだけ処理を行えばよく，逆に，汚濁成分が明らかでない場合は，混入が予想されるすべての成分について対応できる処理を行わなければならなくなります。

以上の観点を踏まえ，**水の合理的使用のための再生利用**に際して考慮すべき点をまとめておきましょう。

ア　目的はあくまでも水の合理的使用であって，汚濁防止ではない

イ　再利用の目的を考慮した**最小限の処理**ですませることが望ましく，必要のない高度な処理はそれだけエネルギーを消費するばかりか，運転経費を高くするものと心得る

ウ　再生利用の対象となる水源は，できるだけ**汚濁成分の明らかなもの**を選び，異質な排水や汚濁成分の不明な排水を混合しない

2 再生利用のための一般的な処理技術

再生利用のための水処理は，一般的には**水中の汚濁成分を固形物として分離**する段階までです。ただし，無機塩類や溶解性有機物は，水をくり返し使用する間に濃縮され，水質を悪化させるため，これらの**溶解性不純物を除去**するための技術が必要となる場合もあります。これらの処理技術を分類しておきましょう。

■再生利用のための一般的な処理技術

水中の汚濁成分を固形物として分離	溶解性不純物の除去
● 凝集（化学）沈殿 ● 生物処理 ● ろ過	● 活性炭吸着 ● イオン交換 ● 膜分離プロセス

＊個々の処理技術の内容については，第３章の第２節・第３節参照

イオン交換，膜分離プロセスは，汚濁成分の濃縮法に過ぎないため，イオン交換における再生排水，膜分離プロセスにおける濃縮側液については，最終処分のためにさらに蒸発濃縮後，固化するなどの処理が必要となります。

また，クローズドシステムでは，**溶解塩分の除去が必要**となるため，脱塩技術が不可欠とされます。

チャレンジ問題

問1　難　中　**易**

排水再生利用のための処理技術に関する記述として，誤っているものはどれか。

(1) 再利用の使用目的を広げるほど，循環使用回数を増すほど高度の処理が要求される。

(2) 水の合理的使用には，再利用の目的を考慮した最小限の処理で済ますことが望ましい。

(3) 再生利用の対象となる水源には，できるだけ汚濁成分の明らかなものを選ぶ。

(4) 水中の汚濁成分を固形物として分離する技術に凝集沈殿，生物処理等がある。

(5) クローズドシステムにすれば，溶解塩分の除去は不要になる。

解説

(5) クローズドシステムでは溶解塩分の除去が必要となるため，脱塩技術が不可欠とされています。クローズドシステムにすれば溶解塩分の除去は不要となるというのは誤りです。

このほかの肢は，すべて正しい記述です。

解答 (5)

3 大規模施設の水質汚濁防止対策

まとめ&丸暗記

この節の学習内容のまとめ

□ 製鉄所

- 製鉄所では水処理の合理化が進んでいる　⇒用水循環率は90%程度
- コークス炉ガス精製排水（安水）
  ⇒前処理で蒸気ストリッピングを行ってから，活性汚泥処理を行う
- 熱間圧延工程では，直接冷却系と間接冷却系を別系統で処理する
- クロメート排水は，還元してから沈殿除去処理を行う

□ 製油所

- プロセス排水には，油分のほか，硫化水素やアンモニア等が含まれる
  ⇒油水を浮上分離した後，排水ストリッパーで処理する
- 冷却水には工業用水と海水が併用される　⇒海水は循環使用しない
- 製油装置等の区域の雨水
  ⇒含油排水としてオイルセパレーター処理

□ 製紙工場

- パルプ製造工程における節水対策
  ⇒洗浄工程での洗浄水を減らすことが重要
- 排水負荷の減少
  ⇒漂白工程への不純物の持ち込みを減らすことが重要
- 抄紙工程では，白水の回収がSSの減少および節水に寄与している
- 白水回収装置：微細な気泡にSSを付着させて浮上分離させ，原料として回収する

□ 食料品製造工業

- ビール工場の排水処理
  ⇒上向流式嫌気汚泥床（UASB）を活性汚泥法の前段とする二段処理
- 清涼飲料工場の排水　⇒容易に生物処理することができる

製鉄所

1 製鉄所における排水

①製鉄所の製造工程と排水

製鉄は，おおまかに次のような製造工程をたどります。

■製鉄所の製造工程

1 製銑工程	鉄鉱石や石炭などの原料から溶融した**銑鉄**を製造する
2 製鋼工程	溶融した銑鉄から「鋼」を製造し，さらに鋳造する
3 熱間圧延工程	鋳造された鋼片を再加熱し，**圧延**することによって，鋼板，鋼管などを製造する
4 冷間加工工程	熱間圧延で製造された製品をさらに加工して，めっき鋼板，溶接管などを製造する

各工程において，1500℃近い溶鋼，1000℃近い鋼片，副生ガスなどの高温の液体・固体・気体を扱うため，大量の設備冷却用の間接水や，直接製品にかけて冷却や洗浄を行うための直接水が必要となります。

②製鉄所における水使用の現状

製鉄所では水使用の合理化（➲P.283参照）が進んでおり，その用水循環率は90%以上に達する例もあります。

③製鉄所からの排水

製造工程別の主な排水の特徴を確認しておきましょう。

■主な工程別排水の特徴

排水	処理対象	主な汚染物質
廃安水	COD	アンモニア，フェノール，シアン，コークス粉
高炉集じん排水	SS	酸化鉄，コークス粉，鉱石粉
熱間圧延排水（直接冷却水）	SS	酸化鉄，油分
冷間圧延排水（含油排水）	油分・SS	鉱物油，牛脂，パーム油等のエマルジョン
めっき排水	酸・塩類	硫酸亜鉛，**ニクロム酸塩**

補足

銑鉄
鉄鉱石を溶鉱炉（高炉）で還元し，取り出した鉄のことをいいます。

圧延
回転するロールの間に金属を通して圧力を加え，板・棒・管などの形状に加工することをいいます。

冷間加工
常温，あるいは材料の再結晶温度未満で行われます。冷間圧延などの工程が含まれます。

補足

主な工程別排水のpH
- 焼結炉排水……8.6
- 高炉排水………7.0
- 熱延排水………7.7
- 冷延排水………7.0
- 酸洗排水………2.8
- めっき排水……3.6

2 主な工程ごとの処理技術

①コークス製造工程

コークスの主成分は炭素であり，製鉄工程において高炉で鉄鉱石を還元する際に還元剤となる**炭素**の供給源になるとともに，加熱・溶解のための熱源の役割を果たします。コークスは大部分の製鉄所で製造しており，石炭を約1000℃の高温で乾留することによって得られます。コークス炉で石炭を乾留する際に発生する**コークス炉ガス**は，約800℃と高温であるため，冷却水を噴霧して直接冷却し，ガス温度を下げる操作が行われます。ガス中にはアンモニア，フェノールなどが多量に含まれており，循環して使用する冷却水にはアンモニア等の成分が多量に溶解します。そのため，この冷却水を「**安水**」とよんでいます。

コークス炉ガス精製排水（安水）の処理方法は以下のとおりです。

ア　前処理工程として，脱安ストリッパーで**蒸気ストリッピング**（脱アンモニア安水蒸留）を行い，活性汚泥の呼吸作用を阻害する遊離アンモニア，シアンを除去します。また，コークフィルターで油分除去を行います。

イ　次に**活性汚泥処理法**により，曝気槽において脱安水中のフェノールを主成分とするBOD物質や，残留した固定アンモニア，シアンなどを除去します。

②熱間圧延工程

熱間圧延工程においては，**直接冷却水**（製品や機械に直接散布して冷却する）と，**間接冷却水**（炉体，機器，潤滑油などを間接的に冷却する）が使用されます。

熱間圧延工程からの排水は，循環再使用するため，用途に応じた水質に処理しなければならず，一般に直接冷却系と間接冷却系は**別系統で処理**します。

ア　直接冷却水の処理

処理対象は，熱間圧延時に発生する**ミルスケール**（鋼材表面に生じる酸化鉄）に由来するSS，潤滑油や圧延油の***n*-ヘキサン抽出物質**，**水温**です。直接冷却水に含まれるミルスケールは粒度が粗いため容易に沈殿し，約90％が**スケールピット**（スケールの沈殿槽）で沈殿しますが，仕上圧延で生じるスケールは粒度が微細であるため，より精密な**沈殿槽**でさらに沈殿除去を行い，**ろ過処理**します。油分（*n*-ヘキサン抽出物質）もスケールピット，沈殿槽，ろ過によって処理します。

イ　間接冷却水の処理

間接冷却水は基本的に水質の悪化がないため，冷却塔による水温低下処理のみを行います。ただし循環水中にSSが蓄積すると冷却部の伝熱面を汚染するため，循環水量の２～５％をサイドフィルターでろ過処理してSSを管理します。また，循環水の一部をブローして，溶解塩類が基準値以下となるように管理します。

③冷間圧延工程

冷間圧延とは，熱間圧延された鋼材を所定の厚みに加工する工程であり，その前処理として**酸洗**を行います。酸洗では，酸洗槽の**廃酸**（酸性の廃液）が濃厚液として排出されるほか，水洗の排水，フューム（1 μm以下の固体粒子）の排気洗浄廃水が連続的に排出されます。また，冷間圧延に続く電気清浄の工程は，油の除去が主目的であり，排水に**油分70～150㎎/ℓ**が含まれます。

④表面処理工程

酸洗工程，亜鉛めっき工程，クロメート処理工程についてみておきましょう。

ア　酸洗工程

定期的に排出される濃厚廃液と連続して排出される水洗排水とがあります。排水中の主要な汚濁物質は，溶解鉄，酸化鉄を主体とするSSおよび酸です。

イ　亜鉛めっき工程

めっき鋼板の品質により浴液の取り替えや浴槽の洗浄が行われ，濃厚廃液を排出します。排水中の主要な汚濁物質は，亜鉛，溶解鉄，亜鉛と鉄の反応物のSSです。

酸洗排水と亜鉛めっき排水は，中和槽でpHを調節して空気酸化し，高分子凝集剤を用いて凝集沈殿処理します。

ウ　クロメート処理工程

クロメート処理とは，亜鉛めっき後の白さび防止のための化成処理であり，クロム酸等を含んだ溶液中に浸漬し，表面にクロムの化成被膜を生成させます。溶液に浸漬した後に水洗されて連続的に排出される排水を**クロメート排水**といいます。この排水中の主要な汚濁物質は，**クロム（Ⅵ）**，亜鉛を主体とするSSおよび酸です。

クロメート排水は，還元剤を用いて**クロム（Ⅲ）に還元**された後，pHを8～9に調整して，水酸化クロムを析出させて沈殿除去処理を行います。還元剤には，**亜硫酸ナトリウム**，亜硫酸水素ナトリウムおよび硫酸鉄（Ⅱ）を使用します。

⑤製鉄所における汚泥処理

製鉄所内の沈殿槽等で分離された汚泥は，濃縮後，直接

補足

乾留
空気を遮断して物質を高温で加熱し，分解する操作をいいます。

安水
一般に，アンモニアの水溶液（アンモニア水）のことを「安水」といいます。

酸洗
熱間圧延の際に金属の表面に付いたスケールやさびなどの酸化物を除去するため，酸溶液に比較的長時間浸して表面を清浄にすることをいいます。

補足

化成処理
金属の表面に処理剤を作用させて化学反応を起こさせ，元の素材とは異なる性質を与える処理をいいます。

または調質されて脱水されます。汚泥の脱水機には，フィルタープレスが多用されています。

チャレンジ問題

問1 難 **中** 易

製鉄所排水の処理に関する記述として，誤っているものはどれか。

(1) 水使用の合理化が進んでおり，循環率は90％以上に達する例がある。
(2) 排水の平均的なpHは工程により異なるが，すべて酸性である。
(3) 高炉集じん排水は汚染物質として酸化鉄，コークス粉，鉱石粉等を含む。
(4) 冷間圧延排水は汚染物質として油分を多く含む。
(5) めっき排水にはクロムが含まれる。

解説

(2) 主な工程別排水のpHをみると，焼結炉排水8.6，高炉排水7.0，熱延排水7.7というように，中性～アルカリ性のものもあります。すべて酸性であるというのは誤りです。

このほかの肢は，すべて正しい記述です。

解答 (2)

問2 難 中 **易**

製鉄所からの排水の処理に関する記述として，誤っているものはどれか。

(1) コークス炉ガス精製排水（安水）は，脱安ストリッパーによる処理後，活性汚泥法で処理される。
(2) 熱間圧延工程排水は，用途に応じた水質に処理する。
(3) 熱間圧延工程排水における直接冷却水と間接冷却水は，一般に混合して同一系統で処理する。
(4) 冷間圧延工程からは廃酸が排出される。
(5) クロメート排水は還元後に沈殿処理を行う。

解説

(3) 熱間圧延工程からの排水は，循環再使用するため，直接冷却系と間接冷却系を別系統で処理します。混合して同一系統で処理する，というのは誤りです。

このほかの肢は，すべて正しい記述です。

解答 (3)

製油所

1 プロセス排水とは

①製油所排水の種類

製油所の排水には，プロセス排水のほか，実験室排水，事務所排水，バラスト水，冷却水，雨水その他があります(➲P.298の図参照)。

②プロセス排水とその発生源

製油装置内の各ドラムから静置分離され排出された排水が**プロセス排水**です。主な発生源をみておきましょう。

- 原油中に絡んで入った水分
- 原油中の塩分を除去するために，原油脱塩装置に注入される水
- 装置内で生成した硫化水素アンモニウムなどを洗浄するための注入水
- スチームを直接吹き込んで蒸留する装置からの凝縮水
- 減圧するためのエジェクター用スチームの凝縮水
- 分散用の吹き込みスチームの凝縮水
- 冷却などの温度調整，反応制御用スチーム凝縮水や水

2 排水の種類ごとの処理方法

①プロセス排水の処理

製油所では，水素製造装置などの排水を除き，性質上，油分の混入が避けられません。水素化処理装置および接触分解装置などの排水には，**油分**のほか，**硫化水素**，**アンモニア**，**メルカプタン**，**フェノール**などが含まれています。

このため，プロセス排水はまず，油水を浮上分離した後，上記の有害物質を除去するため**排水ストリッパー**で処理してから調整槽に送られます。その後，オイルセパレーター処理，活性汚泥処理，急速ろ過処理，活性炭処理，ガードベースン処理を経て放流されます。

補足

製油所の水質汚濁源
石油産業からの水質汚濁の発生は，原油や製品の輸送段階におけるものと，製油所の製造段階におけるものとに大別されます。製油所からは，各種精製プロセスに使用された排水のほか，海水等を利用した冷却水などが排出されます。

エジェクター
水蒸気等を駆動源として，吸引・排気を行う真空ポンプのことをいいます。

補足

排水ストリッパー
精製装置から出る排水に含まれるアンモニアや硫化水素などを除去する装置です。

ガードベースン
排水処理系統の末端に置かれる貯留池をいいます。pH計，COD計，流量計を設置して浄化状態を監視し，上流の設備で故障や事故等があった場合に一次貯水するなどの安全機能を果たします。

■製油所における排水処理の例

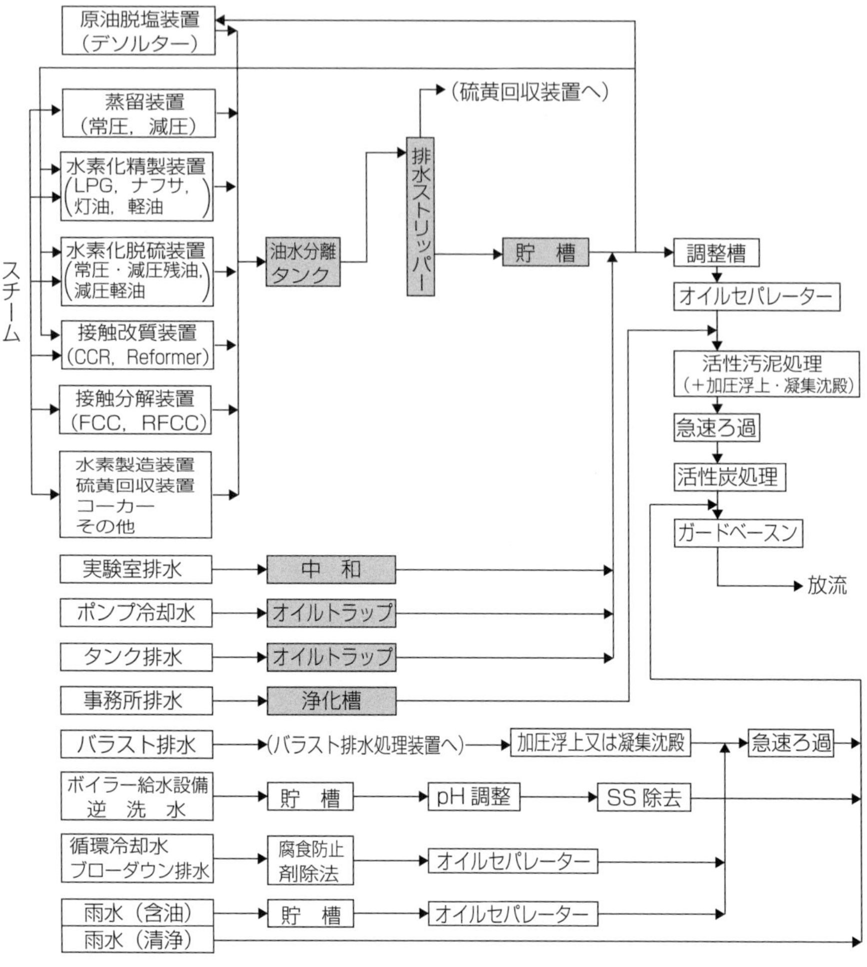

②実験室排水

実験室ではいろいろな薬品を使用するため，**中和処理**を行います。

③事務所排水

食堂，トイレ，浴室等からの排水をいいます。油分はほとんど含みませんが，BOD，SS，大腸菌などを含むため，活性汚泥処理，急速ろ過処理，活性炭処理，ガードベースン処理を経て放流されます。

④バラスト水

タンカーのバランスをとるためにタンカーのハッチに入れる水を**バラスト水**と

いいます。加圧浮上等で油分を除去した後，急速ろ過，ガードベースン処理を経て放流されます。

⑤冷却水

冷却水には**工業用水**のほか，**海水**が多く併用されています。ただし海水は，冷却塔での塩分の濃縮や飛沫塩分による害を避けるため，循環使用しないのが普通です。これに対し，工業用水は循環使用されます。循環冷却水ブローダウン排水は腐食防止剤除去後，オイルセパレーター処理，急速ろ過，ガードベースン処理を経て放流されます。

⑥雨水

製油装置，調合装置，貯油タンク区域の雨水には油分が含まれるため，**含油排水**としてオイルセパレーター処理を行います。これ以外の**清浄雨水**は，そのままの放流も可能ですが，万一の油汚染を考慮してガードベースンを経由して放流します。

3 排水の処理方法

①油分の除去

排水中の**油分濃度**は一般的に1～5ppmが要求されていますが，**オイルセパレーター処理**だけでは5～30ppmまでしか下がりません。そのため下流で**活性汚泥処理**を行います。これにより，油分は1ppm以下にまで下がります。

②SSの除去

SS（懸濁物質）については，排水に硫酸アルミニウム，塩化鉄（Ⅲ）などを添加し，SSの沈殿速度を増大させることによって除去する**凝集沈殿プロセス**などが用いられます。

③BOD，COD，フェノールの除去

排水中のBOD，COD，フェノールについては，排水温度20～30℃，pH 6～8とし，必要によって窒素やりんを添加し，好気性生物によって有機物質を分解する**活性汚泥法**を用いて処理します。

補足

製油所の排水量削減策

- 冷却水（工業用水）の循環使用
- 排水ストリッパー処理水の再利用（原油脱塩装置への注入水や，水素化処理装置で生成した硫化水素アンモニウムなどを洗浄する注入水として再利用する）

補足

特殊成分の除去

プロセス排水に含まれている硫化水素およびアンモニアは，排水ストリッパーで加熱処理されて硫黄回収装置に導入され，硫化水素は硫黄として回収され，アンモニアは窒素へと熱分解されます。

チャレンジ問題

問1

難 中 易

製油所からのプロセス排水の処理フローとして，最も適切なものはどれか。

(1) 排水ストリッパー → 活性汚泥処理 → 急速ろ過処理 → オゾン処理 → 活性炭処理 → ガードベースン

(2) 活性汚泥処理 → 急速ろ過処理 → ガードベースン

(3) 加圧浮上もしくは凝集沈殿処理 → 急速ろ過処理 → ガードベースン

(4) オイルセパレーター処理 → 活性汚泥処理 → 急速ろ過処理 → オゾン処理 → 活性炭処理 → ガードベースン

(5) 排水ストリッパー → オイルセパレーター処理 → 活性汚泥処理 → 急速ろ過処理 → 活性炭処理 → ガードベースン

解説

(5) プロセス排水は，油水を浮上分離した後，排水ストリッパーで処理し，オイルセパレーター処理，活性汚泥処理，急速ろ過処理，活性炭処理，ガードベースン処理を経て放流されます。

解答 (5)

問2

難 中 易

製油所排水の処理プロセスにおける措置として，誤っているものはどれか。

(1) プロセス排水は，油水を浮上分離し，排水ストリッパーで硫化水素とアンモニアなどを分離する。

(2) 事務所排水は，活性汚泥処理等の後，ガードベースンを経て放流する。

(3) バラスト水は，中和処理の後，ガードベースンを経て放流する。

(4) 油汚染の恐れのある地区の雨水は，含油排水として処理する。

(5) ガードベースンには，pH計，COD計，流量計を設置する。

解説

(3) バラスト水は加圧浮上等で油分を除去した後，急速ろ過，ガードベースン処理を経て放流されます。中和処理というのは誤りです。

このほかの肢は，すべて正しい記述です。

解答 (3)

製紙工場

1 パルプ・紙の製造工程

製紙工場では木材を原料として，中間製品であるパルプを製造し，さらに最終製品としての紙を生産しています。**パルプ製造工程**と**紙製造工程（抄紙工程）**の概要を確認しておきましょう。

①パルプ製造工程の概要

ア　蒸解工程

木材の繊維同士を固める接着剤としての役割をしているリグニンという物質を分解し，可溶化する工程です。分解には「**白液**」とよばれる溶液を用います。

イ　洗浄工程

蒸解後のリグニンを含む溶液は黒く見えるため「**黒液**」とよばれます。この黒液とパルプ繊維を分離する工程です。

ウ　酸素脱リグニン工程

洗浄後のパルプには，まだわずかにリグニンが含まれ，薄茶色に着色しているため，酸素ガスを用いてリグニンを分解します。

エ　漂白工程

残存するリグニンを除去するとともに，漂白剤を使って段階的に漂白を行う工程です。

②抄紙工程の概要

ア　紙料調成工程

叩解処理を行うとともに，各種薬剤を添加します。

イ　ワイヤーパート

約0.8%のスラリーに希釈された抄紙原料を，高速で回転するワイヤー（抄紙網）の上に均一に噴射し，**脱水**します。脱水によって湿紙が形成されるとともに，ワイヤーからのろ水（「**白水**」とよぶ）を白水回収装置で処理します。

ワイヤーは汚れやすいため，常に大量のシャワー水をかけて洗浄します。

補足

抄紙（しょうし）
紙を抄くこと，つまり溶かした原料（パルプ）を薄くのばして，紙を作ることをいいます。

白液
水酸化ナトリウムと硫化ナトリウムの混合溶液です。

酸素脱リグニン工程
酸素脱リグニン工程で分解されたリグニンはボイラーの燃料として利用されます。なお，漂白工程で除去されたリグニンは，BOD物質として排水中に排出されてしまいます。

補足

叩解処理
パルプに強い力をかけてもみ込み，繊維表面を毛羽立たせます。

「白液」と「白水」
「白液」と「白水」はまったく別の物なので，混同しないよう注意しましょう。

ウ　プレスパート

ワイヤーパートを出た湿紙をロールに挟み込んで加圧し，**脱水**します。一緒に挟み込むフェルトに水分を吸収させ，汚れたフェルトはシャワー水で洗浄します。

この後は，湿紙を加熱して乾燥させ（ドライヤーパート），乾燥した紙の表面に塗料を均一に塗布し（コーターパート），規定の寸法に断裁していきます。

2 各製造工程での汚濁負荷減少技術

①パルプ製造工程における汚濁負荷減少技術

ア　節水対策

洗浄工程で分離された黒液は濃縮工程に送られ，約80％に濃縮されます。このとき蒸発した水蒸気は凝縮された後，温水として再び洗浄工程で利用されます。パルプ製造工程における節水対策では，このように，黒液濃縮工程から発生する凝縮水の利用などによって，**洗浄工程での洗浄水を減らすこと**が重要です。

イ　薬品の回収

濃縮された黒液は，回収ボイラーで燃やされます。回収ボイラーは，黒液中の**有機物**を燃焼して蒸気と電気の**エネルギー**を生み出します。一方，**無機物**は高温で溶融した状態で排出されます。この無機物は，有用な**ナトリウム**や**硫黄**などで構成されていることから，蒸解工程で用いる**薬品に再生**するため回収されます。

ウ　排水負荷の減少

漂白過程にリグニンなどの不純物が持ち込まれると，BODとして排出されてしまいます。そこで，蒸解を均一にし，洗浄や酸素脱リグニンを効果的に行うことによって，**漂白工程への不純物の持ち込みを減らすこと**が重要です。排水負荷が減少するだけでなく，漂白薬品の使用量も減少します。

このように，プロセスを効果的で無駄のないシステムにしてクローズド化することによって，排水汚濁負荷の減少とコストダウンを進めることができます。

②抄紙工程における汚濁負荷減少技術

抄紙工程では，**白水の回収**がSSの減少および節水に寄与しています。

白水回収装置にはいろいろなタイプがありますが，いずれも**微細な気泡**を発生させ，その気泡にSS（白水中の微細繊維や填料［鉱物粉末］）を付着させることによって**浮上分離**させ，原料として回収するものです。白水回収装置に入る前のSS濃度は約**2000mg/ℓ**，原料回収後のSS濃度は約**30mg/ℓ**です。この原料回収後の水は「**再用水**」とよばれ，抄紙工程の希釈水などに利用されます。さらに，再用水をサンドフィルターでろ過すると，SS濃度は約**5mg/ℓ**に低減されます。

このサンドフィルター処理水は，ワイヤーパートやプレスパートのシャワー水として再利用されています。

3 排水処理工程の概要

①対象物質

製紙工場では，一般に有機溶剤や重金属等は使用しないため，排水処理施設で処理の対象となる水質汚濁物質は，BODあるいはCOD成分とSSです。

②排水処理工程

排水処理工程においては，活性汚泥処理と凝集沈殿処理の二段処理が用いられます。一段目の**活性汚泥処理**においてBOD成分が除去され，二段目の**凝集沈殿処理**においてSSが除去されます。

③スラッジの処理

排水処理工程から出るスラッジ（汚泥）の脱水機には，ベルトプレス形脱水機とロータリープレス形脱水機が主に用いられます。脱水機のろ水は再処理を行います。

④スラッジボイラー

脱水した汚泥はスラッジボイラーで燃やされ，得られた熱エネルギーは，紙の乾燥工程などで利用します。また，発生した焼却灰は，セメントの原料などとして再利用されています。

補足

白水中の微細繊維など
白水回収装置で回収され，再び抄紙原料として利用されます。

補足

ベルトプレス形脱水機
スラッジを２枚のろ布に挟み，高圧ベルトで圧搾して脱水します。

ロータリープレス脱水機
２枚の多孔板ディスクとスクレーパーで構成され，汚泥を圧入して脱水します。

チャレンジ問題

問１　難　中　易

紙・パルプ工場における水質汚濁防止技術に関する記述として，誤っているものはどれか。

(1) 漂白工程へのリグニンなどの不純物持ち込みを減らすことが重要である。
(2) パルプ製造工程における節水対策では，黒液濃縮工程から発生する凝縮水の利用などによって，洗浄工程での洗浄水を減らすことが重要である。
(3) 抄紙工程では，ろ水（白水）の循環使用が節水に寄与している。

(4) 白水回収装置では凝集剤を添加し，微細繊維と填料（鉱物粉末）を水から分離した後，焼却処分する。

(5) 脱水した汚泥はスラッジボイラーで燃やされ，得られた熱エネルギーは紙の乾燥工程などで利用される。

解説

(4) 白水回収装置にはいろいろなタイプがありますが，いずれも微細な気泡を発生させてSS（白水中の微細繊維や填料［鉱物粉末］）を付着させることにより，浮上分離させるものです。凝集剤の添加は，原料としての再利用の妨げとなるため用いられません。また，分離後は原料として利用するため，焼却処分するというのも誤りです。

このほかの肢は，すべて正しい記述です。

解答 (4)

問2　難　中　易

製紙工場の抄紙工程内での汚濁負荷減少技術に関する記述中，［　　］の中に当てはまる数字の組合せとして，正しいものはどれか。

抄紙工程からのろ水（白水）回収装置に入る前のSS濃度は約［ア］mg/Lであり，原料回収後のSS濃度は約［イ］mg/Lである。さらに，原料回収後の水（再用水）をサンドフィルターでろ過するとSS濃度は約［ウ］mg/Lに低減される。

	（ア）	（イ）	（ウ）
(1)	2000	30	5
(2)	2000	1000	5
(3)	2000	1000	30
(4)	40000	30	5
(5)	40000	2000	30

解説

白水回収装置に入る前のSS濃度は約2000mg/ℓ，原料回収後のSS濃度は約30mg/ℓです。さらに，サンドフィルターでろ過すると約5mg/ℓに低減されます。

解答 (1)

食料品製造工業

1 食料品製造業の特徴

食料品製造業の特徴として，同一業種であっても事業場の生産規模の大きさがさまざまであるという点が挙げられます。また，一つの事業所において多くの品目を製造しているケースが多く，この場合には，製品ごとに排水の水量や水質が異なることになります。

排水については，食料品製造業では生物分解しやすいBOD成分が多いことから，**活性汚泥法**などの生物処理方式が多く採用されている点も特徴です。

2 ビール工場における排水処理

①排水の種類

ビールの製造工程から排出される廃液として，次のようなものがあります。

- 大麦を発芽させた後の浸漬水
- 仕込み液のろ過残渣の脱水ろ液
- ホップを混合して煮沸した後のろ過残渣（ホップかす）
- 発酵タンクや発酵液ろ過器の洗浄水
- 容器充填工程から排出されるタンク洗浄水，洗びん排水

②ビール工場の排水処理設備

ビール工場からの総合排水のBODは，400 ～ 1200㎎/ℓ程度であり，生物処理が可能であることから，活性汚泥法による処理が従来は用いられていました。1970年代に入ると，嫌気性菌を用いた**上向流式嫌気汚泥床**（UASB）という処理方法が開発され（➲P.171参照），ビール工場でも適用されるようになりました。

嫌気性菌を用いる処理については，発酵に適した温度が30 ～ 38℃の中温発酵と50 ～ 55℃の高温発酵で加温が必要であること，比較的長い反応日数が必要であるため装置が

補足

ビール
ビールは大麦を原料とした麦芽，副原料（米，でんぷん，砂糖など），ホップおよび水を用いて麦汁を作り，これにビール酵母を添加して発酵させたアルコール飲料です。

補足

UASBの導入
わが国では，1980年代後半からビール工場の排水処理に導入されるようになりました。

大容量となり，建設費が高くつくことなどが欠点とされていましたが，UASBの導入によって反応日数の大幅な短縮が実現されました。

UASBは従来の**活性汚泥法の前段**に導入され，下の図のように二段処理が行われます。原水のCOD_{Cr}**1500mg/ℓ**がUASBで**200mg/ℓ**程度となり，活性汚泥法でさらに20mg/ℓ程度に処理されます。また，UASBの導入によって活性汚泥法での負荷が軽減され，曝気動力は約1/3，余剰汚泥発生量は約1/2に低減されています。UASBで生成したメタンガスは，燃料電池を動かして発電するなど，有効利用することも可能です。

■ビール工場の排水処理フローの例

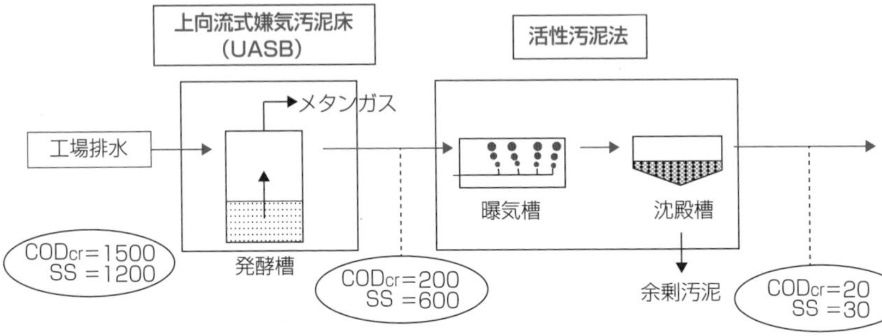

なお，規制が厳しい瀬戸内海の工場では，「凝集沈殿＋砂ろ過+活性炭吸着」の高度処理フローをさらに追加する必要があります。

3 清涼飲料工場における排水処理

清涼飲料水の製造工場からは，糖溶解液などの貯蔵タンクの洗浄水，ろ過器の洗浄水，洗びん排水，冷却水のほか，市場から回収された製品に由来する廃液などが排出されます。総合排水の水質がBODで200～1000mg/ℓと，変動の大きいことが特徴です。

排水中の有機物は，ほとんどが**糖**と**有機酸**であり，好気性細菌や嫌気性細菌によって容易に生物処理することができます。ただし，総合排水の水質変動が大きいことから，活性汚泥法と同様に**ラグーン方式**も採用されています。この方式は滞留時間を長く（5日間）とることで負荷変動を緩和し，安定した処理を行うことができます。活性汚泥法やラグーン方式などの好気性物処理の前処理として，UASBを適用する例もみられます。なお，缶コーヒー製造排水では，生物処理水に色度が残留するため，さらに凝集沈殿設備を追加する必要があります。

チャレンジ問題

問1 難 中 易

食品製造業からの排水処理に関する記述として，誤っているものはどれか。

(1) 同一の業種でも生産規模は様々である。

(2) 一事業場でも多くの品目を製造し，製品ごとに排水の水量や水質が異なるケースがある。

(3) ビール工場からの総合排水のBODは，400～1200mg/L程度であり，生物処理が可能である。

(4) ビール工場の排水処理として，上向流式嫌気汚泥床（UASB）の前段で活性汚泥処理する2段処理の例がある。

(5) 清涼飲料水製造業からの排水中の有機物は，ほとんどが糖と有機酸であり，容易に生物処理ができる。

解説

(4) 上向流式嫌気汚泥床（UASB）と活性汚泥処理の順序が逆になっています。
このほかの肢は，すべて正しい記述です。

解答 (4)

問2 難 中 易

大規模設備における水質汚濁防止対策に関する次の記述のうち，食品工場に該当するものはどれか。

(1) 水使用の合理化が進んでおり，94%前後の用水循環率となっている。

(2) 排水中の有害物を除去するため，排水ストリッパー処理を行う。

(3) 製造工程のリグニンを含む濃厚廃液は濃縮燃焼し，エネルギー，薬品の回収をする。

(4) 生物分解しやすいBOD成分が多いため，活性汚泥などの生物処理方式が多く採用されている。

(5) 製品の表面処理排水には，六価のクロム酸が含まれる場合がある。

解説

(4) 食品工場に関する記述です。
なお，(1) と (5) は製鉄所，(2) は製油所，(3) は製紙工場に関する記述です。

解答 (4)

索　引

き

く

そ

た

ち

監修者●坂井美穂（日本文理大学工学部情報メディア学科准教授）
博士（工学）技術士（生物工学部門）No.38550
専門研究分野は，微生物利用学，バイオテクノロジー。
公害防止管理者（ダイオキシン類）。
危険物取扱者（甲種）。

公害防止管理者　水質関係　超速マスター〔第５版〕

2013年３月４日　初　版　第１刷発行
2024年４月22日　第５版　第１刷発行
2024年８月20日　第５版　第２刷発行

編著者	ＴＡＣ株式会社（公害防止研究会）
発行者	多田敏男
発行所	TAC株式会社　出版事業部（TAC出版） 〒101-8383 東京都千代田区神田三崎町3-2-18 電話 03(5276)9492(営業) FAX 03(5276)9674 https://shuppan.tac-school.co.jp
組版	株式会社　東京コア
印刷	株式会社　光邦
製本	株式会社　常川製本

ISBN 978-4-300-11096-6
N.D.C. 519

TAC出版 書籍のご案内

TAC出版では、資格の学校TAC各講座の定評ある執筆陣による資格試験の参考書をはじめ、資格取得者の開業法や仕事術、実務書、ビジネス書、一般書などを発行しています！

TAC出版の書籍

＊一部書籍は、早稲田経営出版のブランドにて刊行しております。

資格・検定試験の受験対策書籍

- 日商簿記検定
- 建設業経理士
- 全経簿記上級
- 税　理　士
- 公認会計士
- 社会保険労務士
- 中小企業診断士
- 証券アナリスト
- ファイナンシャルプランナー(FP)
- 証券外務員
- 貸金業務取扱主任者
- 不動産鑑定士
- 宅地建物取引士
- 賃貸不動産経営管理士
- マンション管理士
- 管理業務主任者
- 司法書士
- 行政書士
- 司法試験
- 弁理士
- 公務員試験(大卒程度・高卒者)
- 情報処理試験
- 介護福祉士
- ケアマネジャー
- 電験三種　ほか

実務書・ビジネス書

- 会計実務、税法、税務、経理
- 総務、労務、人事
- ビジネススキル、マナー、就職、自己啓発
- 資格取得者の開業法、仕事術、営業術

一般書・エンタメ書

- ファッション
- エッセイ、レシピ
- スポーツ
- 旅行ガイド（おとな旅プレミアム/旅コン）

書籍の正誤に関するご確認とお問合せについて

書籍の記載内容に誤りではないかと思われる箇所がございましたら、以下の手順にてご確認とお問合せをしてくださいますよう、お願い申し上げます。
なお、正誤のお問合せ以外の**書籍内容に関する解説および受験指導などは、一切行っておりません。**
そのようなお問合せにつきましては、お答えいたしかねますので、あらかじめご了承ください。

1 「Cyber Book Store」にて正誤表を確認する

TAC出版書籍販売サイト「Cyber Book Store」のトップページ内「正誤表」コーナーにて、正誤表をご確認ください。

CYBER BOOK STORE TAC出版書籍販売サイト

URL:https://bookstore.tac-school.co.jp/

2 1の正誤表がない、あるいは正誤表に該当箇所の記載がない ⇒ 下記①、②のどちらかの方法で文書にて問合せをする

★ご注意ください★

お電話でのお問合せは、お受けいたしません。
①、②のどちらの方法でも、お問合せの際には、「お名前」とともに、
「対象の書籍名(○級・第○回対策も含む)およびその版数(第○版・○○年度版など)」
「お問合せ該当箇所の頁数と行数」
「誤りと思われる記載」
「正しいとお考えになる記載とその根拠」
を明記してください。
なお、回答までに1週間前後を要する場合もございます。あらかじめご了承ください。

① ウェブページ「Cyber Book Store」内の「お問合せフォーム」より問合せをする

【お問合せフォームアドレス】

https://bookstore.tac-school.co.jp/inquiry/

② メールにより問合せをする

【メール宛先　TAC出版】

syuppan-h@tac-school.co.jp

※土日祝日はお問合せ対応をおこなっておりません。
※正誤のお問合せ対応は、該当書籍の改訂版刊行月末日までといたします。

乱丁・落丁による交換は、該当書籍の改訂版刊行月末日までといたします。なお、書籍の在庫状況等により、お受けできない場合もございます。
また、各種本試験の実施の延期、中止を理由とした本書の返品はお受けいたしません。返金もいたしかねますので、あらかじめご了承くださいますようお願い申し上げます。

(2022年7月現在)